国家自然科学基金面上项目(51474040,51874055,51974041)资助
中央高校基本科研业务费(2022CDJQY-011)资助

煤岩剪切破坏-渗流耦合力学特性

彭守建　许　江　刘义鑫
陈灿灿　贾　立　　著

中国矿业大学出版社
·徐州·

内 容 提 要

本书利用自主研发的煤岩剪切-渗流耦合试验系统,研究了煤岩孔裂隙结构发育特征及其力学特性、压剪荷载条件下不同尺度煤岩体的结构损伤演化机制及其渗透性演化规律,以及不同充填条件下断裂煤岩体裂隙面剪切破坏机制及其渗透性演化规律;探索了多场耦合条件下煤岩体中裂隙的开裂、扩展、贯通损伤演化过程;揭示了煤岩剪切破坏-渗流耦合机理。

本书可供从事矿山开采、油气及地热开发等领域的决策者、管理人员、科研人员、工程技术人员以及高校师生参考。

图书在版编目(C I P)数据

煤岩剪切破坏-渗流耦合力学特性 / 彭守建等著. —
徐州 : 中国矿业大学出版社,2022.6
　　ISBN 978 - 7 - 5646 - 5419 - 1

　　Ⅰ. ①煤… 　Ⅱ. ①彭… 　Ⅲ. ①煤岩－剪切－渗流力学
Ⅳ. ①P618.11

中国版本图书馆 CIP 数据核字(2022)第 098245 号

书　　名	**煤岩剪切破坏-渗流耦合力学特性**
著　　者	彭守建　许　江　刘义鑫　陈灿灿　贾　立
责任编辑	陈红梅
出版发行	中国矿业大学出版社有限责任公司
	(江苏省徐州市解放南路　邮编 221008)
营销热线	(0516)83885105　83884103
出版服务	(0516)83995789　83884920
网　　址	http://www.cumtp.com　E-mail:cumtpvip@cumtp.com
印　　刷	徐州中矿大印发科技有限公司
开　　本	787 mm×1092 mm　1/16　印张 17.25　字数 431 千字
版次印次	2022 年 6 月第 1 版　2022 年 6 月第 1 次印刷
定　　价	55.00 元

(图书出现印装质量问题,本社负责调换)

前　言

　　我国煤炭资源丰富,市场需求旺盛。据预测,至2030年我国煤炭需求量将达到45亿～51亿t。然而,煤炭工业的可持续健康发展必然以保障煤矿安全高效生产为前提,但随着煤矿开采深度的不断增加,煤与瓦斯突出以及由此引起的瓦斯超限、瓦斯爆炸等煤矿瓦斯灾害愈演愈烈,造成严重的人员伤亡和财产损失,已成为制约我国煤炭工业发展的瓶颈。因此,预防煤矿瓦斯灾害事故是国家层面亟待解决的重大安全问题。

　　众所周知,受历史上复杂地质构造运动及煤矿开采活动等影响,煤岩体中含有大量产状不同且大小不一的裂隙,这些裂隙既是煤层瓦斯的主要流动通道,同时也是导致煤岩在工程结构和力学性能上呈现非均质、非线性、非连续、各向异性的原因。随着人们对地下空间需求的增加,如矿产资源勘探开发、城市地下轨道建设、隧道开挖、修建拦水大坝等,裂隙岩体与地下流体的耦合效应不断显现。据统计,90%以上的岩质边坡破坏与地下水渗透作用有关;60%的矿井事故涉及岩体移动和地下流体渗透作用;30%的水利大坝失事事故由坝体垮塌和渗流作用所引起。

　　此外,水库蓄水、地下和露天煤炭开采、地下流体和天然气开发以及向地层注入流体等均可诱发地震。例如,增加孔隙水压力产生的流体注入,或者液(气)体的大量开采,将产生足够的应力(应变),随着时间的推移,可能会导致一场突如其来的灾难性大地震。注水诱发地震通常从断层附近的地层流体压力引起增加或减少摩擦强度开始,其中由流体注入诱发地震的案例为美国丹佛地震(3次5级至5.5级的地震);2012年布劳利震群产生了2次震级大于5.3级走滑地震和地热区附近的地表破裂。研究表明,在沉积盆地内,流体注入可以诱发浅层地震,如油气资源的二次开采、岩溶采矿、二氧化碳地质封存、库区蓄水等均有诱发地震现象发生的记录。中国科学院科技战略咨询研究院等单位发布的《2017研究前沿》报告中指出,流体注入诱发地震研究成为地球科学研究热点。近年来,由于水力压裂技术被广泛应用于非常规油气的开采中,因此研究煤岩体与地下流体耦合机制对水力压裂工程风险防控尤为重要。

　　从工程实践的客观需求来看,开展地应力场、渗流场和温度场多场耦合条件下煤岩体中裂隙的开裂、扩展、贯通损伤演化过程及煤岩体应力-渗流耦合机理的基础研究,对煤矿安全开采及维护岩体工程围岩稳定性不仅具有十分重要的理论研究价值,还具有工程指导意义。

　　本书共分7章:第1章由许江、刘义鑫撰写;第2章由彭守建、陈灿灿、贾立撰写;第3章由许江、彭守建、刘义鑫撰写;第4章由彭守建、刘义鑫撰写;第5章由许江、刘义鑫撰写;第

6章由彭守建、刘义鑫撰写;第7章由刘义鑫、彭守建撰写。全书由彭守建、许江和贾立统一审核、定稿。

在本书出版之际,感谢国家自然科学基金面上项目(51474040,51874055,51974041)和中央高校基本科研业务费(2022CDJQY-011)对本书研究工作的资助;感谢重庆大学煤矿灾害动力学与控制国家重点实验室以及复杂煤气层瓦斯抽采国家地方联合工程实验室提供的大力支持和帮助!

由于水平和学识有限,书中难免存在不足之处,敬请广大读者批评指正。

著 者

2021 年 8 月

目　录

1 绪 论

1.1 研究背景及意义

我国煤炭资源丰富,市场需求旺盛。据预测,至 2030 年我国煤炭需求量将达到 45 亿～51 亿 t[1]。为此,在国家《能源中长期发展规划纲要(2004—2020 年)》中,明确提出"坚持以煤炭为主体、电力为中心、油气和新能源全面发展的能源战略"目标,国务院发布的《关于促进煤炭工业健康发展的若干意见》中也进一步强调了煤炭工业在国民经济中的重要战略地位。然而,煤炭工业的可持续健康发展必然以保障煤矿安全高效生产为前提,但随着煤矿开采深度的不断增加,煤与瓦斯突出及由此引起的瓦斯超限、瓦斯爆炸等煤矿瓦斯灾害愈演愈烈,造成严重的人员伤亡和财产损失,严重影响了我国煤炭行业的国际形象,成为制约我国煤炭工业发展的瓶颈。因此,预防煤矿瓦斯灾害事故是国家层面亟待解决的重大安全课题。

众所周知,受历史上复杂地质构造运动及煤矿开采活动等的影响,煤岩体中含有大量产状不同且大小不一的裂隙(图 1-1),这些裂隙既是煤层瓦斯的主要流动通道,同时也是导致煤岩在工程结构和力学性能上呈现非均质、非线性、非连续、各向异性的原因[2]。因此,存在于煤岩体内产状不同且大小不一的裂隙的发育程度及其分布特征与煤层渗透性及煤层瓦斯抽采效果密切相关,开展地应力场、瓦斯渗流场和环境温度场多场耦合条件下煤岩体中裂隙的开裂、扩展、贯通损伤演化过程及煤岩体应力-渗流耦合机理的基础研究,对煤矿安全开采及煤层瓦斯高效抽采既具有十分重要的理论研究价值,又具有工程指导意义。

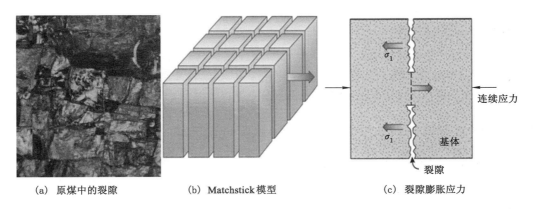

(a) 原煤中的裂隙   (b) Matchstick 模型   (c) 裂隙膨胀应力

图 1-1   原煤中的裂隙分布与 Matchstick 模型[2]

1.2 国内外研究现状

1.2.1 煤岩微观孔隙结构特征研究进展

煤层瓦斯的生成和富集是一个复杂的地质过程,往往受沉积环境、地质构造、热演化、渗流场和地应力场等多种因素的影响和控制,从而造成煤层瓦斯富集和分布的非均一性,成为不同丰度的煤层瓦斯。Behar 等[3]和 Cloke 等[4]从煤层结构及其吸附解吸机理出发,提出了中煤阶煤生储优势及成藏优势理论、生物型或次生煤层瓦斯成藏理论、低-中煤阶选区评价理论、高煤阶煤层瓦斯开发缺陷理论等,以此指导煤层瓦斯抽采实践。张慧[5]借助扫描电子显微镜,以煤岩显微组分和煤的变质与变形特征为基础,将煤孔隙的成因类型进行了划分,得出了煤的孔隙类型及其发育特征。王文峰等[6]借助压汞法,对淮南、淮北两个区域不同煤级煤样的孔隙结构进行了研究,发现用分形维数可以表示煤的孔隙结构特征。姚多喜等[7]研究了镜煤、暗煤和构造煤的孔隙性,指出煤岩类型对煤微孔具有显著影响。胡耀青等[8]研究了煤体的渗透性与裂隙的分形规律,发现煤体的渗透系数随分形维数的增加而呈正指数规律。徐龙君[9]测试了低阶无烟煤的孔容和孔径的分布,得到了煤样的总孔容随碳原子摩尔分数的增大呈线性增大的关系。吕志发等[10]综合运用压汞试验、电镜扫描以及显微煤岩组分定量研究等手段,得出煤孔隙特征主要取决于煤化程度、显微煤岩组分、矿物质含量和断裂破坏强度。赵兴龙等[11]利用镜质组反射率测试、压汞试验和低温液氮吸附试验等手段,探讨了煤变质作用对煤层孔隙系统发育特征的影响。唐书恒等[12]采用压汞试验和低温氮吸附试验探讨了煤变质程度对煤结构的控制作用,得出煤的孔隙度、孔隙结构和比表面积均受煤变质程度的控制。刘大锰等[13]通过煤岩学特征测试、微裂隙分析及低温氮孔隙结构分析,对华北地区煤的孔渗发育特征及其控制机制进行了系统研究。降文萍等[14]分别利用淮南煤田、焦作矿区的煤样(不同煤体结构)进行了低温液氮吸附试验,并且分析了不同煤体结构构造煤的孔隙特征。陈贞龙等[15]利用孔渗测试、压汞孔隙结构和低温氮比表面及孔隙结构的测试,研究了黔西滇东地区煤层的孔隙系统的发育特征。郭晓华等[16]对不同变质程度的煤样进行低温氮吸附试验,分析和划分了不同变质程度煤吸附等温线及吸附回线的类型。

尽管国内外学者对煤岩孔裂隙结构特征及煤层含气性方面开展了较为系统深入的研究,但是针对煤岩孔裂隙结构发育特征与煤岩组分、变质程度等之间的内在关系及其对煤层含气性影响等方面的研究仍有待学者们进一步深化。

1.2.2 煤岩剪切破断裂纹宏、细观演化规律研究进展

在剪切试验条件下,针对材料变形破坏特性,国内外学者普遍用岩石材料展开研究。

Lajtai[17]认为,在整个岩体剪切断裂过程中,首先萌生 1 组倾斜的拉裂纹,随着应力的增加,这些拉裂纹相互贯通,然后形成的贯穿剪切面导致了最终的剪切断裂或破坏。Jaeger[18]、Plesha[19]对新鲜岩石节理面进行了循环剪切试验,研究结果表明:当进行第 1 次

剪切试验时,试样具有很高的抗剪强度,沿同一方向重复进行到第 7 次剪切试验时,试样还保留峰值强度和残余强度的区别;当进行到第 15 次时,已看不出明显的峰值和残余值。Jing 等[20]用复制的天然岩石节理试样进行一系列的循环剪切试验,研究结果表明:随着剪切变形的积累,岩石节理表面的粗糙度明显降低,岩石节理的强度下降。Wong 等[21]用含 2 条平行预制裂纹的天然岩块和石膏模型进行了一系列直剪试验,认为岩石的抗剪强度在很大程度上取决于裂纹的贯通模式,对于低抗剪强度材料容易出现拉伸破裂贯通模式,而高抗剪强度则容易出现拉剪混合破裂贯通模式。Lee 等[22]利用花岗岩和大理石试样做了大量循环剪切试验,引入激光表面轮廓曲线仪来测量试样的表面形态,并研究加载过程中岩石节理的峰值剪切强度、非线性膨胀等问题,提出了一个考虑"二阶粗糙度"的弹塑性本构模型。Jafari 等[23]对人工岩石节理面进行了剪切速率为 0～0.4 mm/s 的试验,研究结果表明:随着剪切速率的增加,试样的峰值剪切强度有较明显的减小趋势,并提出考虑剪切速率的岩石节理强度特征的经验公式。

余贤斌等[24]在对 3 种岩石结构面进行直接剪切试验的基础上,探讨了结构面的变形特性和表面粗糙度的效应。徐松林等[25]在直剪试验基础上,研究了大理岩试件产生破坏过程中局部化变形的发展过程,研究结果表明:韧性和脆性变形在岩石破坏过程中是共同发展的,而导致岩石破坏的直接原因是在韧性剪切带的局部产生的亚剪切带。李海波等[26]利用人工浇铸的、表面为锯齿状的混凝土岩石节理试样,研究了不同剪切速率下各种岩石节理起伏角度岩石节理的强度特征。李银平等[27]对湖北云应盐矿深部层状盐岩开展了 3 类典型岩体的直剪试验。周秋景等[28]在自制的"MTS 振动台"试验设备上对混凝土、岩石类脆性材料(砂浆材料)进行了静态和动态剪切试验,并根据试件的破坏形状,初步分析了混凝土、岩石类脆性材料的动、静态剪切特性。徐晓斌等[29]通过对某核电站的强风化花岗岩进行原位直剪试验研究,得到了强风化花岗岩原位直剪的剪应力与应变关系曲线。李克钢等[30]采用自制的试验装置对岩体试件进行了剪切试验,研究了饱和状态下岩体的抗剪切特性,并将其与天然状态时的结果进行了对比。李志敬等[31]针对锦屏二级水电站地下硐室富含节理的实际情况,利用双轴蠕变仪对大理岩硬性结构面进行了剪切蠕变试验,通过对大理岩硬性结构面表面的测量,利用平均粗糙角描述了大理岩硬性结构面表面粗糙度情况,分析了不同粗糙度情况下岩样剪切位移与时间的变化规律。

岩石类材料在受载后的宏观断裂破坏和失稳与其内部微裂纹的产生、扩展直至贯通有着密切关系。因此,国内外许多学者对岩石类材料的细观力学性质也进行了大量的试验和理论研究,并取得了许多成果。Kawakata 等[32]对岩石的初始细观损伤特性进行了研究以及单轴受力损伤扩展的 CT(计算机断层扫描)分析。Hatzor 等[33]研究了白云石的细观结构与微裂隙起裂的初始应力和试样最终强度之间的关系。许江等[34]通过自制微型加载装置及与之配套使用的 XPK-6 型矿相显微镜对单轴应力状态下砂岩微观断裂发展全过程进行了观测研究。Zhao[35]利用 SEM 获得了岩石表面微裂纹萌生、扩展和贯通全过程的图像,并建立了损伤变量与裂纹局部分形维数相关联的岩石损伤本构模型。Xie 等[36]则用分形理论系统地研究了岩石微观损伤演化问题。刘冬梅等[37]进行了压剪应力状态下岩石变形破裂全程动态监测研究,定量计算和描述了岩石裂纹扩展速率、演化路径和破坏形态,指出岩石的破坏"既有剪切破坏,也有张性破坏",并在一定应力状态下呈现扭转破坏特征。刘延保[38]进行了单轴压缩状态下煤岩的细观力学试验,分析了含瓦斯煤样的细观动态损伤演化过程及其力学特性。

综上所述,有关外部荷载作用下含瓦斯煤岩抗剪性能宏、细观演化规律研究还有待进一步加强。通过研发相关试验设备,深入开展含瓦斯煤岩抗剪性能及裂纹演化规律研究,为进一步认识煤岩剪切-渗流耦合机理奠定基础。

1.2.3 煤岩固气耦合渗流理论及试验研究进展

在煤层开采过程中,随着采煤工作面的推进,煤层的应力状态将随着周围环境的改变而发生变化,煤体的内部孔隙-裂隙结构也随之发生改变,从而使煤岩体中的瓦斯赋存和流动条件也相应地发生变化。这一系列因素致使煤层瓦斯的运移变得非常复杂,对瓦斯抽采的影响也不容忽视。近年来,煤层变形和瓦斯运移的耦合问题研究已成为煤储层研究领域的重点和热点。

煤层渗透率是研究煤层瓦斯渗流特性及运移规律的重要物性参数之一,它与煤层孔裂隙发育特征、地质构造、地应力状态、瓦斯压力、地温、煤基质的收缩效应、煤层埋深、煤体结构及地电场等密切相关,其大小对瓦斯赋存及瓦斯压力的分布等起着重要的作用。因此,研究煤层渗透率的演化规律对于完善瓦斯流动理论和防治瓦斯灾害有着重要的意义。

20 世纪 90 年代以来,国外一些学者[39-41]分别研究了煤储层割理孔隙率、绝对渗透率及相渗透率等参数特征、相互关系及围压、储层压力、割理频率、煤基质收缩率等因素的影响,取得了大量数据和定量、半定量成果,并且形成了一系列实验室分析测试技术。Palmer 等[42]从理论上推导出应力和孔隙压力与渗透率的关系(P&M 理论),并提出了反弹孔隙压力的概念及其表达式,研究结果表明:当基质收缩足够大时,随着孔隙压力降低,绝对渗透率会出现反弹现象(渗透率由原先的逐渐降低到逐渐上升,反弹压力与煤体的弹性模量,以及基质收缩常数有关)。Levine[43]曾用类似于朗格缪尔方程的形式描述过煤基块的吸附应变。

在国内,20 世纪 80 年代,林柏泉等[44]较早地利用自制的煤样瓦斯渗透试验装置研究了含瓦斯煤岩在围压不变的前提下孔隙压力和渗透率以及孔隙压力和煤样变形间的关系,同时还研究了在孔隙压力一定的条件下渗透率和围压以及煤样变形间的关系,研究结果表明:在围压不变的前提下,孔隙压力和渗透率以及煤样变形之间的关系基本上服从指数方程;在孔隙压力不变条件下,加载时煤体的渗透率与载荷之间的关系可用负指数方程表示,卸载时可用幂函数方程表示。进入 20 世纪 90 年代,彭担任等[45]又研制了 STCY-80 型煤与岩石渗透率测定仪,对煤系地层各种岩性试样的渗透率进行了研究。20 世纪 90 年代以来,鲜学福院士领导的学术团队[46-49]利用自制的渗流装置,先后对煤样在不同应力、不同电场强度和不同温度下以及变形过程中的渗透率进行了研究,得出了煤样渗透率与有效应力、温度和电场强度等之间的关系。1996 年,胡耀青等[50]研制了煤岩渗透试验机与三轴应力渗透仪,进行了三维应力作用下煤体瓦斯渗透规律的试验研究,得出了煤体瓦斯渗透系数随体积应力增加而衰减、随孔隙压变化呈抛物线型变化的结论。2001 年,刘建军等[51]利用自制试验设备以低渗透多孔介质为研究对象,通过试验得出孔隙率、渗透率随有效压力变化的曲线,认为当流体在低渗透多孔介质中渗流时,流固耦合效应十分显著。因为低渗透多孔介质的孔隙很小,而孔隙率的微小变化都会对渗透率产生大的影响,所以低渗透介质的渗透率随有效应力的变化十分明显。唐巨鹏等[52]自制了三轴瓦斯渗透仪,通过先加载后卸载,连续进行煤层瓦斯解吸渗流试验,模拟了煤层瓦斯在复杂地应力条件下的赋存和运移开采过程,得到了有效应力与煤层瓦斯解吸和渗流特性间的关系。隆清明等[53]自行研制瓦斯渗透仪,进行了孔隙气压对煤体渗透性影响的试验研究,阐述了可控孔隙气压下煤渗透性试验的方法与过程,认为煤的渗透率随孔隙气压增大而减小,该特性是由孔隙气压变化引起滑脱效应和孔隙结构本身变化所致。彭永伟等[54]利用一种夹持装置研究了不同尺度煤样在围压加、卸载条件下的渗透率变化,对试验结果进行非线性拟合分析,得出煤样的渗透率与围压之间呈负指数关系,煤样渗透率对围压敏感性存在尺度效应。

通过国内外学者的研究,目前已经形成煤层瓦斯在煤储层中宏观运移的渗流理论、微观运移的扩散理论,建立了考虑煤层的均质变形-渗流耦合迁移理论模型[55-56]、越流模型[57]、裂隙介质的变形-渗流理论[58-59]以及考虑克林伯格(Klingberg)效应吸附层的渗流模型[60]。但制约煤层瓦斯迁移的瓶颈区域,即纳米尺度或微米尺度的孔隙结构与煤层瓦斯微观赋存与运移特征,煤层瓦斯的细观运移机理与理论以及宏细观转换理论却鲜见相关报道,关于煤储层改造的增渗、强化解吸的各种物理、化学、力学作用下的煤层瓦斯细观运移的研究报道则更少。

此外,在地面排水降压抽采煤层瓦斯的过程中,随着水、气介质的排出,一方面,煤储层内流体压力降低,有效应力增大,孔和裂隙被压缩,渗透率降低;另一方面,煤基质收缩,孔和裂隙被扩大,渗透率增大[61-62]。这种正、负效应在煤层瓦斯抽采活动中同时发生,其综合作用效果是煤层瓦斯持续开发和经济评价所要考虑的重要因素之一。

在煤层瓦斯抽采过程中,随着气、水介质的排出,煤基质发生收缩,收缩效应引起的渗透率增量随流体压力的减小而成对数形式增大。Reucroft 等[63]认为,从中等变质程度的烟煤开始,煤吸附 CO_2 的膨胀性降低,与 Thomas 等[64]、Levine 等[65]用 CO_2 实测的煤比表面积随煤级的增加而减少的结果相吻合。陈金刚等[66]以试验为基础,得出煤基质收缩能力与不同应力环境的关系,对不同强度煤储层的渗透性在采动过程中的变化状况进行预测,进而对不同开采阶段的煤层瓦斯产能进行预测。Cui 等[67]从基质收缩(膨胀)、有效应力、渗透率三者之间的变化拟合关系,研究了不同煤级煤在煤层瓦斯解吸过程中煤储层的渗透率随基质收缩和有效应力变化的关系,探讨了深部煤层瓦斯开采的渗透率问题。Wang 等[68]建立了三轴应力下煤基质收缩/膨胀的数学模型。Pan 等[69]建立了煤的多元气体吸附、解吸引起煤基块的膨胀或收缩的理论模型。Jahediesfanjani等[70]建立了非平衡多组分三相吸附模型,模拟了吸附过程中煤-水-气三相介质间的耦合关系。然而,储层含水条件下,煤基质的收缩作用、吸附/解吸特性与干煤样有极大不同,目前对于流固耦合作用下的煤基质收缩性及其渗透率、有效应力之间的耦合特征及机理的研究尚未系统触及。

综上所述,尽管国内外学者在煤储层渗透率试验和煤基质收缩作用方面进行过一些有益探索,但是许多理论及煤层瓦斯高效开发机制问题仍有待研究人员深入探讨和揭示。

1.2.4 煤岩剪切-渗流耦合试验研究进展

迄今,关于煤岩裂隙的剪切破坏-渗流特性试验研究大多集中在法向应力作用下煤岩裂隙开闭特征以及与水的渗流耦合试验研究方面,而进行煤岩剪切破坏与煤层瓦斯渗流耦合的试验研究并不多见。Makurat[71]在NGI(Norwegian Geotechnical Institute,挪威岩土工程研究院)进行了大于自重的法向应力作用下的节理剪切渗流耦合试验,试验在片麻岩节理裂隙上进行,在2.8 m的恒定水压和0.82 MPa的有效法向荷载条件下,当剪切位移达到大约1.0 mm时,节理渗透性升高了2~3倍。Makurat等[72]应用改造的双轴应力试验机,进行了自重条件下的剪切渗流耦合室内试验研究,研究表明:节理试件的较小剪切位移可以使节理的渗透系数增加几个数量级,该设备存在剪切位移较小和无法施加法向力荷载的缺点。Esaki等[73-75],Yeo等[76]和刘才华等[77-78]所用的节理剪切-渗流耦合试验机,可以同时施加法向力、剪切力和渗透水压。Lee等[79]应用自行研制的密封剪切盒,并将其安装在MTS815试验机上,分别对大理岩和花岗岩的拉断节理进行了剪切渗流耦合试验分析研究,但该设备所能承受的渗透水压较小。Olsson[80-81]利用试验设备进行了一系列的剪切渗流耦合试验分析研究,并提出了改进的渗流应力耦合模型,该试验通过上下水阀来施加水头渗透压力,其水头也仅有几米大小。Jiang等[82]、蒋宇静等[83]和王刚[84]应用自行研制开发的数控剪切-渗流耦合试验机,进行了剪切渗流耦合试验研究,取得了较好的试验效果和创新性。夏才初等[85]进行了岩石节理剪切-渗流耦合试验系统的开发和研制研究,对其结构组成和功能进行了详细介绍,并取得了较好的试验成果,但其渗透压力也只达到0.5 MPa。Ranjith[86]在带孔隙水的三轴压力室中进行了单节理的法向应力-渗流耦合试验。Chen等[87]还对贯通的节理试件进行错位,并在两头用等厚度的薄片垫平,以模拟节理面在剪切错位后的渗流,但这种错位没有考虑闭合变形和剪胀,与真正的剪切差别较大。Iwai[88]利用自制设备,进行了节理法向应力-渗流耦合试验,但没有考虑剪切力的作用。沈洪俊等[89]对Iwai的试验进行了改进,所用岩样的尺寸为直径1.05 m的圆形石板。郑少河等[90]在三轴渗透试验台进行了长方体节理试件在三维应力下的渗流试验,但所施加的水压仅为几米水柱。

从上述研究成果可以看出,煤岩剪切破坏-渗流耦合机理研究大多围绕压剪荷载作用下水在岩石裂隙中的渗流规律而开展,鲜见关于气体在煤岩裂隙中的渗流研究报道。同时,地应力场、瓦斯渗流场和环境温度场等多场耦合条件下煤岩体剪切破坏-渗流过程是如何耦合的,地应力状态及采动影响条件下煤层瓦斯赋存与运移演化规律又是怎样的,对于这些问题鲜有文献涉及。

1.3 煤岩剪切破坏-渗流耦合力学特性研究思路

如图1-2所示,流体注入对岩体剪切力学行为的直接影响主要分为4个方面:流体注入完整岩体形成局部渗透压、流体在压力作用下渗入岩石、流体注入闭合或未充填裂隙岩体、流体注入充填裂隙岩体。基于上述工程背景,下面介绍煤岩剪切-渗流耦合结构损伤劣化物理模拟试验方法。

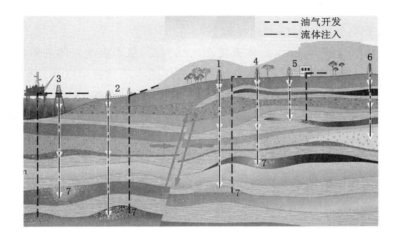

1—热干岩中的地热开采;2—砂岩气/油的开采;3—油气开采;4—页岩气/油的开采;

5—煤层气开发;6—核废料储存;7—流体渗透区域。

图 1-2　剪切荷载作用下注入流体致煤岩体结构劣化与渗透性耦合作用示意图

1.3.1　流体注入影响完整岩石剪切力学性质试验研究

流体注入完整岩石过程中,对岩石力学性质影响可分为两个阶段:

(1)流体注入前期,即未达到致裂水压阶段。注入流体压力形成局部渗透压,对岩石剪切强度产生影响。

(2)注入流体压力达到致裂水压,岩石中剪切荷载集中水平对致裂效果影响。

基于以上所述,为与工程岩体更为接近,采用均质性较好的完整砂岩作为试验材料,物理试验外荷载状态简化为两轴应力状态,在试件中间打孔至预剪切破坏面,施加注水压力,对试验过程中的力学参数与试验结束后的砂岩试件破断特征进行分析,探讨评价注入流体压力与剪切荷载之间的耦合作用机制。

1.3.2　流体渗入完整岩石影响剪切力学性质试验研究

流体渗入岩石过程也可分为两个阶段:

(1)流体渗入初期,岩体由干燥状态转为含水状态,在流体渗入最前端,为相对含水率为 0% 的临界线,越靠近流体源,相对含水率越高,直至达到饱和状态。

(2)当相对含水率达到 100% 时,注入流体压力依然存在的情况下,饱和状态下岩体内部产生孔隙水压。

基于上述背景,通过开展不同含水状态和不同孔隙水压条件下砂岩剪切破坏试验,分析流体渗入过程中岩体剪切行为劣化的影响,并结合剪切断裂结构面形貌特征分析,探讨剪切破坏过程中裂纹扩展机制。

1.3.3　含无充填结构面岩体剪切-渗流耦合作用试验研究

流体注入无充填结构面岩体的途径如下：

（1）当注入孔穿过结构面时，流体直接注入结构面，从而影响岩体的剪切性质。

（2）当流体注入完整岩体时，诱发岩体剪切破坏或水压致裂形成张拉破坏，流体进一步注入相关结构面，从而影响岩体的剪切性质。

（3）当流体注入完整岩体未造成破坏时，流体渗入岩体中闭合或无充填结构面，从而影响岩体的剪切性质。

基于上述背景，首先进行不同成因方式（剪切断裂和张拉断裂）结构面岩体剪切试验；然后针对剪切断裂结构面的明显各向异性进行不同方向剪切试验。在完成无水条件下的结构面自身影响因素分析后，进一步进行流体注入无充填闭合结构面剪切试验，分析流体注入对无充填闭合结构面岩体的剪切性质劣化影响。

1.3.4　含充填结构面岩体剪切-渗流耦合作用试验研究

（1）充填结构面的形成原因包括：剪切破坏结构面由于上、下结构面磨损，产生颗粒状物质；裂隙岩体风化，细颗粒充填到结构面中；在地下水的冲蚀与携带作用下，颗粒物质被带入张开结构面。

（2）流体注入或渗入充填结构面中的途径如下：注入孔直接穿过充填结构面，流体渗入充填物影响剪切性质；流体注入充填物与岩体界面，诱发岩体剪切破坏，流体进一步渗入充填结构面影响岩体的剪切性质。

基于上述背景，首先对无水条件下不同充填厚度、不同充填材料和不同充填粒径的结构面岩体进行剪切试验，分析充填材料对岩体剪切性质的影响；然后进一步考虑不同充填材料对流体渗入过程中岩体剪切行为劣化的影响。

2　压剪荷载下煤岩孔裂隙结构演化特征及渗透特性

煤是一种具有双重结构特征的非均质、各向异性的多孔介质,其裂隙构成了瓦斯气体运移的主要通道,而煤储层孔隙结构分布状况决定了瓦斯气体在煤中的储集状态和扩散方式。随着煤矿开采深度的增加,在地应力、地温场等因素的作用下,煤岩体的力学性质、煤岩内部孔、裂隙结构特征都不断改变,导致煤岩体的渗透特性也随之变化,严重影响着煤层瓦斯运移速率和煤岩失稳破坏规律。因此,本章将开展煤岩孔裂隙结构发育特征及基础力学特性试验研究,系统地探讨压剪荷载下煤岩孔裂隙结构演化特征及其失稳破坏过程中的渗透特性。

2.1　试验研究方法

2.1.1　试验方案

2.1.1.1　压剪荷载下煤岩孔裂隙结构细观演化试验

（1）试验装置

如图 2-1 所示,试验采用自主研发的煤岩剪切细观试验装置,主要包括加载系统、瓦斯充气系统、裂纹细观监测系统、主体结构和声发射系统。在使用本试验装置时,首先利用真空泵抽取真空,然后充入一定压力的瓦斯进行瓦斯吸附,通过加载系统进行含瓦斯煤岩的剪切细观深化试验;利用裂纹细观监测系统对煤岩剪切表面裂纹扩展规律进行动态细观监测,通过显微镜对煤样表面进行扫描,得到煤岩表面裂纹细观结构,为进一步研究煤岩剪切细观贯通机理奠定基础。

图 2-1　试验加载系统与细观监测系统

（2）试验过程及试验方案

① 前期准备：测量试件的长、宽、高等基本参数，将试件放入 80 ℃ 的恒温箱内烘烤 24 h，烘干冷却后放置干燥器皿中以备试验用。

② 试件安装：将固定座从试验腔体中取出，将试件放入固定座的中部，并且将试件的一半放入非剪切侧；在其上方放置限位压块，通过固定螺栓将非剪切侧试件的一半固定，同时在凹形缺口的侧面安装带有活动滚柱的定位挡板，并且将垂向过渡压头置于受剪切侧试件之上。

③ 装置安装：将试验装置放在 AG-I 250 kN 电子精密材料试验机加载台上，调整装置的方向，使垂直方向的压轴和试验机的压头的中心在一条线上；将固定座放入试验装置的腔体中，使材料机的压头和垂向压轴压紧，安装试验装置的前盖，连接瓦斯充气系统及裂纹观测系统等，检查各系统是否正常工作。

④ 抽真空：充入一定压力的瓦斯，用瓦斯报警仪检查试验腔的气密性。若气密性完好，打开三通阀门，排放腔体的瓦斯，用真空泵抽取 2 h，以保证煤岩吸附瓦斯达到较好的效果。

⑤ 充入瓦斯：待腔体内达到一定真空后，关闭三通阀门，调节高压甲烷钢瓶的减压阀门，施加一定的瓦斯压力，向腔内充入瓦斯，充气时间一般控制在 48 h 左右，使试件达到吸附平衡。

⑥ 进行试验：开启岛津材料试验机和监测系统，材料试验机采用位移加载控制方式，按照预先设定的加载速率进行加载在自动记录剪切荷载和剪切位移的同时，通过裂纹观测系统同步观测试件表面微裂纹的开裂、扩展和贯通演化过程。

⑦ 试验完成后：使用体视显微镜对试件观测面逐行逐列进行扫描拍照，以观察分析试件破坏后细观裂纹的分布特征。具体的扫描路线与砂岩单面剪切试验相同。

煤岩剪切试验方案见表 2-1。

表 2-1   煤岩剪切试验方案

岩石种类	影响因素	试验条件	加载速率/(mm·min^{-1})	法向应力/MPa
砂岩	不同含水率/%	0	0.02	0
		50		
		100		
型煤	不同黏结剂含量/%	0		
		2.7		
		5.3		
原煤	不同瓦斯压力/MPa	0		
		1		
		2		

2.1.1.2   煤岩三轴压缩-渗流耦合特性试验

（1）试验装置

本试验采用含瓦斯煤岩热-流-固耦合三轴伺服渗流装置（图 2-2），包括伺服加载系统、三轴压力室、水域恒温系统、孔压控制系统、数据测量系统和辅助系统等。主要技术参数如下：

最大轴压：100 MPa；最大围压：10 MPa；最大瓦斯压力：2 MPa；最大轴向位移：60 mm；最大环向变形：6 mm；温度控制范围：室温至 100 ℃；试样尺寸：ϕ50 mm×100 mm；力值测试精确度：示值的 ±1%；力值控制精确度：示值的 ±0.5%（稳压精确度）；变形测试精确度：示值的 ±1%；水域温度控制误差：±0.1 ℃；轴向加载控制方式：力控制、位移控制；应力、变形、瓦斯压力、温度及流量等参数：全自动采集；该装置总体刚度：>10 GN/m。

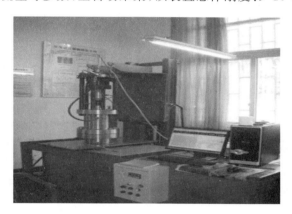

图 2-2   含瓦斯煤岩热-流-固耦合三轴伺服渗流装置

（2）试验步骤及试验方案

在试验过程中，需要严格按照试验步骤进行操作。具体步骤如下：

① 在试件表面均匀的涂一层 704 硅橡胶，待干。

② 将表面硅橡胶干燥的试件置于三轴压力室中，套上热缩管，并用电吹风将其均匀地加热，使得热缩管与煤试件表面紧密接触，保证煤样受力均匀，然后用 2 个金属箍将热缩管与煤样的上、下压杆箍紧。

③ 在煤样试件的中部安装横向引伸计，首先连接数据采集接头，然后安装三轴压力室的上盖以及进气管。

④ 打开计算机软件界面，启动油泵，将轴向压头接触煤样上压杆，随后对三轴压力室进行排气充油。

⑤ 检查试验容器的气密性，打开出气阀门，用真空泵进行脱气 2 h。

⑥ 开始施加轴压、围压至预定值，然后调节瓦斯压力和恒温水域温度至设定值。

煤岩三轴压缩-渗流耦合特性试验方案见表 2-2。

表 2-2   煤岩三轴压缩-渗流耦合特性试验方案

试验岩样	围压/MPa	加载速率/(mm·min⁻¹)	温度/℃	瓦斯压力/MPa
原煤	2	0.1	30	0.5
型煤			50	1.0
			70	1.5

2.1.2 煤岩试件制作

2.1.2.1 原煤及型煤试样制备

（1）原煤试件的制备

对于开展热流固渗流试验使用的原煤试件，采用专用的 SC-100 型立式岩石取芯装置制作，然后利用磨床将原煤试件打磨成 $\phi 50$ mm×100 mm 的圆柱体。对于开展剪切试验的原煤试样，要按垂直层理方向和平行层理方向进行加工，将采集到的煤块手工切割成大致的尺寸，然后在磨床上将其磨成 40 mm×40 mm×30 mm 的长方体试件。为了保证各面平整、光滑，减少边界效应，达到较好的试验效果，依次使用 600Cw、800Cw、1200Cw 和 2000Cw 砂纸对试件各表面进行分级打磨抛光，同时用白色马克笔在抛光好的原煤表面做标记，以便观察裂纹的扩展情况。

（2）型煤试件的制备

新鲜煤样经破碎机、筛分机破碎和筛分后，根据试验要求选取相应目数的煤粉，首先将煤粉和少量纯净水混合，然后装入成型模具中，并在 200 t 的材料机上以 100 MPa 的成型压力保压 20 min，再经脱模后方可制成 $\phi 50$ mm×100 mm 的试件。

2.1.2.2 砂岩试样的制备

试验所用砂岩取自重庆地区三叠系上统须家河组，属陆源细粒碎屑沉积岩，粒径为 0.1～0.5 mm，主要成分为石英、长石、白云母等。

天然岩石试件个体存在差异，导致试验结果具有离散性。因此，首先选择较为完整且无明显裂隙的岩样；然后采用湿式加工法将所选取的岩样切割成规格略大于 40 mm× 40 mm×40 mm、100 mm×100 mm×100 mm 的正方体试件和 $\phi 25$ mm×50 mm 的圆柱体试件；再用磨床加工立方体岩样的 6 个端面以及圆柱体试样的上、下端面，使试件的端面平整度、垂直度以及平行度等满足国际岩石力学学会建议标准，并依次使用 600Cw、800Cw、1200Cw 和 2000Cw 砂纸对试件表面进行分级打磨，使两端面的平行度误差控制在 0.02 mm 以内，加工成形后的砂岩试件保持自然干燥状态；最后按照相应的试验规范，在测取基本物理参数的基础上，将密度、几何尺寸等参数最为接近的试件分为一组并编号。

2.2 煤岩微观孔裂隙结构发育特征及其成因

煤是一种具有双重结构特征的非均质、各向异性的多孔介质，其裂隙成为瓦斯运移的主要通道，而煤储层孔隙结构的分布状况决定了瓦斯在煤中的储集状态和扩散方式，如图 2-3 所示。

研究表明，成煤植物的组织结构衍生了煤层的孔隙结构，而凝胶化作用、构造营力作用又衍生了煤层的裂隙系统。双重结构是煤层瓦斯气藏特有的储层介质属性，这种属性决定了煤层瓦斯吸附解吸-扩散-运移的独特机制。

一般而言，煤层的孔隙继承性地负载了植物的组织结构，由于各种形状、大小不一的圆形孔、椭圆形孔、不规则孔由植物原始组织结构和成煤作用所控制，所以孔隙从成因上是原

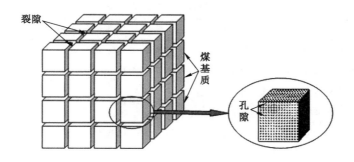

图 2-3   煤的孔隙-裂隙模型

生的。张慧[5]以煤岩显微组分和煤的变质与变形特征为基础,以较大量的扫描电镜观察结果为依据,将煤孔隙的成因类型划分为 4 大类(原生孔、外生孔、变质孔、矿物质孔)、10 小类,见表 2-3。

表 2-3   煤孔隙的类型及其成因

类型		成因
原生孔	胞腔孔	成煤植物本身所具有的细胞结构孔
	屑间孔	镜屑体、惰屑体和壳屑体等碎屑状颗粒之间的孔
变质孔	链间孔	凝胶化物质在变质作用下缩聚而形成的链之间的孔
	气孔	煤变质过程中由生气和聚气作用而形成的孔
外生孔	角砾孔	煤受构造应力破坏而形成的角砾之间的孔
	碎粒孔	煤受构造应力破坏而形成的碎粒之间的孔
	摩擦孔	压应力作用下面与面之间摩擦而形成的孔
矿物质孔	铸模孔	煤中矿物质在有机质中因硬度差异而铸成的印坑
	溶蚀孔	可溶性矿物质在长期气、水作用下受溶蚀而形成的孔
	晶间孔	矿物晶粒之间的孔

煤中的裂隙被认为是后生的,其形成原因比较复杂。由于构造运动的作用,所以煤中分布有几组方向不同的裂隙,它们大多与煤层垂直或斜交,呈网状或不规则形状。煤田地质学将煤受构造应力作用产生的裂隙称为煤的外生裂隙。区域构造应力方向一般控制着裂隙分布的基本格局,裂隙的方向反映了主应力的方向。主裂隙的长度、宽度、频率一般高于次裂隙。次裂隙相交于主裂隙,其长度、宽度受限于主裂隙,但分布频率有时高于主裂隙。

有些矿区经受多期构造运动,发育成多期裂隙,可依据裂隙形迹的交切关系推断其生成次序。各种应力的综合作用以地应力方式作用于煤层,适宜的地应力可能使裂隙开启,而强烈的地应力可能使裂隙闭合。此外,煤化作用的压实脱水也可在煤层中形成次一级的内生裂隙,与外生裂隙方向一致或斜交,分布不规则,称之为割理。煤裂隙的分类及成因见表 2-4。

表 2-4 煤裂隙的分类及成因

裂隙分类		成因	基本形态特征	宽度
内生裂隙	失水裂隙	煤化作用初期,在压实、失水、固结等物理变化过程中形成的裂隙	弯曲状、无方向性、长短不等,网络呈树枝状、不规则形状	大孔级
	缩聚裂隙	煤在变质过程中因脱水、脱气、脱挥发分而缩聚所形成的裂隙	短浅、弯曲、无序,网络呈不规则形状	中孔级及其上
	静压裂隙	在上覆岩层的单向静压作用下形成的与层理大体垂直的定向裂隙	短、直、定向,基本垂直层理,不组成网络	大孔级为主
外生裂隙	张性裂隙	由张应力作用产生的启开状裂隙	直线状或弯曲状,垂直或斜交层理,网络呈 S 形、雁行形和不规则形状	一般为几微米至几十微米
	压性裂隙	经受严重挤压的煤中,由压应力作用而产生的闭合状裂隙	长且直,方向性强,多呈平行分布	闭合状
	剪性裂隙	由剪应力作用而产生的 2 组或多组共轭裂隙	直线状为主,派生裂隙发育,网络呈 X 形、菱形、羽状等	启开状或闭合状
	松弛裂隙	煤中构造面上由应力释放而产生的裂隙	弯曲状为主,裂面不平,多呈锯齿状,方向性不强,网络呈不规则形状	启开状或闭合状

煤孔隙的分类依据有多种,每种依据的侧重点不同,都是根据一定的研究方向制定的。归纳起来,目前存在 3 种有关煤孔隙的分类方法。

2.2.1 按煤孔隙的成因分类

基质孔隙是煤在经历了泥炭化作用-成岩作用-变质作用等一系列煤化作用后形成的。煤孔隙成因类型多,形态复杂,大小不等,各类孔隙都在微区发育或微区连通,借助于裂隙而参与煤层瓦斯的渗流系统。此外,不同的学者关于基质孔隙成因的分类划分也不尽相同,见表 2-5。

表 2-5 基质孔隙成因分类

研究者	煤孔隙按成因划分类别
Gan 等[91]	分子间孔、煤植体孔、热成因孔、裂缝孔
郝琦[92]	植物组织孔、气孔、粒间孔、晶间孔、铸模孔、溶蚀孔等
张慧[5]	原生孔、外生孔、变质孔、矿物质孔
张素新等[93]	植物细胞残留孔隙、基质孔隙、次生孔隙
苏现波等[94]	气孔、残留植物组织孔、次生孔隙、晶间孔、原生粒间孔

2.2.2 按煤孔隙的孔径结构分类

煤孔隙的大小差别极大,B. B.霍多特[95]的十进制划分方案在国内应用最为广泛,划分为大孔、中孔、过渡孔(小孔)和微孔,分类的主要依据是固体孔径范围与固气分子作用效应。

此外,不同学者根据不同研究方法及目的有不同的划分结果,见表 2-6。

表 2-6　煤孔径大小分类方案 单位:nm

研究者	B. B. 霍多特[95]	Gan 等[91]	Jüntgen[96]	肖宝清等[97]	刘常洪[98]	秦勇等[99]
大孔	≥1 000	≥30	≥50		≥7 500	≥400
中孔	1 000～100	30～1.2	50～2	60～40	7 500～100	400～50
过渡孔(小孔)	100(含)～10			40(含)～10	100(含)～10	50(含)～15
微孔	≤10	≤1.2	2(含)～0.8	10(含)～0.54	≤10	≤15
超微孔			≤0.8	≤0.54		

2.2.3　按煤孔隙的形态分类

郝琦[92]在国内率先开展了对煤孔隙形态类型的研究,分类的依据是压汞试验的退汞曲线或液氮吸附回线的形态特征。陈萍等[100]将煤孔隙划分为Ⅰ类孔(两端开口圆筒形孔及四边开放的平行板状孔)、Ⅱ类孔(一端封闭的圆筒形孔、平行板状孔、楔形孔和锥形孔)、Ⅲ类孔(细颈瓶形孔),如图 2-4 所示。

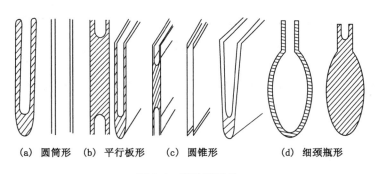

(a)　圆筒形　　(b)　平行板形　　(c)　圆锥形　　(d)　细颈瓶形

图 2-4　煤孔隙结构

对于煤层中裂隙的分类,傅雪海[61]基于大量的对现场新揭露煤面和试验室所采集煤样的观测,并通过一定的统计分析方法,较为全面地得出了煤层中裂隙的分布规律,将裂隙按大小、形态特征、成因等划分为大裂隙、中裂隙、小裂隙和微裂隙(内生裂隙),对应地将煤储层分为大裂隙储层、中裂隙储层、小裂隙储层和微裂隙储层,见表 2-7。

表 2-7　宏观裂隙级别划分及分布特征

裂隙级别	高度	长度	密度	切割性	裂隙形态特征	成因
大裂隙	数十厘米至数米	数十米至数百米	每米数条	切穿整个煤层,甚至顶底板	发育 1 组,断面平直,有煤粉,裂隙宽度数毫米到数厘米,与煤层的层理面斜交	外应力

表 2-7(续)

裂隙级别	高度	长度	密度	切割性	裂隙形态特征	成因
中裂隙	数厘米至数十厘米	数米	每米数十条	切穿几个宏观煤岩类型分层(包括夹矸)	常发育 1 组,局部 2 组,断面平直或呈锯齿状,有煤粉	外应力
小裂隙	数毫米至数厘米	数厘米至 1 m	每米数十条至每米 200 条	切穿 1 个宏观煤岩类型分层或几个煤岩成分分层,一般垂直或近垂直于层理分层	普遍发育 2 组,面裂隙较端裂隙发育,断面平直	综合作用
微裂隙	数毫米	数厘米	20～500 条/m	局限于 1 个宏观煤岩类型或几个煤岩成分分层(镜煤、亮煤)中,垂直于层理面	发育 2 组以上,方向较为凌乱	内应力

如图 2-5 所示,对于煤裂隙形态和组合关系,可分为以下 3 种:一是矩形网状,主要为小裂隙,一般面裂隙密度大于端裂隙密度,彼此近于垂直相关,具有较高的渗透性,渗透率的方向性中等;二是不规则网状,小裂隙与微裂隙交织在一起,面裂隙与端裂隙都比较发育,这种组合的渗透性中等,没有明显的各向异性,主要发育于低煤化烟煤中;三是平行状,由于端裂隙不发育,所以只见面裂隙平行产出,这种组合一般反映局部现象。当端裂隙出现时,又会变成矩形网状组合,由于只发育 1 组裂隙,所以渗透率的各向异性明显,具有优势方位。

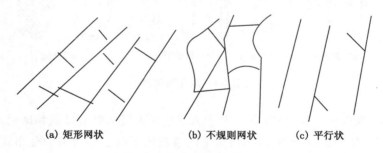

(a) 矩形网状   (b) 不规则网状   (c) 平行状

图 2-5   煤内裂隙组合形态

2.3 压剪荷载下煤岩孔裂隙结构细观演化规律

2.3.1 煤岩剪切细观开裂演化分析

2.3.1.1 细观开裂演化过程

如图 2-6 所示(图中 1～12 为裂纹编号),在峰值点处,试件表面无明显裂纹(A 点截图),剪应力达到峰值后应力急剧下降;在下降的过程中,试件剪切面中部位置从上到下依次出现几条微裂纹(B 点截图);随着剪应力的下降,最先出现的裂纹汇合贯通成 2 条宏观裂纹;在试件剪切面中、上部和中下部出现另外几条宏观裂纹(C、D 点截图),并且上端部和下端部裂纹出现(D、E 点截图);几条宏观裂纹在剪切面上依次排列,间断分布,呈现雁行排列,最后发生贯通,形成弯折状断裂面(F 点截图)。

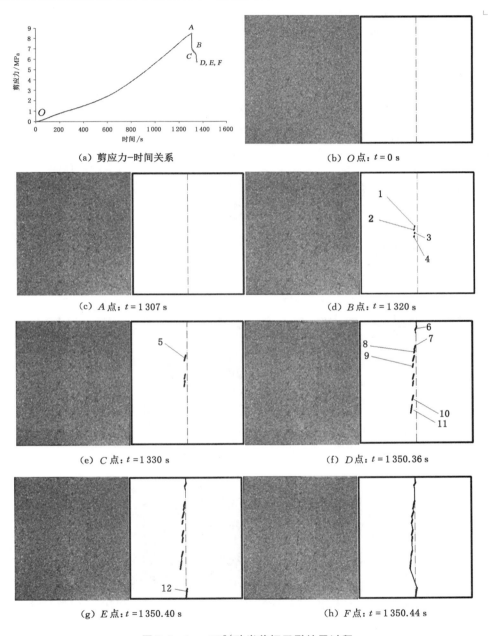

图 2-6　k_w＝50%砂岩剪切开裂扩展过程

　　如图 2-7 所示,当含水率为 0 时(烘干砂岩剪切过程中),宏观裂纹明显地出现在剪应力-时间曲线的最后时刻,早期无明显特征。在贯通之前的 D 点[图 2-7(a)],从试件底部向上依次出现几条宏观裂纹,其裂纹走向几乎一致,宽度依次变窄,长度依次变短,随后发生贯通破坏,断裂面呈弯折状。当含水率为 100% 时,在剪应力-时间曲线的峰前阶段后期出现屈服段,并且在 A 点出现应力降[图 2-7(c)],说明试件剪切过程中表面和内部存在大量的微裂纹,导致峰前损伤突出,使得剪应力变形曲线出现屈服段,在峰后 BC 段出现明显的应力降,在与之对应 C 点截图上的剪切面中间位置依次出现断断续续的小裂纹,这些小裂纹经过不断增长、相互贯通,形成大裂纹(D 点截图),随后发生剪切面的整体贯通;由于水的影响改变了砂岩自身的力学性质,削弱了砂岩的强度,而使得试件底部出现较大的次级裂纹,该裂纹大多延伸至试件中部。

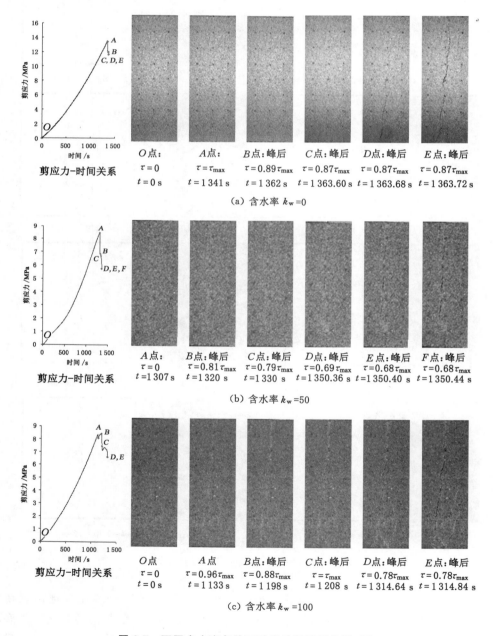

图 2-7　不同含水率条件下砂岩剪切开裂扩展对比

2.3.1.2　宏观断裂形态

剪切载荷作用时不同含水率条件下砂岩的最终破坏形态如图 2-8 所示。由图片不难看出：含水率越大，断裂面弯折的段数越多，下端次级裂纹越发育，整体损伤的宽度越大；在主裂纹附近都有一定长度的次级裂纹形成，主裂纹附近的分叉裂纹多，这些使得试件的表面裂纹形态更加复杂。

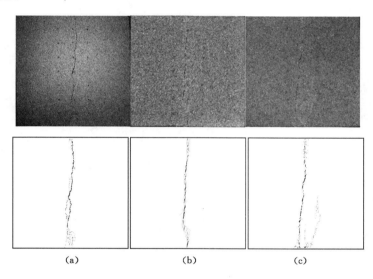

图 2-8　不同含水率条件下砂岩的宏观断裂破坏

2.3.1.3　细观裂纹贯通机理分析

以含水率 50％为例详细描述砂岩剪切细观贯通机理。

图 2-9 给出了含水率为 50％时砂岩剪切细观裂纹开裂演化过程；图 2-10 为细观裂纹贯通过程局部放大图及素描图。

（1）裂纹类型分析

图 2-9 中 1～12 号裂纹为贯通前阶段形成的独立宏观裂纹，为张拉裂纹。6 号裂纹和 12 号裂纹处于应力集中带，其中 6 号裂纹受到影响，裂纹较为复杂，断裂面粗糙，整体上为剪切裂纹扩展机制；而 12 号裂纹为张开裂纹，裂纹面均呈现张开状态。

1 号和 2 号裂纹形成于早期的裂纹萌生阶段，并逐渐形成一条张开裂纹，形成机制为张拉；3 号和 4 号裂纹扩展机理与 1 号和 2 号裂纹的情况类似，也是早期在张拉应力作用下形成的裂纹。1～4 号裂纹的贯通完成于剪应力-时间曲线的 E 点，当处于剪应力-时间曲线的 F 点时刻时，各裂纹相互贯通。细观图给出了贯通破坏后裂纹的形态特征，下面针对贯通阶段裂纹贯通过程及贯通后的细观裂纹形态进行分析。

（2）裂纹贯通过程细观分析

6 号裂纹处于剪切面最上端，部分张开，部分闭合，具有剪切裂纹的特点，为剪切裂纹。由于上部应力集中的影响，所以 8 号裂纹周边萌生许多次级裂纹，如图 2-10 所示。

6 号裂纹和 7 号裂纹之间由几条张开裂纹和闭合裂纹串联组成，裂纹面粗糙，且有许多破碎的颗粒。因此，6 号和 7 号裂纹之间的贯通模式为剪切贯通；贯通区内的裂纹分布形态见局部放大图和素描图，如图 2-10(a)所示；6 号剪切裂纹向下扩展与 7 号裂纹岩桥贯通，岩

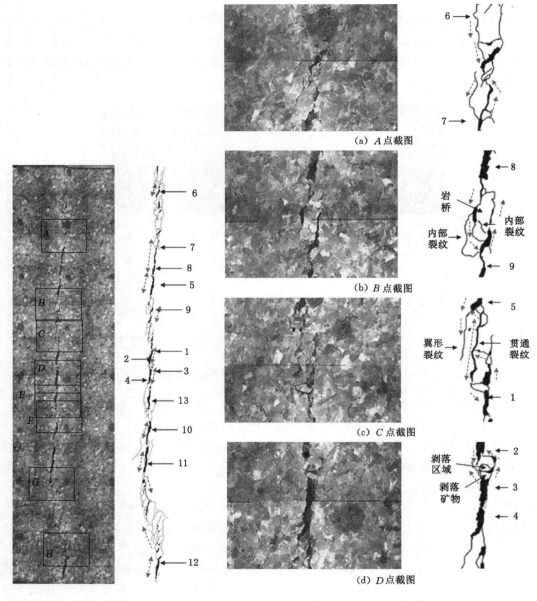

图 2-9　k_w＝50％时砂岩剪切
细观裂纹开裂演化特征

图 2-10　砂岩剪切细观裂纹局部
放大图与素描图

桥是由若干矿物颗粒组成,裂纹绕其左右两侧贯通。

　　5 号和 9 号裂纹的贯通过程见局部放大图和素描图,如图 2-10(b)所示。可以看出,两个裂纹贯通是通过中间的几个矿物颗粒组成的岩桥贯通,由于水的侵蚀作用,岩桥的力学性质降低,导致岩桥内部和周边均分布损伤裂纹。

　　9 号裂纹和 1 号裂纹的贯通过程见局部放大图和素描图,如图 2-10(c)所示;两裂纹之间的贯通裂纹,其为张拉裂纹,并与 9 号裂纹和 1 号裂纹剪切贯通。

2号裂纹和3号裂纹之间的贯通过程见局部放大图和素描图,如图2-10(d)所示;贯通裂纹沿着近似圆球状矿物颗粒体相互连通,由于水的侵蚀作用,降低了岩桥的力学性质,而使得矿物颗粒部分产生剥离。

4号裂纹下方的13号裂纹形成过程见局部放大图和素描图,如图2-11(a)所示。裂纹的扩展方向见图中虚线箭头所指方向,裂纹在贯通的过程中,右侧裂纹壁内部分布有微裂纹或软弱离层,受到竖向力的作用,裂纹壁薄层以梁的屈曲弯折模式,向裂纹壁外侧扩展,形成裂纹13号张拉裂纹,受水侵蚀作用的影响,岩石的抗拉强度较低,由若干颗粒组成的梁最终在弯曲过程中折断成几段。

4号、13号和10号裂纹的贯通过程见局部放大和素描图,如图2-11(a)、(b)所示;4号和13号裂纹与10号裂纹之间的贯通模式表现为剪切贯通。

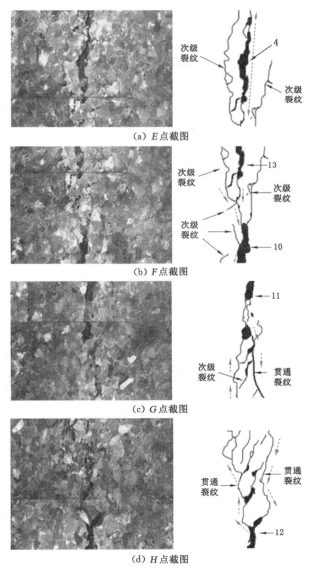

(a) E点截图

(b) F点截图

(c) G点截图

(d) H点截图

图 2-11 砂岩剪切细观裂纹局部放大与素描图

11号裂纹与12号裂纹的贯通过程见细观裂纹拼图、局部放大图和素描图,如图2-11中(c)和图2-11(d)所示,裂纹的贯通方向见图中虚线箭头所指方向。次级裂纹表现为拉裂纹,在贯通区域内形成许多平行的张拉裂纹,如图2-12所示。

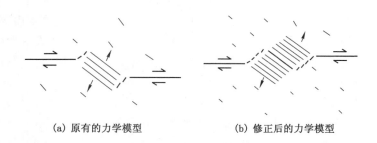

（a）原有的力学模型　　　　　　（b）修正后的力学模型

图 2-12　裂纹贯通力学模型

11号和12号距离相对较远,裂纹之间的岩桥由尺寸比较大的岩块组成,贯通后岩块被分隔成若干个长条状的小岩块,小岩块之间的裂纹几乎平行。可以看出,由于水的侵蚀作用,降低了大块岩桥的力学性质,而使得岩块破碎更严重,岩桥内部的裂纹数目显著增加。

2.3.2　型煤剪切细观开裂演化特征

2.3.2.1　细观开裂演化过程

首先通过对不同黏结剂含量的型煤进行剪切试验,获得各煤样表面裂纹发展的全过程高清视频;然后结合观测表面经历的裂纹起裂、扩展、贯通、宏观断裂等不同阶段,从拍摄录制的全程高清视频影像中分别截取相应典型图片。

如图2-13所示和图2-14所示,$A\sim F$点截图与相应图中的剪应力-时间曲线相对应。对比不同黏结剂含量条件下含瓦斯型煤剪切裂纹演化过程,可将含瓦斯煤的剪切破裂过程分为4个阶段:

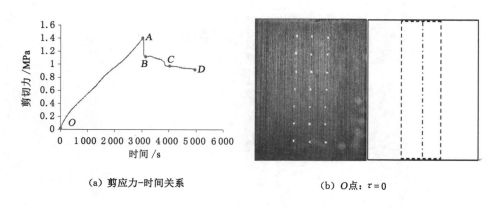

（a）剪应力-时间关系　　　　　　（b）O点：$\tau=0$

图 2-13　黏结剂含量为 5.3% 的型煤剪切开裂演化过程

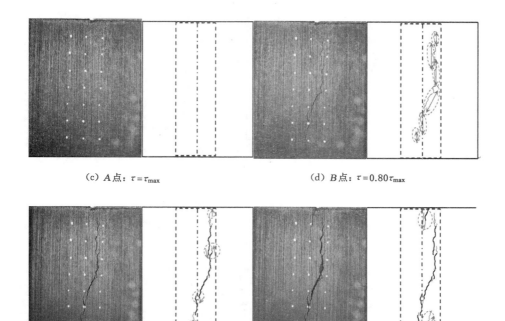

(c) A点：$\tau = \tau_{max}$　　　　　　　　　(d) B点：$\tau = 0.80\tau_{max}$

(e) C点：$\tau = 0.77\tau_{max}$　　　　　　　　(f) D点：$\tau = 0.65\tau_{max}$

图 2-13　（续）

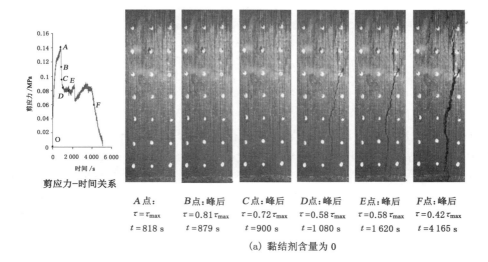

剪应力-时间关系

A点：	B点：峰后	C点：峰后	D点：峰后	E点：峰后	F点：峰后
$\tau = \tau_{max}$	$\tau=0.81\tau_{max}$	$\tau=0.72\tau_{max}$	$\tau=0.58\tau_{max}$	$\tau=0.58\tau_{max}$	$\tau=0.42\tau_{max}$
$t=818$ s	$t=879$ s	$t=900$ s	$t=1\,080$ s	$t=1\,620$ s	$t=4\,165$ s

（a）黏结剂含量为 0

图 2-14　不同黏结剂含量型煤剪切开裂扩展过程对比

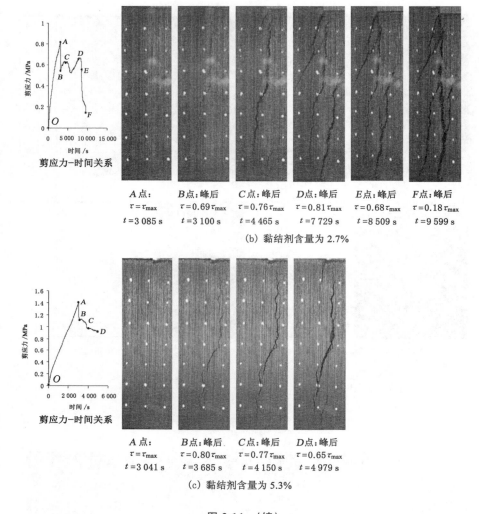

A点：
$\tau = \tau_{max}$
$t = 3\,085\ s$

B点：峰后
$\tau = 0.69\tau_{max}$
$t = 3\,100\ s$

C点：峰后
$\tau = 0.76\tau_{max}$
$t = 4\,465\ s$

D点：峰后
$\tau = 0.81\tau_{max}$
$t = 7\,729\ s$

E点：峰后
$\tau = 0.68\tau_{max}$
$t = 8\,509\ s$

F点：峰后
$\tau = 0.18\tau_{max}$
$t = 9\,599\ s$

(b) 黏结剂含量为 2.7%

A点：
$\tau = \tau_{max}$
$t = 3\,041\ s$

B点：峰后
$\tau = 0.80\tau_{max}$
$t = 3\,685\ s$

C点：峰后
$\tau = 0.77\tau_{max}$
$t = 4\,150\ s$

D点：峰后
$\tau = 0.65\tau_{max}$
$t = 4\,979\ s$

(c) 黏结剂含量为 5.3%

图 2-14 （续）

（1）裂纹孕育阶段（Ⅰ阶段）

由于型煤的成型压力为 100 MPa，在型煤加载过程中试件上端最大剪应力远小于试件的成型压力，所以型煤剪切过程中不会出现孔裂隙压密阶段，因此在变形曲线上不会出现下凹的一段曲线，而直接进入弹性阶段和微裂纹萌生、聚集成核过程，该过程贯穿于峰值前 OA 段全过程或后期阶段。该阶段内剪切面附近肉眼观察不到裂纹（图 2-13 中的 A 点截图）。

（2）细观裂纹萌生和扩展阶段（Ⅱ阶段）

伴随着应力降，部分微裂纹连通。当黏结剂含量为 5.3% 时，在 B 点时刻，试件剪切面附近出现 6 条距离很近的竖向细观裂纹，总长度约为 35.1 mm，比较细长，肉眼几乎可见，只是由于裂纹萌生过快，而难以捕捉到具体的扩展过程（图 2-13 中 B 点截图）。

（3）细观裂纹向宏观裂纹转化阶段（Ⅲ阶段）

当黏结剂含量为 5.3% 时，随着时间的推移，应力呈现缓慢减小趋势。在此过程中，试件表面出现的几条细观裂纹逐渐变宽,形成宏观裂纹(图 2-13 中 C 点截图)。

(4) 宏观主裂纹贯通及断裂面摩擦滑移失效阶段(Ⅳ阶段)

当黏结剂含量为 5.3％时,各裂纹之间以翼形裂纹相互连接,并在试件上端和下端部分别出现一条裂纹。裂纹的扩展方向分别为左下方和右上方,宏观主裂纹与上、下端部出现的裂纹以细观裂纹和损伤区联系形成潜在贯通面,此时试验停止(图 2-13 中 D 点截图)。

通过对比不同黏结剂含量条件下含瓦斯煤剪切裂纹演化过程可知,黏结剂含量对含瓦斯煤剪切宏、细观力学特性的影响如下:

① 相邻裂纹之间的连通方式。从裂纹的宏细观演化过程来看,当黏结剂含量为 0 时,主要以直接连通的方式;当黏结剂含量为 2.7％时,细观裂纹的连通方式为直接连通,宏观裂纹的连通方式为分叉裂纹的连通方式;当黏结剂含量为 5.3％时,细观裂纹连通方式和宏观裂纹连通方式均为翼形裂纹连接方式。因此,随着黏结剂含量的增加,裂纹连接方式从直接连通到翼形裂纹连通方式转化。

② 裂纹数目与结构特征。随着黏结剂含量的增加,宏观裂纹的数目在增加,主要原因在于裂纹扩展沿颗粒边界所消耗能量最低。当黏结剂含量较低时,颗粒之间的黏聚力较小,裂纹尖端为应力集中带,应力强度因子最高,较小的外部应力极可能导致裂纹尖端的应力强度因子超过其断裂韧度,使裂纹前缘处于不稳定状态,在细观尺度下不断向前开裂扩展故剪切面内难以形成独立宏观裂纹,整个断裂面为一条连通的裂缝,内部分叉点也较少,次级裂纹也较少,裂纹结构较为简单,抗剪强度较低。当黏结剂含量较高时,颗粒之间的黏聚力增大,处于相对稳定状态的裂纹尖端的断裂韧度较大,能在周围较高的应力状态下维持稳定,故细观和宏观独立裂纹数目增多,或者细观独立裂纹和宏观分叉裂纹增多,形成最终破裂面的裂纹结构变得较为复杂,断裂面更为粗糙,试件强度会相应提高。

2.3.2.2　起裂应力水平与贯通应力水平

由图 2-15 可以看出,不同黏结剂含量下型煤剪切起裂应力水平为 69％～81％,随着黏结剂含量的增大,型煤达到起裂时的应力整体呈现上升趋势,起裂应力水平则呈"先减小、后增大"趋势,但增大不明显。

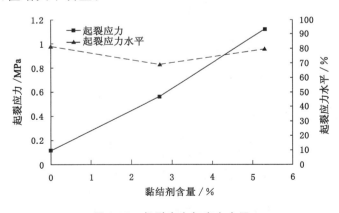

图 2-15　起裂应力与应力水平

由图 2-16 可以看出,型煤剪切贯通应力水平为 45％～64％,并且随着黏结剂含量增加,贯通应力及其水平均呈"先减小、后增大"趋势,但增大不明显。

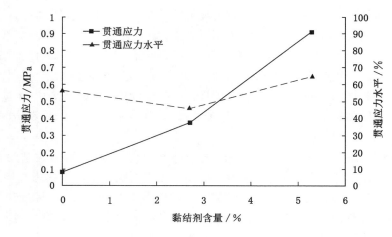

图 2-16　贯通应力与应力水平

2.3.2.3　细观裂纹贯通机理

以黏结剂含量为 5.3% 情况为例,详细描述型煤剪切细观贯通机理,分别如图 2-17 和图 2-18 所示。

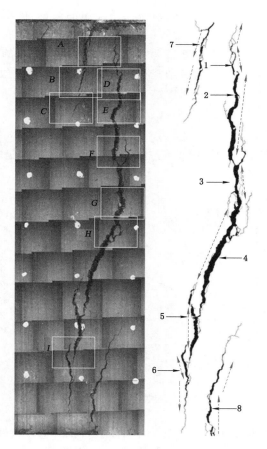

图 2-17　黏结剂含量为 5.3% 型煤剪切细观裂纹开裂演化特征

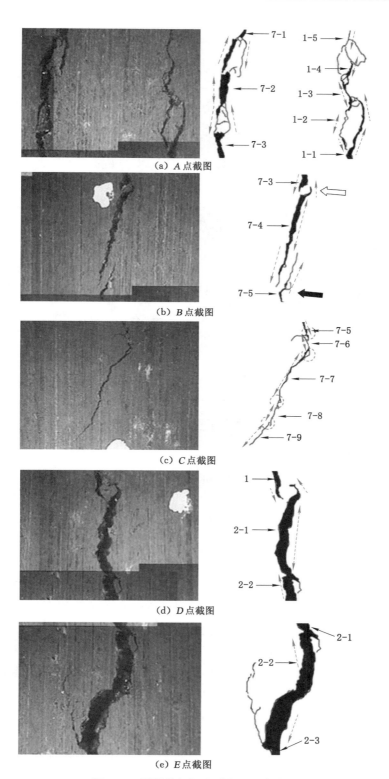

（a）*A* 点截图

（b）*B* 点截图

（c）*C* 点截图

（d）*D* 点截图

（e）*E* 点截图

图 2-18　型煤剪切细观裂纹局部素描图

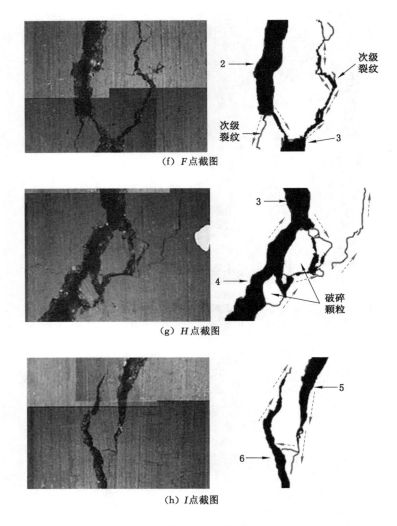

(f) F点截图

(g) H点截图

(h) I点截图

图 2-18　（续）

在图 2-18 中,7-1、7-2 和 7-3 所指为 7 号裂纹贯通过程中出现的 3 条宏观裂纹;另外,由 A 点截图可知,宏观裂纹在向前扩展过程中,其前方总是出现若干细小的微裂纹,这些裂纹几乎与宏观裂纹的扩展方向一致或呈较小的角度,并且以翼形裂纹贯通。翼形裂纹重叠区域形成损伤区,裂纹的各侧在剪应力的作用下沿相反方向错动,在裂纹尖端处形成与裂纹面呈一定角度的集中拉应力,致使裂纹面开裂,并扩展形成翼形裂纹,各翼形裂纹靠裂纹的两翼与相邻裂纹贯通。图 2-18 中 1-1 所指为 1 号宏观裂纹的上端部裂纹,1-2、1-3、1-4、1-5 所指为 1 号宏观裂纹前方出现的几条微裂纹,这些微裂纹均为翼形裂纹,裂纹之间的贯通方式为翼形裂纹贯通。

由图 2-18 中 B 点截图可以知,两个裂纹的贯通是通过翼形裂纹重叠区域损伤区的彻底破坏形成的(白色粗箭头),且裂纹尖端前方分布着几条细小裂纹(黑色粗线箭头)。

图 2-18 中 C 点截图为宏观裂纹前方的微裂纹(黑色箭头),通过 A～C 点截图可以看

出,裂纹前端几条由宽到窄、近似在一条线上的细观裂纹组成,前方新裂纹不断出现,后方裂纹不断长大,相邻裂纹翼型连通,翼形裂纹重叠部分不断损伤破碎,形成宏观裂纹,从而引起宏观裂纹不断向前扩展。

由图 2-18 中 D 点截图可以看出,当两条裂纹不在一条直线上、距离较近时,受相对位置影响,两裂纹以短而尖反翼形裂纹贯通。

由图 2-18 中 E 点截图可知,在早期裂纹萌生和扩展阶段,2-2 所指裂纹向上、下扩展将 2-1 所指裂纹和 2-3 所指裂纹贯通,形成一条长裂纹,2-3 所指的原裂纹上部翼形裂纹被保留下来,形成对裂纹壁的损伤。

由图 2-18 中 F 点截图可以看出,大裂纹贯通是靠端部应力集中形成翼形裂纹相互连通的,下部裂纹端部先出现翼形裂纹,扩展一段距离后向主裂纹方向发生 90°偏转,并与前方几个翼形裂纹连通,形成损伤区;上部裂纹与下部裂纹之间发生剪切,形成贯通裂纹,并且在该裂纹的左侧产生了一条翼形微裂纹。

由图 2-18 中 H 点截图可知,3 号和 4 号裂纹的贯通引起颗粒的脱落,导致该处主裂纹宽度增加,破碎颗粒可作为主裂纹的填充物。

由图 2-18 中 I 点截图为一完整主裂纹与相邻主裂纹之间的贯通方式,该裂纹为翼形裂纹,上、下部与相邻宏观裂纹通过长而尖的翼形裂纹相互连通,相邻裂纹翼部重叠区域形成损伤区。

由此可见,不管是细观裂纹,还是宏观裂纹,裂纹之间的贯通方式都为翼形裂纹或反翼裂纹连通,这取决于相邻宏观裂纹之间的相对位置。翼形裂纹和反翼形裂纹相互重叠部分形成损伤区,损伤区的彻底破损导致两条裂纹的贯通,这是导致宏观裂纹面局部变宽、呈锯齿状的主要原因。

图 2-19 为不同黏结剂含量条件下型煤剪切细观裂纹形态。通过对比可知,随着黏结剂含量的增大,型煤剪切过程中出现的宏观独立裂纹的数目逐渐增加,贯通裂纹的最大宽度呈减小趋势。因此,黏结剂含量越大,越有利于独立裂纹的形成,并且保持长期稳定扩展。

2.3.3　原煤剪切细观开裂演化特征

2.3.3.1　细观开裂演化过程

瓦斯压力为 0.5 MPa 时原煤剪切开裂演化过程如图 2-20 所示,其中 $O\sim D$ 点截图与剪应力-时间曲线中的 $O\sim D$ 点相对应。

按照裂纹开裂扩展过程,可将其划分为 3 个阶段:

(1) OA 段:原生裂纹微扩展阶段。在压剪荷载作用下,由于煤岩中某些微元体的最小主应力超过抗拉强度,而产生了细观的损伤,随着压剪荷载的增加,在剪切面右边的原生裂纹处损伤增大(图 2-20 中 O 点截图),微裂纹扩展开裂(图 2-20 中 A 点截图),裂纹附近颗粒间产生微小错动导致应力瞬间下降。裂纹的发展及最后的破坏形态与原生裂纹有一定的关系,当在剪切面附近存在与压剪荷载呈小角度的原生裂纹时,裂纹通常是从这些原生裂纹尖端开裂,并向其上、下两端发展。如果不存在满足条件的原生裂纹,则直接进入新裂纹的开裂阶段。

(a) 黏结剂含量为 0   (b) 黏结剂含量为 2.7%   (c) 黏结剂含量为 5.3%

图 2-19   不同黏结剂含量条件下型煤剪切细观裂纹形态

(2) *AC* 段：原生裂纹扩展及新裂纹开裂阶段。原生裂纹不断向两端发展，方向大致与压剪荷载方向平行，主要向下端发展并不断向剪切面倾斜。继续加载，在靠近剪切面的原生裂纹处产生了分叉，并向下发展与之前形成的一级裂纹交汇。荷载持续增加，受损伤区域产生微观裂纹并相互贯通形成宏观裂纹，上部剪切面发生开裂，裂纹不断向下发展（图 2-20 中 *B* 点截图）。煤岩在峰值荷载前出现裂纹，这与岩石材料在峰值荷载后裂纹出现并迅速发展不同，由煤体内节理裂纹发育所致，所以其剪切面也没有岩石材料的平整。通过对峰前出现的裂纹时刻与剪应力-时间曲线对比分析发现，峰前出现裂纹时曲线都有应力降出现。

(3) *CD* 段：裂纹宏观断裂破坏阶段。尽管煤岩表面在峰值荷载前便出现裂纹，但主裂纹是在峰后形成的，而且通常随着裂纹的贯通而形成。由于上部损伤严重，而在压剪荷载条件下发生了鼓出破坏有大量煤渣掉落。此时主剪切滑动面形成，各个裂纹发生剪切断裂破坏（图 2-20 中 *C* 点截图）。在贯通导致煤岩产生宏观破坏时，剪应力-时间曲线出现大的应力降，这是在多条裂纹切割下的煤岩形成岩桥，且岩桥在较大的压剪荷载条件下发生了剪切破坏。

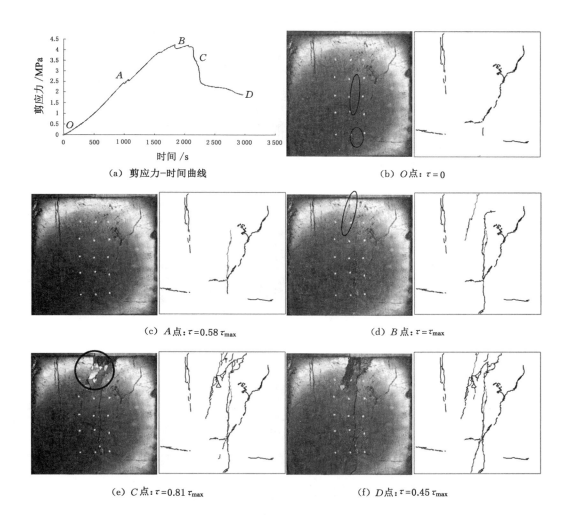

(a) 剪应力–时间曲线　　　　　　　　　　(b) O点:τ=0

(c) A点:τ=0.58 τ_max　　　　　　　　　　(d) B点:τ=τ_max

(e) C点:τ=0.81 τ_max　　　　　　　　　　(f) D点:τ=0.45 τ_max

图 2-20　原煤剪切开裂演化过程(p=0.5 MPa)

2.3.3.2　起裂应力水平与贯通应力水平

如图 2-21 所示,尽管裂纹的开裂和贯通在一定程度上与煤岩的原始损伤有关,但由图 2-22 可以看出,不同瓦斯压力下煤岩起裂应力水平为 $60\%\sim70\%$,并且随着瓦斯压力的增大,煤岩达到起裂时的应力整体呈现上升趋势,而起裂应力水平则呈现下降趋势。可以看出,随着瓦斯压力的增加,煤岩开裂形成宏观裂纹变得容易。

由图 2-23 可以看出,煤岩贯通应力水平处于 $80\%\sim90\%$,并且随着瓦斯压力增加,贯通点应力及其水平均呈现增加趋势。由于贯通点都是发生在峰值后,所以贯通应力水平的增加表明随着瓦斯压力的增加,煤岩贯通时刻相对较早,即主裂纹的贯通时间提前。

2.3.3.3　断裂后的裂纹形态特征

煤岩产生宏观断裂破坏后,利用体式显微镜对破坏后的煤岩表面进行放大扫描,将扫描图片拼接在一起,形成一张完整的破坏后的煤岩表面放大图,这样便于分析裂纹形态、开裂点位置和扩展模式。

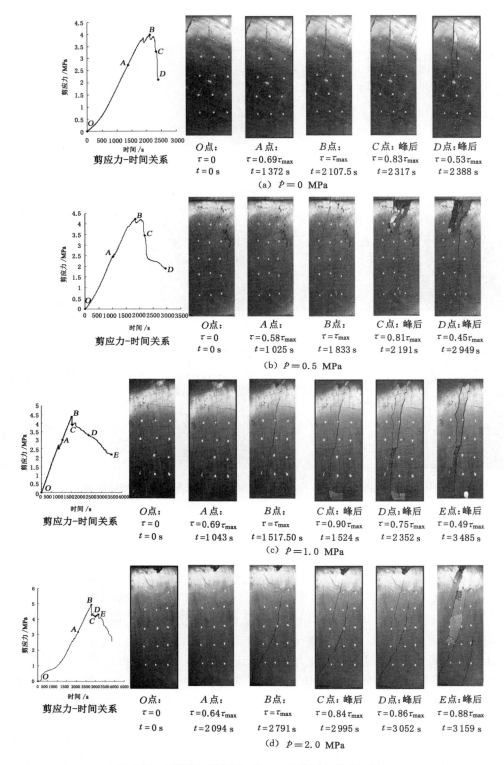

图 2-21　不同瓦斯压力条件下原煤剪切开裂扩展过程

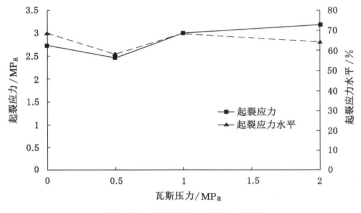

图 2-22　起裂应力与应力水平

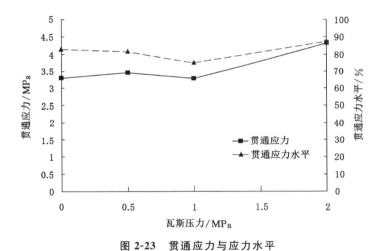

图 2-23　贯通应力与应力水平

结合煤岩受载的全过程高清影像,在拼接好的放大图中标注煤岩的开裂点和各条裂纹的发展方向等信息,并将待分析的区域从中截取出来,如图 2-24 所示。

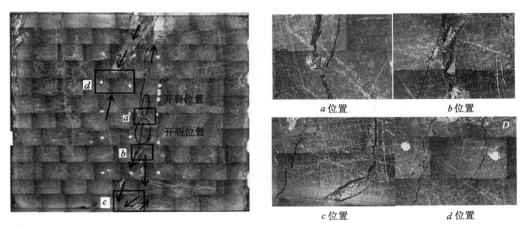

图 2-24　破坏后试件表面放大图及局部放大图

图 2-24 中的 a 位置是分叉点,右侧的裂纹先出现,随着压剪荷载增加,右侧裂纹停止发展,继而产生了左侧的裂纹,左侧裂纹是主裂纹的一部分,将右侧的裂纹挤压。由于分叉的裂纹不是主裂纹,所以分叉裂纹的出现通常是由于煤岩本身存在缺陷,在外加荷载的作用下开裂而形成的;分叉裂纹的出现改变了其周围的应力状态,影响了裂纹的发展。图 2-24 中的 b 位置也是分叉点,右侧裂纹成为主裂纹,左侧裂纹成为分叉裂纹,而且在此处有明显的滑移错动,发生剪切破坏。由煤体破坏后表面放大图发现,图 2-24 中 c 位置两条角度相近的裂纹的发展方向并不相同。由图 2-24 可知,此裂纹主要是剪切破坏产生的,其延伸到试件端部的位置并非自由面,所以下部的裂纹同样是张拉主导的破坏(尽管二者发展方向不同)。在图 2-24 中的 d 位置观察到呈雁列状排列的裂纹,并且这些裂纹并没有完全贯通;另外,雁列状裂纹是张拉破坏引起的,如果煤岩没有原始裂纹,煤岩受载后的开裂扩展主要是张拉引起损伤,甚至形成可见裂纹,最后在压剪荷载作用下贯通。

2.3.3.4 瓦斯压力对裂纹细观形态影响

图 2-25 给出了不同瓦斯压力条件下原煤剪切细观裂纹形态特征及素描图。

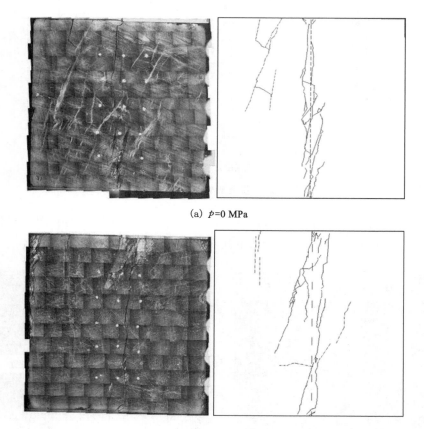

(a) p=0 MPa

(b) p=0.5 MPa

图 2-25 不同瓦斯压力下原煤剪切裂纹形态特征及素描图

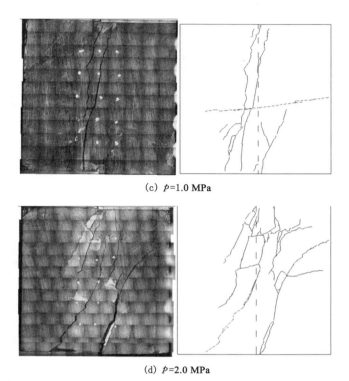

(c) $p=1.0$ MPa

(d) $p=2.0$ MPa

图 2-25 （续）

以瓦斯压力为 0 MPa 为例[图 2-25(a)]，主裂纹是由一系列与剪切面呈不同角度的裂纹贯通形成的，而且这些裂纹倾斜的方向都是从右上角到左下角。在其他 3 种瓦斯压力条件下，相似的情况同样出现，倾斜方向都是从右上角到左下角，只是这些倾斜的裂纹扩展的范围比没有瓦斯作用时更广，表明瓦斯的存在使得裂纹更易扩展。

在素描图上，计算出各特征点裂纹与压剪荷载加载方向的角度。在原生裂纹处，首先起裂的裂纹与压剪荷载的加载方向的夹角小于 30°；在没有原生裂纹处，开裂的裂纹的角度都小于 15°，且随着瓦斯压力增加，角度呈现减少趋势。上、下端部开裂的方向主要是在两个角度范围，分别为 13°～25° 和 40°～50°；贯通的主裂纹并不完全与剪切力作用方向一致。

2.4 压剪荷载下煤岩失稳破坏过程中渗透率演化规律

2.4.1 渗透率随轴向应变的演化规律

在温度为 30 ℃ 和瓦斯压力为 0.5 MPa 条件下，型煤和原煤主应力差、渗透率与轴向应变关系对比如图 2-26 所示。型煤和原煤的主应力差、渗透率与轴向应变关系曲线均呈阶段性变化，并且二者之间存在相关关系。

在初始压密阶段，型煤渗透率的初始值要远大于原煤。初始受压使得孔裂隙逐渐被压密，煤岩渗透率下降。原煤渗透率的下降速度大于型煤，这是由于型煤试件内部孔裂隙较大所致。

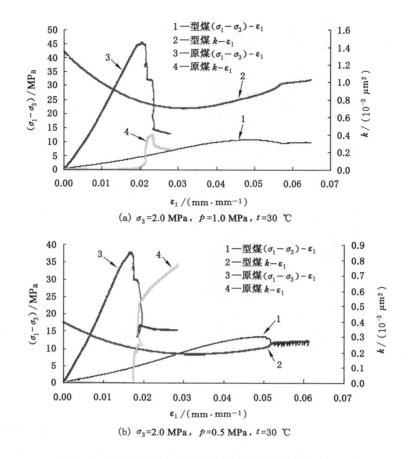

图 2-26　型煤和原煤主应力差、渗透率与轴向应变关系对比

　　在线弹性阶段,煤岩的主应力差-轴向应变曲线近似呈线性关系,当体积达到最小值时,渗透率也接近最低值。型煤和原煤的变形机理存在显著差别,对型煤试件而言,煤粉颗粒间由于外加荷载而产生挤压、错动及卸载后无法还原的变形,渗透率下降较慢;原煤试件的原始孔裂隙仅出现弹性变形,变形量较小,卸载后的变形能还原,孔裂隙被压缩,渗透率下降较快。

　　在非线性变形和峰值强度阶段,煤岩渗透率呈现增大的趋势,型煤的渗透率的增加速度要低于原煤。随着轴向应力的增大,型煤试件内部颗粒产生剪切运动使其相互挤压、错动,将新产生的裂纹堵塞,促使裂纹稳定扩展,在屈服点附近煤岩的渗透率降至最小,随后内部结构原生裂隙出现扩展并有新的微裂隙产生,使煤岩渗透率变大;而原煤试件内部发生了损伤,孔裂隙剪切破坏出现持续扩展及进一步发育,承载力开始下降,但没有发生应力突降现象,渗透率增加较为迅速。

　　在应变软化阶段,煤岩渗透率的变化速度较前阶段均明显增加,两种煤岩之间渗透率的变化相差较大。型煤试件逐渐进入蠕变阶段,随着试样轴向压缩,其径向变形也在不断地扩展,因此渗透率缓慢增加且趋于平稳;原煤试件处于应力跌落阶段,其损伤从连续损伤发展到局部损伤,在剪切破坏基础上进一步发展,失稳扩展产生的宏观裂隙使得瓦斯能够顺利通过,从而使渗透率出现一个陡增的阶段。

2.4.1.1 不同温度条件分析

图 2-27 为不同温度下两种煤岩主应力差、渗透率与轴向应变关系曲线。可以看出,保持瓦斯压力和围压不变,当温度升高时,煤岩渗透率在应力-应变全过程整体呈减小趋势,但型煤和原煤应力-应变在压密阶段、线弹性阶段、非线性变形和峰值强度阶段及应变软化阶段煤岩渗透率变化的速率不一致,且原煤轴向应变较小。

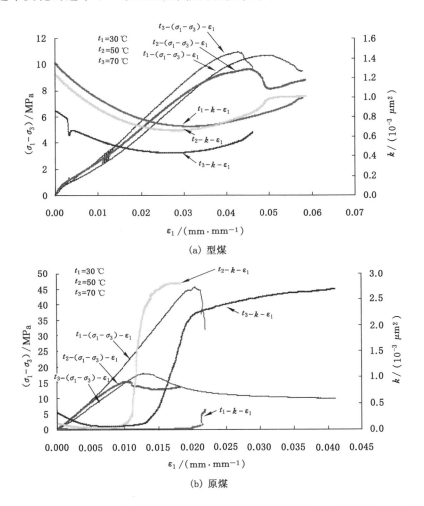

(a) 型煤

(b) 原煤

图 2-27　不同温度下两种煤岩主应力差、渗透率与轴向应变关系($\sigma_3 = 2.0$ MPa, $p = 1.0$ MPa)

由于煤岩温度升高,而使得煤体内部产生热应力,其煤基质块、颗粒及内部组成矿物产生热膨胀,煤骨架结构遭到破坏,产生新的孔裂隙。在轴压、围压作用下,煤裂隙进一步扩展,但孔裂隙体积有限,煤骨架的膨胀量的变化率会逐渐减小,破碎后煤粉颗粒填充煤裂隙,从而渗透率逐渐降低。温度升高会影响煤岩吸附瓦斯的性能,在瓦斯分子吸收热量后,分子内能增加,活性增强,吸附量降低,游离瓦斯含量增大,煤体内部组成矿物的热膨胀和煤体的干燥、脱析,其水分、吸附气体不断被排出,外应力和煤颗粒及内部组成矿物产生的热膨胀作用,使得已有的渗流通道更加闭合,致使渗透率降低。

研究表明,型煤在屈服阶段 50 ℃的煤岩渗透率的变化速率明显快于 30 ℃和 70 ℃的煤岩。随着温度的升高,煤岩强度降低,应力-应变关系曲线发生了变化,50 ℃的煤岩比 30 ℃和 70 ℃的煤岩进入屈服阶段早且维持时间短,50 ℃的煤岩进入屈服阶段后裂隙张开和发展的速率更快,因而在该阶段 50 ℃的煤岩渗透率的变化速率明显比 30 ℃和 70 ℃的快。型煤在轴向应变为 0.03~0.04 mm/mm、原煤在轴向应变为 0.01 mm/mm 时,50 ℃和 70 ℃的煤岩渗透率-轴向应变曲线出现交叉,且渗透率急剧增加,这是由于热流固耦合作用的结果所致。

2.4.1.2 不同瓦斯压力条件分析

由图 2-28 可以看出,在恒温和围压不变的条件下,随着瓦斯压力的增大,煤岩渗透率在应力-应变全过程整体呈增大趋势。由于游离瓦斯在煤体孔裂隙中流动,其瓦斯压力和轴向应力以有效应力的方式施加,煤岩变形受到有效应力的控制,在轴压持续增大的情况下,有效应力同时增大,使得煤体孔裂隙不断发展。在恒定围压下充入瓦斯,瓦斯压力越大,有效应力相对减小,从而阻碍了煤体的收缩程度,煤体孔裂隙闭合速率随之减小,单位时间内通过煤岩的瓦斯流量越大,渗透率就越大;同时,随着瓦斯压力的进一步增加,煤岩两端的瓦斯压差越大,推动煤岩渗透的驱动力也就越大,单位时间内瓦斯的流速

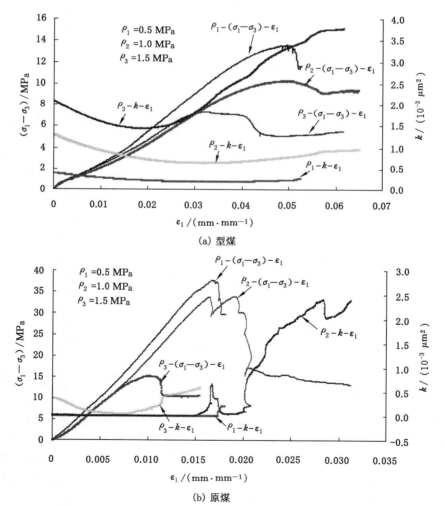

(a) 型煤

(b) 原煤

图 2-28 不同瓦斯压力下两种煤岩主应力差、渗透率与轴向应变关系($\sigma_3 = 2.0$ MPa, $t = 30$ ℃)

也就越快,使得渗透率逐渐增加。型煤在轴向应变为 $0.02 \sim 0.04$ mm/mm 时,渗透率开始增加。原煤在轴向应变为 $0.007 \sim 0.02$ mm/mm 时,0.5 MPa 和 1.0 MPa 的煤岩渗透率-轴向应变曲线出现交叉,且渗透率急剧增加。

发生破坏后型煤的渗透率远小于煤岩加载前的初始渗透率,而原煤试件的情况正好相反,即破坏后的原煤渗透率远大于加载前的初始渗透率。这是由于型煤试件和原煤试件在三轴压缩条件下的破坏机理各异所致。对于型煤试件而言,当轴向荷载高于其峰值抗压强度后,内部产生的裂纹、裂隙被滑脱的煤粉颗粒填塞,尽管渗透率有所增加,但幅度不大;对于原煤试件而言,当轴向荷载大于其峰值抗压强度时,原煤试件内部裂纹、裂隙会迅速发育和延伸,瓦斯气体可从中流过,故其渗透率会大幅度升高。

2.4.2 渗透率随体积应变的演化规律

在温度为 30 ℃和瓦斯压力为 0.5 MPa 条件下,型煤和原煤主应力差、渗透率与体积应变关系如图 2-29 所示。因此,在不同温度和不同瓦斯压力条件下,三轴压缩过程中型煤与原煤渗透率随体积应变的变化如下:

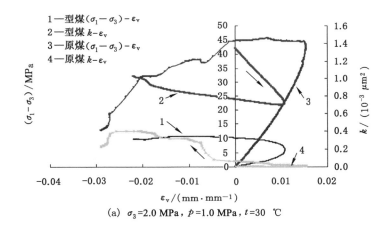

(a) $\sigma_3 = 2.0$ MPa, $p = 1.0$ MPa, $t = 30$ ℃

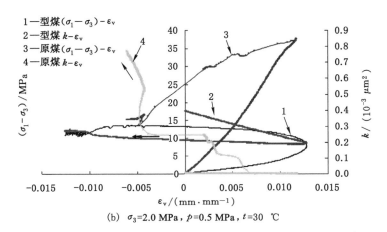

(b) $\sigma_3 = 2.0$ MPa, $p = 0.5$ MPa, $t = 30$ ℃

图 2-29　型煤和原煤主应力差、渗透率与体积应变关系对比

　　首先,在轴向应力增大的过程中,煤岩的体积应变先慢慢增大然后逐渐减小,煤岩体积的变化呈"先减小、后增大"趋势,其渗透率也是"先减小、后增大"。究其原因在于,当轴向应力增大时,煤岩内部的孔、裂隙逐渐闭合,渗流通道变窄,从而导致其渗透率降低。但是,当轴向应力增加到一定值时,轴向应变进一步增加,煤炭产生微裂隙,致使其体积开始膨胀,体积应变开始减小。此时,煤岩孔裂隙在瓦斯压力共同作用下加速闭合,其体积急剧压缩,渗透率也持续减小。微裂隙相互贯通的同时,煤骨架颗粒也被压碎,可填充裂隙,减缓体积膨胀,进一步降低渗透率。随着轴向应力的持续增大,径向应变幅度超过轴向应变,体积应变增大。内部结构原生裂隙出现扩展,伴有新微裂隙产生,渗透率增大。

　　其次,渗透率随体积应变变化过程中,型煤和原煤的渗透率-体积应变曲线存在明显的差异,其中前者的 k-ε 曲线沿顺时针方向变化,后者的 k-ε 曲线沿逆时针方向发展。这是因为型煤渗透率在初始压密、线弹性两个阶段随着体积应变的增大而线性递减,之后渗透率随体积应变变化趋势较平缓并略有上升;而原煤渗透率在应力-应变初始压密和线弹性阶段随变形增加,渗透率稍微减小,之后又随变形的增加出现近似呈线性增大的变化。

2.4.2.1　不同温度条件分析

　　通过对试验数据的分析整理,可以得到不同温度下两种煤岩主应力差、渗透率与体积应变关系,如图 2-30 所示。

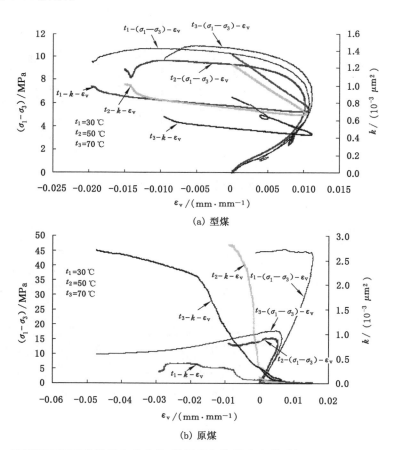

(a) 型煤

(b) 原煤

图 2-30　不同温度下两种煤岩主应力差、渗透率与体积应变关系($\sigma_3 = 2.0$ MPa, $p = 1.0$ MPa)

煤岩渗透率随温度的升高在体积应变全过程中整体呈减小趋势,但型煤和原煤全应力-应变阶段煤岩渗透率变化的速率不一致。型煤渗透率在应力-应变全过程中 5 个阶段随着温度的升高而减小,但在屈服阶段体积应变为 $-0.005\sim0.01$ mm/mm 时,50 ℃的煤岩渗透率反超 30 ℃的煤岩渗透率;另外,原煤在体积应变为 $-0.01\sim0$ mm/mm 时,50 ℃和 70 ℃的煤岩渗透率-体积应变曲线出现交叉,且渗透率急剧增加。

2.4.2.2 不同瓦斯压力条件分析

通过对试验数据的分析整理,可以得到不同瓦斯压力下两种煤岩主应力差、渗透率与体积应变关系,如图 2-31 所示。

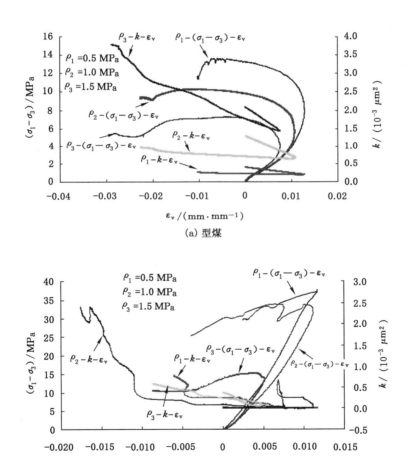

图 2-31 不同瓦斯压力下两种煤岩主应力差、渗透率与体积应变关系($\sigma_3 = 2.0$ MPa,$t = 30$ ℃)

煤岩渗透率随瓦斯压力增大,在体积应变全过程中整体呈增大趋势。型煤和原煤存在相同规律,但在轴向应变为 $-0.005\sim0.005$ mm/mm 时,0.5 MPa 和 1.0 MPa 的煤岩渗透率-体积应变曲线出现交叉。

2.4.3 渗透率随主应力差的演化规律

不同温度、不同瓦斯压力下两种煤岩主应力差与渗透率关系,分别如图 2-32 和图 2-33 所示。

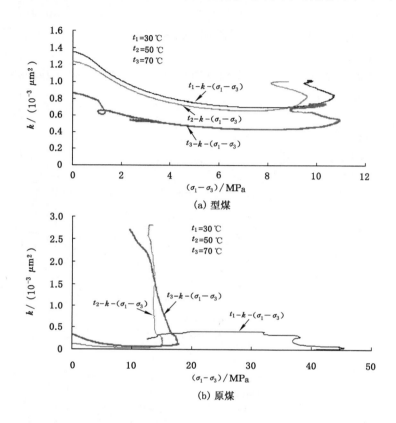

图 2-32 不同温度下煤岩主应力差与渗透率关系($\sigma_3 = 2.0$ MPa,$p = 1.0$ MPa)

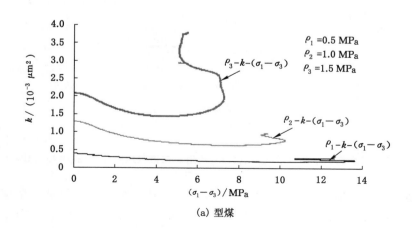

图 2-33 不同瓦斯压力下煤岩主应力差与渗透率关系($\sigma_3 = 2.0$ MPa,$t = 30$ ℃)

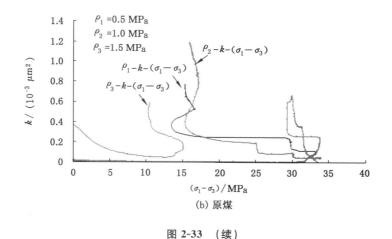

图 2-33 （续）

在不同温度条件下,型煤和原煤破坏过程中的渗透率均呈"先减小、后增大"的趋势。随着主应力差增大,孔裂隙逐渐闭合,渗流通道变窄使得渗透率呈减小趋势。当主应力差达到屈服点附近时,轴向应变进一步增加,产生大量的微裂隙,且相互贯通扩展;同时,体积内部孔裂隙在瓦斯压力作用下加速贯通,内部发生连续的分布损伤,原始裂纹裂隙进一步发育,并产生新的裂纹裂隙,且渗透率开始增大。

在不同温度条件下,型煤渗透率最低点随温度升高而减小,但原煤变化不大。当温度分别为 30 ℃、50 ℃、70 ℃ 时,型煤渗透率的最低值分别为 0.691×10^{-3} μm^2、0.662×10^{-3} μm^2、0.430×10^{-3} μm^2,原煤渗透率的最低值分别 0.002×10^{-3} μm^2、0.030×10^{-3} μm^2、0.057×10^{-3} μm^2。

在不同瓦斯压力条件下,煤岩渗透率的演化具有较一致的规律,均呈现"先减少、后增大"的趋势。不同瓦斯压力下型煤渗透率最低点随瓦斯压力增大而增大,原煤则变化不大。当瓦斯压力分别为 0.5 MPa、1.0 MPa、1.5 MPa 时,型煤渗透率的最低值分别为 0.187×10^{-3} μm^2、0.644×10^{-3} μm^2、1.434×10^{-3} μm^2,原煤渗透率的最低值分别为 0 μm^2 和 0.046×10^{-3} μm^2。

2.5 本章小结

（1）探讨了不同试验条件下型煤、原煤压剪应力作用下的细观开裂演化过程;系统地研究了各影响因素对裂纹起裂应力及水平,贯通应力及水平的影响。

（2）为了进一步揭示含瓦斯煤剪切破断机理,从细观尺度对型煤和原煤剪切开裂贯通机理进行了分析,通过对比不同试验条件下的细观裂纹形态及细观裂纹演化过程,获得了各影响因素对细观裂纹形态特征和细观贯通机理的作用规律。

（3）通过开展压剪荷载下煤岩失稳破坏过程中渗透率演化规律试验研究,详细论述了煤岩失稳破坏过程中渗透率随应变及主应力差的演化特征。

3 煤岩剪切-渗流耦合试验系统的研制

目前,流体注入岩体在诸多领域(如油气开采、地热开采、地质储存等)得到应用,而岩土工程与地质构造中广泛存在剪切带(如断层、褶皱等),研究注入流体对剪切荷载作用下岩体的力学行为影响十分重要。本章立足于工程实际,提出注入流体致岩体剪切力学性质劣化与渗透性耦合物理试验方法,并从实验室应力加载条件、试验方式、试验台的可操作性等方面对所设计的物理模拟试验系统的加载系统参数、控制变量等进行设计,自主研制了可用于模拟完整岩石直剪试验、存在局部注入流体压力作用下的剪切-渗流耦合试验以及含结构面岩体剪切-渗流耦合试验的煤岩剪切-渗流耦合试验系统。

3.1 试验装置构成

为了开展煤岩剪切-渗流耦合试验研究,自主研制了煤岩剪切-渗流耦合试验系统,如图 3-1 所示。该系统主要由伺服控制加载系统、流体介质加载系统、剪切盒及其密封系统、试验控制与数据采集系统、煤岩结构面三维扫描系统 5 部分组成。

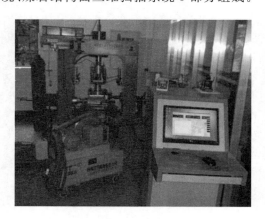

图 3-1 煤岩剪切-渗流耦合试验装置

3.1.1 伺服控制加载系统

该系统采用两轴加载,分别施加法向荷载和剪切荷载,其中伺服控制加载系统主要由承载支架(图 3-2)、液压系统(图 3-3)和伺服阀等组成。

承载支架主要是在钢质框架的基础上增加垂直加载作动器与水平加载作动器,其中垂直加载作动器、水平加载作动器上均装有力传感器与位移传感器，各参数指标满足《拉力、压力和万能试验机检定规程》(JJG 139—2014)中的各项规定。为了避免法向荷载加载过程中由于压头的偏压，而影响试件的均匀受力，特将轴向加载压头设计成球形万向压头，以保障试验结果能反映试件的真实受力情况。针对剪切盒体笨重移动不便，特在承载支架上方添加电动起吊装置，用于对剪切盒体进行拆装以及清理工作。为了便于将剪切盒送入加载区域，特设计移动底座[图 3-2(c)]。该移动底座装有 4 个偏心滚轮，可在固定导轨上前后移动；同时，移动底座上装有辊子，保证剪切盒可切向左右移动。试验时，可便捷地将剪切盒推至预定位置，转动偏心滚轮，将移动底座降低至承载支架上，施加剪切荷载与法向荷载，然后进行试验。

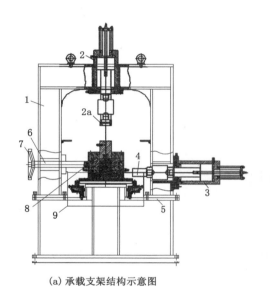

(a) 承载支架结构示意图

(b) 承载支架实物图

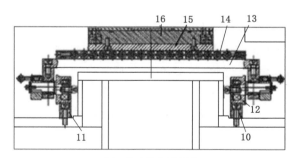

(c) 移动底座示意图

1—机架；2—竖直液压缸；2a—竖直压头；3—水平液压缸；4—水平压头；5—轨道安装架；
6—调节杆；7—手轮；8—调节压头；9—移动底座整体部分；10—第一导轨；11—第二导轨；
12—滚轮；13—移动底座；14—辊子；15—垫板；16—下盖。

图 3-2 承载支架

液压系统为双路 3 L/min 伺服油源,主要由高压油泵组、阀组、管路、油箱、冷却器(热交换器)、电控单元等组成(图 3-3)。液压源是提供液压动力的设备,油液从油箱通过吸油滤油器进入高压油泵;同时,高压油泵与电动机采用直联方式,油泵输出的高压油通过高压过滤器进入阀组;阀组上安装有溢流阀、电液比例伺服阀、换向阀等,油液经过过滤器后成为高清洁油,是供给加载伺服油缸的动力。当系统压力超过设定值(本系统设定值为 300 kN,液压缸 20 MPa)时,溢流阀自动开启。为了达到精确伺服控制的目的,采用德国 MOGO 公司生产的精确伺服阀。

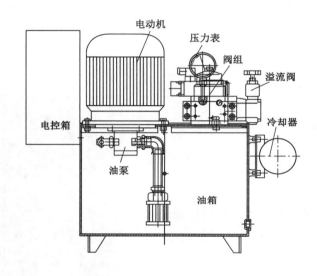

图 3-3　液压系统结构图

3.1.2　流体介质加载系统

流体介质加载系统包括水源系统与气源系统。水源加载系统主要是 JY-HT-010-A 型液压试验机,由 EnReed 气驱液泵、HiP 高压气控阀、IMT(自动变速器)高压表、高压四通、气体过滤器、气体调压器、电气比例阀、PLC(可编程逻辑控制器)等组成。

3.1.2.1　气驱液泵

气驱液泵(压力级别为 20 MPa)的工作原理是利用大面积活塞端的低压气体驱动而产生小面积活塞端的高压液体。气驱液泵的特点是输出压力高、输出流量大、应用灵活(从简单的手工操作到全自动化操作,气动增压泵适用于各个应用领域),能够自动保压。当气驱液泵工作时,气动液体增压泵迅速往复工作,随着输出压力接近设定压力值,泵的往复运动速度减慢,直至停止。保持该压力,此时能量消耗很小,无热量产生,无零部件运动。当压力平衡被打破后,气驱液泵自动开始工作,直到下一个平衡。

3.1.2.2　高压气控阀

气控阀是截断流体流向、由电磁阀控制的开关,其核心是特殊形状的底座和两根非旋转杆。由于阀杆没有磨损底座,而增强了阀的耐久性和可靠性。其承压元件都是用不锈钢材质制成的。

3.1.2.3 气源三联件

气源三联件起过滤、调压驱动空气的作用。气驱液泵的液压是通过气源三联件精确调压后所产生的。根据气驱液泵的压缩比不同,调压后所产生的液压也有所不同。例如,当气驱液泵设为100∶1时,调压后0.1 MPa的气相当于10 MPa的液相,如图3-4所示。

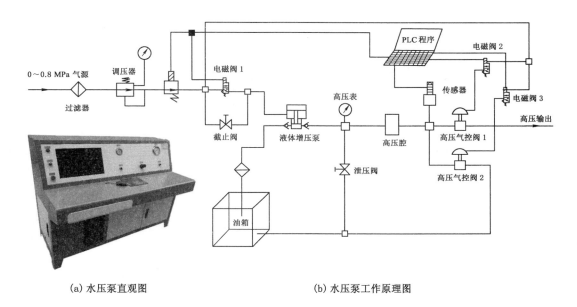

(a) 水压泵直观图   (b) 水压泵工作原理图

图 3-4 水源加载系统

气源系统由高压气瓶、减压阀和气管组成。气管与压力表及进、出气口的连接均采用锥形接头,保证了气密性。试验时,通过减压阀调节进气口气体压力,出气口的气体压力则为大气压,试验最大的气体压力可达5.0 MPa。

3.1.3 剪切盒及其密封系统

剪切盒及其密封系统是煤岩剪切-渗流耦合试验系统的核心。在剪切渗流设备研制初期,旨在解决平行板剪切位移过程中的裂隙渗流问题。因此,为保证流体流动的方向性以及边界的密封性,可伸缩材料被应用添加于试件与剪切盒之间,但这种方式无法满足较大剪切位移试验条件下的密封性[101-102]。Giger 等[103]采用硅凝胶等流体密封材料,通过对流体压力控制,很好地解决了剪切过程中的密封问题,但操作较为烦琐,且密封材料有侵入剪切面现象。根据1.3节中工程背景以及试验方法,采用由中心孔沿结构面向四周径向流的方式,密封系统主要由上、下剪切盒体与密封系统组成(图3-5)。

上、下剪切盒体为高强度不锈钢材质,密封材料根据其所在位置采用耐油橡胶与聚四氟乙烯青铜复合材料;同时,压杆与压头之间采用螺纹与密封圈结合的方式密封,在保证密封的条

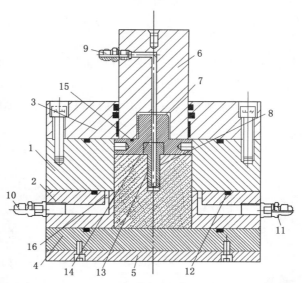

1—上盒体；2—下盒体；3—上盖；4—下盖；5—垫板；6—压杆；7—试件压头；8—试件接头；9—进水口；
10—第一出水口；11—第二出水口；12，13，14，15—密封圈；16—流体环道。

(a) 完整试样剪切盒体与密封系统示意图

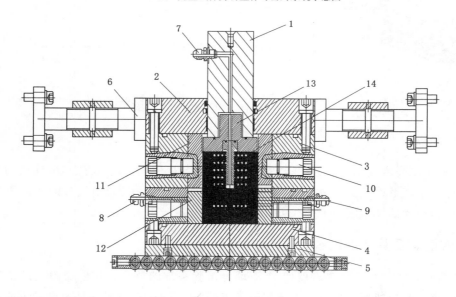

1—压杆；2—上盖；3—上盒体；4—下盖；5—垫板；6—压紧杆；7—进水口；8，9—出水口；10—顶紧螺丝；
11—上剪切块；12—下剪切块；13—试件压头；14—试件接头。

(b) 含结构面岩体剪切盒体与密封系统示意图

图 3-5 剪切盒及其密封系统

件下使试件安装更加便捷。上、下盖的可分离设计使试件在剪切破坏之后可以完整地被取出。
水由进水口进入，并且由剪应力产生的裂隙流出，然后进入流体环道，最后由出水口排出。

　　压杆的可移动设计避免了试件在剪切断裂过程中因剪胀所造成的上、下剪切盒之间的间隙过大,保证了剪切过程中的密封。完整试件压剪试验,要求上、下剪切盒剪切线处于同一平面,并且剪切过程中裂隙扩展产生的流量较小,如图 3-5(a)所示。当试件为含结构面试件时,要求剪切盒在剪切过程中不能对结构面造成影响,并且裂隙渗流量较大,采用如图 3-5(b)所示的设计方案,即扩大剪切腔体,加装剪切块,并扩大出水通道口径,上、下剪切块均由顶紧螺丝紧固。该设计可通过更换剪切块实现不同尺寸、不同形状(图3-6)以及不同方向(图 3-7)的含结构面试样压剪试验。

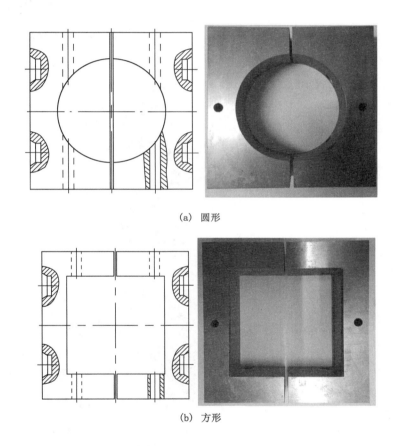

(a) 圆形

(b) 方形

图 3-6　不同形状剪切块示意图及实物图

　　此外,该剪切盒还可以安装声发射换能器,穿过剪切盒体与剪切块,直接与试件表面接触。剪切盒出水通道的设计,使剪切盒内避免了憋压,不会对声发射换能器造成损伤。为了保证剪切过程中上、下剪切盒体的紧密性与灵活性,采用如图 3-8 所示的设计,上、下剪切盒体之间、加紧板与上剪切盒之间均通过辊子连接,大大降低了摩擦阻力。上、下剪切盒体通过 O 形密封圈密封,保持上剪切盒静止,下剪切盒与夹紧板通过螺栓连接,保证了上、下剪切盒错动时的紧密性与密封性。

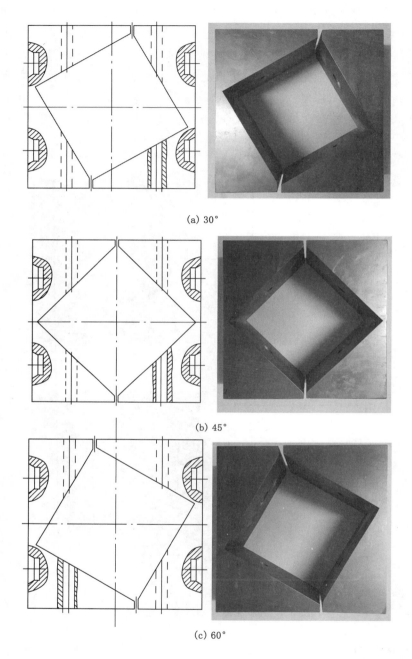

(a) 30°

(b) 45°

(c) 60°

图 3-7　不同方向剪切块示意图及实物图

3.1.4　试验控制与数据采集系统

控制与数据采集系统由力传感器、位移传感器、流量计、计算机与 MaxTest-Load 试验控制软件以及声发射监测系统组成。

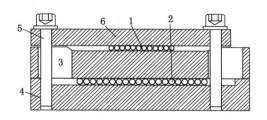

1,2—辊子;3—腰形通孔;4—螺纹孔;5—螺栓;6—夹紧板。

图 3-8　剪切盒夹紧装置示意图

3.1.4.1　力传感器与位移传感器

承载支架上的垂直加载作动器、水平加载作动器均装有力传感器与位移传感器(图 3-9),可实时采集力与位移数据并反馈给控制软件,以便控制软件根据预期设定实时发布指令。

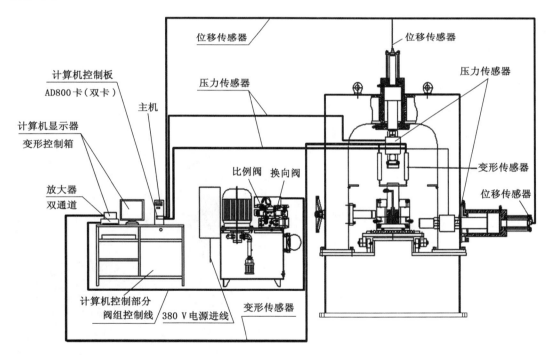

图 3-9　控制与数据采集系统主要电气互联图

目前,已有相关装置多直接采用加载作动器的位移作为试件的变形,忽略了系统误差,变形越小,测量方式产生的偏差越大。因此,该采集系统另外在剪切盒轴向压头均匀增加 4 支容栅式数字位移传感器,可以精确地监测剪切过程中试件法向变形。在下剪切盒两端布置有 2 支容栅式数字位移传感器,用以监测煤岩试件的剪切变形,通过对加载作动器位移与剪切盒变形进行双重监测,来保证试验精确度。

3.1.4.2　流量计

流体源系统输出通道在剪切盒注水孔处接有压力传感器,用以监测试验过程中水头压力变化。剪切盒出口处接有 0~5 L/min 质量流量计,它具有精确度高、重复性好、响应速度快等优点,可对剪切过程中渗流量进行精确测量。

3.1.4.3　计算机与 MaxTest-Load 试验控制软件

MaxTest-Load 试验控制软件可对垂直加载作动器、水平加载作动器进行实时控制。根据软件提供不同设定值,可实现不同力加载速率、不同位移加载速率、恒定力加载值、恒定位移加载值、恒定法向刚度等控制方式,也可通过预先编程对各向加载全过程进行控制,如图 3-10 所示。

3.1.4.4　声发射监测系统

岩石材料在外荷载作用下,内部在损伤缺陷萌生、扩展过程中会释放塑性应变能,应变能以应力波形式向外传播扩展,这种现象称为声发射现象。声发射技术就是采用高灵敏度的声发射压电传感器安装于受力构建表面形成一定数目的传感器阵列,实时接收采集来自于材料缺陷的声发射信号,对材料的损伤破坏进行分析研究。

该装置采用的声发射系统采为 PAC 公司的 PCI-2 型装置(图 3-11)搭配 AEwin 软件进行数据采集和重放。该系统具有超快处理速度、低噪声、低门槛值和可靠的稳定性等技术特点,可以实现对声发射信号实时采集的同时,还可以对波形信号进行实时采集和存储。利用该系统可实现岩石在破坏失稳过程中由于能量释放而产生的声发射信号进行实时监测,为分析岩石破坏过程的内在演化提供依据。

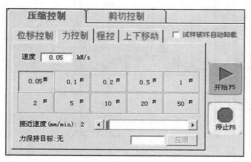
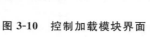

图 3-10　控制加载模块界面　　　　　　图 3-11　PCI-2 型声发射测试分析系统

声发射是一种能量释放过程,其大小一般可表现为声发射率的高低,即单位时间发布声发射脉冲的数目、信号幅度的大小以及频率成分的宽窄。

(1)门槛值

在声发射试验过程中,依据试验需要预先设定的电压值,只有声发射信号的强度超过该电压值才能被声发射系统检测到并记录下来。本书选取 40 dB 作为门槛值。

(2)计数与计数率

裂纹每向前扩展一步,就释放一次能量,产生一个声发射信号,传感器便接收一个声发射波,我们称之为一个声发射事件。计数为某特定时间内的总计数,计数率为单位时间内的计数。

（3）幅度

古典力学认为,振荡的能量与振荡幅度的平方成正比,故可用声发射信号的幅度作为声源释放能量的量度。其值可采用峰值或有效值。

3.1.5 煤岩结构面三维扫描系统

煤岩结构面三维扫描系统采用北京天远三维科技有限公司生产的 OKIO-B 型非接触光学三维扫描仪和三维扫描软件 3D Scan。该装置包括 1 个光栅发射器和 2 个摄像头.其工作原理为:光栅发射器将一系列结构化的黑白光栅条纹投射到岩样表面,由于表面起伏不一而变形,由 2 个 CCD 摄像机自动捕捉,并通过软件计算其三维坐标。当对较大物体扫描时,该系统可通过标识点自动拼接扫描数据,从而获得完整结构面的点云数据。通过非接触式扫描,可对任何类型的物体进行无接触扫描,其扫描精确度高、数据量大。在光学扫描过程中产生极高密度数据,测量过程中可实时显示摄像机的图像和得到的三维数据结果,具有良好的软件界面。扫描测量结果可输出 ASC 点云文件格式,与相关软件配合,可得到 STL、IGES、OBJ、DXF 等各种数据格式,操作简单、方便。图 3-12 为煤岩结构面三维扫描装置。

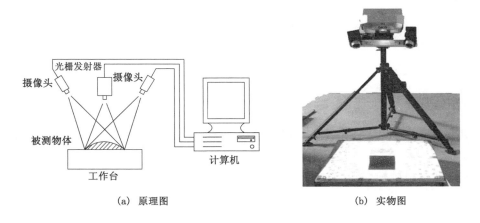

（a）原理图　　　　　　　　　　（b）实物图

图 3-12　煤岩结构面三维扫描装置

3.2　主要功能与技术参数

3.2.1　系统主要功能

煤岩剪切-渗流耦合试验系统可应用于研究剪切荷载作用下完整或不连续岩体的水力学耦合特性,探索剪切带附近水岩作用机制,为预防地质灾害提供依据;还可以用于研究在地应力场、瓦斯渗流场和环境温度场多场耦合条件下煤岩体破坏过程以及煤岩体的剪切破坏-渗流耦合机制,以揭示原岩地应力状态及采动影响条件下煤层瓦斯赋存与运移演化规律,为页岩气、煤层气等能源开发提供研究思路。另外,该系统配置有声发射信号采集系统,可对煤岩破坏过程的内在损伤机制进行反映,在试件发生断裂失稳后,通过三维扫描系统对断裂结构面进行数据采集重建,将断裂结构面进行量化分析,为预判结构面岩体的二次滑移失稳提供依据。

主要研究功能包括:

① 进行不同加载方式(常法向应力、常法向位移、常法向刚度)条件下的煤岩剪切试验,探讨不同加载方式,岩体剪切破坏失稳机制。

② 进行完整煤岩体流固耦合作用(含水状态、孔隙水压)下剪切试验,探讨流固耦合作用下岩体内部裂纹扩展机制。

③ 研究完整煤岩体在剪切荷载作用下存在局部注入流体压力条件下破坏失稳机制。

④ 进行含结构面煤岩体在注入流体压力作用下影响其剪切力学行为物理试验,研究结构面在压剪荷载作用下的损伤演化。

⑤ 进行含充填结构面煤岩体在注入流体压力作用下影响其剪切力学行为物理试验,研究流体对充填结构面剪切性质的劣化影响。

3.2.2　系统主要技术参数

① 轴向静态最大试验力:300 kN。

② 剪切静态最大试验力:300 kN。

③ 力的加荷速度:0.01～10 kN/s。

④ 力的分辨力:200 N。

⑤ 作动器行程:150 mm。

⑥ 位移精确度:±1%F.S.(全量程);位移速率控制范围:0.005～100 mm/min,连续可调。

⑦ 变形测量范围轴向:0～40 mm。

⑧ 变形测量的分辨力:0.01 mm。

⑨ 试样尺寸:100 mm×100 mm×100 mm。

⑩ 持续保载时间:30 h。

⑪ 渗透水试验压力:0～25 MPa;压力表的精确度:±1.6% F.S.。

⑫ 水箱容量:100 L。

⑬ 渗透气试验压力:0～5 MPa。

⑭ 质量流量计量程:0～5 L/min。

⑮ 三维扫描仪测量精确度:0.02～0.01 mm。

⑯ 三维扫描仪扫描平均点距:0.15～0.07 mm。

⑰ 轴向试验控制方式:力(应力)、变形(应变)、位移、持续保载时间、应力路径多级加载等多种控制方式。

3.3 本章小结

本章介绍了自主研发的煤岩剪切-渗流耦合试验装置,用于研究不连续煤岩体在不同流固耦合作用方式条件下的力学特性及破坏机制。主要研究结论如下:

(1) 基于目前地下空间岩体工程存在的多种流固耦合作用方式,并结合剪应力集中区(剪切带)存在的地质灾害多发现象,研发可用于试验室内物理试验研究的煤岩剪切-渗流耦合试验系统,其主要包括伺服控制加载系统、流体介质加载系统、剪切盒及其密封系统、试验控制与数据采集系统、煤岩结构面三维扫描系统。

(2) 煤岩剪切-渗流耦合试验系统包括 2 套剪切盒体,可分别实现完整煤岩体和含结构面煤岩体在剪切荷载作用下应力-渗流耦合试验功能。该系统可模拟不连续岩体中(完整岩石与裂隙岩体)在剪应力集中作用下,注入流体形成局部渗透压、裂隙静水压力与动水压力和孔隙水压力后,其力学特性的变化,将工程应用研究带入实验室物理测试阶段。该系统还可以根据不同受力条件和不同应力进行常法向应力、常法向位移和常法向刚度条件下的单调(循环)直剪试验,模拟地下工程在爆破冲击或地震影响条件下的应力变化与破坏模式的模拟测试。

(3) 该系统具有以下优势:可应用于研究应力场、渗流场的变化及其对煤岩力学特性和破坏模式的的相关性,其试样设计尺寸为 100 mm×100 mm×100 mm,剪切盒密封能力可达6.0 MPa,能准确模拟非连续岩体的复杂地质环境,试验过程稳定,操作简便,试验数据精确度高。该系统既可以应用于研究裂隙岩体的水力学特性及岩质边坡滑坡机制,也可以应用于开展原岩地应力状态及采动影响条件下煤层内部煤岩剪切破断过程及其与煤层瓦斯渗透性耦合机制的试验研究。

4　煤岩结构面三维形貌特征及其量化表征

　　结构面的形貌特征对煤炭剪切力学特性与渗流特性均存在一定影响，直接控制着耦合作用机制。随着三维扫描技术在岩石力学中的普遍应用，不但解决了二维轮廓线分析中存在较大误差和局限性问题，而且可以更加快捷地获得结构面的高精确度参数信息。本章采用三维扫描技术，对结构面的形貌特征进行量化分析描述，揭示在循环荷载作用、不同充填物、不同充填度条件下结构面三维形貌演化规律。

4.1　试验研究方法

4.1.1　物理模拟试验方案

4.1.1.1　注入流体致完整岩石结构劣化物理模拟试验

　　（1）试验方案

　　在剪切荷载作用下进行注入流体致完整岩石结构劣化物理模拟试验拟时，应考虑不同注水压力水平、不同剪应力水平、不同法向应力 3 个方面；探讨剪应力、注水压力分别为主导因素发生破坏失稳过程中参数的变化规律和破坏模式，以及不同法向应力、不同剪应力水平下注入水压引起压裂破坏过程中各参数演化规律。每组试验中其他参数应保持一致，见表 4-1。

表 4-1　注水压力和剪切应力耦合作用试验方案

试验类型	注水压力水平（p/p_{max}）/%	剪应力水平（τ/τ_{max}）/%	法向应力（σ_n）/MPa
剪切 破坏试验	0/3.0 20.0±0.05 40.0±0.05 50.0±0.05 70.0±0.05 80.0±0.05	—	3.0
水力 压裂试验	—	0 2.0/3.0/4.0 20.0±0.05 50.0±0.05 60.0±0.05 70.0±0.05 80.0±0.05	3.0

　　注：注水压力水平（p/p_{max}）中，p_{max} 为在特定法向应力条件下，未施加剪切荷载时，水力压裂的最高水头压力，p 为实际加载水头压力值；剪应力水平（τ/τ_{max}）中，τ_{max} 为在特定法向压力条件下，未施加水头压力时的峰值剪应力，τ 为实际施加剪应力值。

（2）试验步骤

① 试验前准备：首先用红色马克笔在试件表面标注剪切方向和试件编号，然后用游标卡尺测量试件尺寸，再用试验室专用电子秤称量试件质量，最后将所得信息及试验条件记录在试验登记表上。

② 试件安装：首先将上、下剪切盒对齐，旋转夹紧板上螺钉紧固，然后将方形试件试验模块下部分块放入剪切盒内，再将试件安装在模块中间，用六角扳手旋转侧翼定位杆顶紧模块并夹紧试件，最后放入上部分块。重复上述步骤，使模块夹紧试件，将下端连接有接头的压头上端接入上盖下端，使压头下端与试件顶面相抵，接头伸入试件的安装孔，并用高强度黏结剂将接头外壁与安装孔内壁密封，旋转螺钉紧固上盖；接下来将流量计连接到剪切盒两端的出水口，将水压加载装置的外接管头接入剪切盒顶端的进水口；在声发射传感器顶端涂抹耦合剂，并且将传感器分别伸入盒体中的 8 个声发射孔，使其与试件表面接触，随后旋紧密封螺钉，连接声发射传感器、放大器及声发射仪；将剪切盒推入试验台，摇动反力杆使盒体中心与法向压头中心对齐，并安装位移传感器。

③ 装置调试：打开声发射仪，利用自激发模式检测传感器是否正常；打开剪切装置操控页面，观察压力、流量、位移等示数是否正常；打开水压加载装置控制面板，观察示数是否正常，并检查冷却系统是否已启动；一切正常后开始试验。

④ 试验：针对注入流体压力组试验，步骤如下：根据试验方案加载设定的法向力，法向力稳定后加载预定水压，水压直接作用于注水孔内壁，同时启动声发射仪采集命令和剪切位移加载命令，两部分数据同时采集，试验开始。针对剪应力组试验，步骤如下：根据试验方案加载设定的法向力，法向力稳定后加载预定剪切力，待剪切力稳定后输入水压加载指令，加载速率为 6 mL/s，同时启动声发射仪采集命令和水压加载命令，两部分数据同时采集，试验开始。在两组试验中，待试件发生破坏后，同时停止数据采集并保存数据，在试验登记表上记录试验情况，取出破坏试件，关闭设备电源，打扫试验室卫生。

⑤ 试验后处理：对破坏后试件进行拍照、光学三维扫描、CT 扫描，运用 Matlab、Origin、Surfer 等相关软件对数据进行处理。

4.1.1.2 流体渗入致完整岩石结构劣化物理模拟试验

（1）试验方案

在进行流体渗入完整岩石致剪切力学行为劣化的物理模拟试验时，应考虑不同含水状态、不同孔隙水压、不同法向应力 3 个方面；探讨含水状态、孔隙水压、法向应力分别对剪切破坏的参数影响以及破坏后断裂面的参数演化机制。每组试验中其他参数保持一致，见表 4-2。

（2）试验步骤

① 前期准备：测量试件的长、宽、高、质量等基本参数，并用马克笔标明试件编号、剪切方向，在试验记录表上填写试验时间、试验条件和试件基础参数等信息。

本书考虑不同含水状态，选取相对含水率 ω_{re} 分别为 0.0%、50% 和 100%，根据《工程岩体试验方法标准》(GB/T 50266—2013)，将加工后砂岩试件做如下处理：

表 4-2　完整砂岩压剪试验方案

影响因素	法向应力/MPa	相对含水率 ω_{re}/%	孔隙水压力 u/MPa
法向应力	1.0 2.0 3.0 4.0	0	0
含水状态	2.0	0 50 100	0
孔隙水压力	2.0	100	0 1.0 2.0 3.0

注:本书中相对含水率是指各种状态下的含水量与饱和含水量的比值。

a. $\omega_{re}=0$:首先将砂岩试件放入温度为 105 ℃的烘干箱中烘干 48 h,然后放到干燥器皿中冷却至室温,最后进行试验。

b. $\omega_{re}=100\%$:采用自由浸水法饱和,即将试件放入水槽,首先注水至试件高度的 1/4 处,以后每隔 2 h 分别注水至试件高度的 1/2 和 3/4 处,6 h 内全部浸没试件,在水中自由吸水 48 h 后,取出试件并去除表面水分称量,最后进行试验。

c. $\omega_{re}=50\%$:将试件进行烘干,以 $\omega_{re}=100\%$ 为基准,计算 $\omega_{re}=50\%$ 岩石需要达到的质量;将 $\omega_{re}=100\%$ 的试件放于通风处自然风干,对岩石反复称重,直至基本达到所需的质量;称重并计算实际相对含水率,由于无法做到完全精确,其相对含水率为 49%~51%,本书取 50%。

② 试件安装:对齐上、下剪切盒体,拧紧夹紧钢板,先将无孔压头安装到试件压杆上,再将试件放入剪切盒腔体内;先将上盖与压杆通过螺纹连接,再与试件压头连接,然后拧紧上盖与上剪切盒之间的紧固螺丝,最后将压盘安装至压杆上进行固定。

③ 装置安装:先将载有剪切盒体的移动底座推入至垂直加载作动器正下方,再将移动底座滚轮升起,使移动底座落于试验台上;通过计算机控制水平加载作动器将剪切盒推至试验台中间,摇动反力手轮,将剪切盒进行切向固定;控制垂直加载作动器使压头恰好与压盘接触,通过力加载方式预加法向荷载至预定值,再在压盘与上剪切盒体分别安装法向和切向容栅式数字位移传感器(LVDT)。其中,法向 LVDT 前后左右各 1 个,切向 LVDT 前后各 1 个,将进水管与进水口密封连接。

④ 进行试验:检查测试各传感器与控制系统、伺服控制加载系统是否正常。通过流体介质系统将水压加载至预定值并保持恒定(注:孔隙水压条件才需施加流体介质,将设备注

水孔关闭,通过出水孔施加水压,使试件周围形成稳定水压力,见图 4-1);通过位移控制的加载方式施加剪切荷载,以 0.1 mm/min 的加载速率进行试验,对试验全过程进行实时监测。

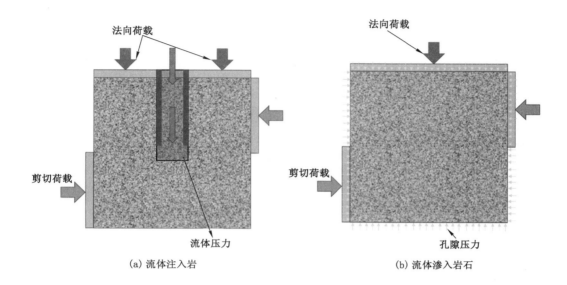

图 4-1　完整岩石与流体作用受力示意图

⑤ 试验结束:待试件被剪断,关闭水压加载并卸压,停止试验机并保存数据,试验结束。先将法向加力杆、切向加力杆、切向反力杆退回,再将移动底座滚轮下降,使移动底座升高;先将剪切盒拖出,拆除紧固螺钉和夹紧钢板,分离上、下剪切盒,再将试件上、下半块取出以备扫描,进行设备维护。

⑥ 断面扫描:为了确保扫描仪的精确度,首先按扫描仪使用说明手册上的步骤对其进行定标(定标之后的精确度可以达到 10^{-3} mm 级),再将试件上、下半复位扫描,得到整体数据,随后依次扫描试件的下断面、上断面,得到其上、下断面的基础数据;利用配套软件对断面数据建立共同的坐标系,获取断裂面的坐标信息,保存为.dat 格式文件,以备特征参数计算和绘制断面三维形貌图。

4.1.1.3　含无充填结构面破断岩体剪切-渗流物理模拟试验

(1) 试验方案

针对含无充填结构面破坏岩体开展不同影响因素下的剪切破坏试验,同时针对剪切断裂与张拉断裂结构面均做了不同法向应力条件下的对比试验。另外,针对剪切断裂结构面各向异性特征开展不同角度条件下的对比试验,同时针对张拉断裂结构面做了不同水头压力条件下的剪切-渗流耦合试验。每组试验中其他参数保持一致,见表 4-3。

(2) 试验步骤

① 前期准备:记录含结构面试件的尺寸和质量,用马克笔标注试件剪切方向,对剪切前含结构面试件进行拍照和三维扫描处理,同时对试件编号。

表 4-3 未充填结构面岩体压剪试验方案

结构面类型	法向荷载/kN	剪切方向/(°)	水头压力/MPa
剪切断裂结构面	30	0	0
		30	
		60	
		90	
	60		
	90		
张拉断裂结构面	30	0	0/0.3
	60		
	90		

注:在不同剪切方向条件下,为建立剪切荷载峰值强度准则,采取另外 4 种结构面特征参数不同的剪切断裂结构面进行试验分析。剪切方向为完整试件在剪切断裂时剪切荷载的加载方向与剪切断裂后复制结构面剪切荷载加载方向的夹角。

② 试件安装:将上、下剪切盒对齐,上紧剪切盒紧固螺钉,防止剪切盒错动;将扫描后的结构面试样上、下盘装入剪切盒中,放入上、下剪切块;确保上、下结构面处于耦合状态,拧紧上下剪切盒压紧定位杆,顶紧上、下剪切块;将试件固定在剪切盒正中间,保证上下剪切块距试件中线各 5 mm 距离;将法向压块和试验盒上盖通过螺纹连接到剪切盒上,拧紧紧固螺钉;将压盘安装到压杆上,以便进行法向位移的测量。

③ 剪切盒安装:试件安装后将载有剪切盒的移动底座推入加载轨道,升起移动底座滚轮,使移动底座落于试验台上;将剪切盒四周的防翘顶杆顶紧上剪切盒,固定上剪切盒以防止试验中上剪切盒偏转;控制垂直加载至法向压头刚好接触压盘,将固定于试验机架上的 4 个垂直向的 LVDT 位移计和 2 个水平向 LVDT 位移计调整到位,并进行调试;将上、下剪切盒紧固螺钉卸除,避免下剪切盒左右移动受限。

④ 进行试验:以 0.1 kN/s 的速率加载法向力至设定值,以 0.01 MPa/s 的速率加载注水压力至设定值(存在注水时),剪切力采用位移加载控制,加载速率为 0.4 mm/min,剪切目标位移为 10 mm,剪切路径完成后剪切力自动停止。试验中,计算机自动记录和保存试验数据。

⑤ 试验结束:剪切位移加载完成后关闭水压泵,数据保存完成后退回法向压头,对试件破坏情况进行拍照,取出试件并清理收集碎屑物,进行设备维护。

⑥ 试件扫描:试验结束后对试件进行断面清理和三维扫描。

4.1.1.4 结构面充填状态对破断岩体剪切-渗流影响物理模拟试验

(1) 试验方案

含充填结构面破断岩体剪切-渗流物理模拟试验,首先考虑无水条件下不同充填厚度、不同充填材料、不同充填粒径 3 个方面,探讨充填厚度、充填材料性质、充填粒径分别对剪切失稳过程中的力学参数影响;其次通过在试件上半部打中心孔注水,探讨充填结构面岩体在无水和注水条件下的力学性质。每组试验中其他参数保持一致,见表 4-4。

表 4-4 充填结构面岩体压剪试验方案

充填物种类	充填厚度 h/mm	充填粒径(d)/目	注入水压(p)/MPa
黄泥	3	100～120	0/0.3
岩屑	3	20～40	0
		40～60	0/0.3
		100～120	0
石膏	1	100～120	0
	2		0
	3		0/0.3

注：法向荷载均为 30 kN。

（2）试验步骤

① 记录结构面试件的尺寸和质量。

② 将处于耦合状态的结构面试件用夹具夹紧后放于法向压头正下方，通过计算机控制法向压头，记录法向力为 1 kN 时（保证结构面耦合完全且压头与试件接触完全）压头的压缩位移，卸除法向力，取出结构面试件。

③ 通过称重、搅拌制备好充填物，将充填物添加到结构面下盘，盖上结构面上盘，用夹具夹紧，防止上、下盘错动。

④ 将含充填物结构面试件放在法向压头正下方，控制法向压头压缩位移，使充填物厚度满足试验要求，法向压缩位移到达设定值后保持一段时间，至压缩力基本保持稳定后卸除法向力，取出含充填物结构面试件。

⑤ 清理结构面试件上溢出的充填物，称重并测量试件尺寸信息。

⑥ 将充填完成后结构面试件放置于阴凉处，定期测量试件高度和质量，待数据稳定后即可进行剪切试验。

⑦ 重复无充填结构面试验步骤②～⑥。

4.1.2 含结构面试件制作

为保证影响因素的一致性，在不同试验条件下进行结构面岩体压剪试验时，其结构面应保持一致。由于天然结构面无法保持一致，因此本书选取相似材料对同一结构面进行复制，并进行不同条件下剪切试验。基于本研究试验所用岩样为砂岩，故采用与砂岩力学参数相近的水泥砂浆作为相似材料，水泥：砂：水（质量比）＝3：2：1，其试样密度为 2.05 g/cm³，单轴抗压强度为 77.57 MPa，黏聚力为 14.37 MPa，内摩擦角为 62.39°，弹性模量为 5.95 GPa，泊松比为 0.18。

4.1.2.1 剪切结构面与张拉结构面的制备

首先采用张拉断裂与剪切断裂两种典型结构面作为研究对象，其中张拉断裂结构面采用改进后的巴西劈裂方法制备［图 4-2（a）］，剪切断裂结构面采用压剪试验制备［图 4-2（b）］；其次分别用水泥砂浆相似材料进行浇筑复制，见图 4-3。从图中可知，劈裂结构面沿 x 方向起伏平缓，而剪断结构面沿 x 方向起伏较大。

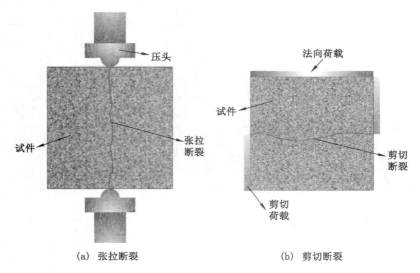

(a) 张拉断裂 (b) 剪切断裂

图 4-2 不同断裂方式结构面制备

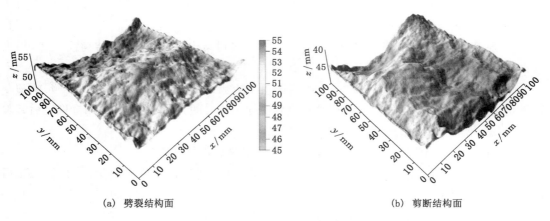

(a) 劈裂结构面 (b) 剪断结构面

图 4-3 不同成因结构面三维形貌图

4.1.2.2 结构面相似材料试件制备

结构面试件采用水泥砂浆浇筑,将砂岩上半部结构面朝上放入模具盒中浇筑相似材料试件下半部,模具盒与砂岩结构面涂抹一层矿物油,便于浇筑相似材料硬化后脱模。待相似材料硬化 24 h 后再进行脱模,用浇筑硬化的下半部再次放入模具盒中,通过相同的步骤浇筑上半部,待脱模后放入标准混凝土养护箱[图 4-4(a)],养护 28 d 后再进行试验。浇筑的试件见图 4-4(b)。

4.1.2.3 结构面充填材料的制备

裂隙岩体在周期扰动或滑移过程中,由于两半部的摩擦而产生断层泥。断层泥在地质构造应力与外部应力综合作用下进一步胶结或破碎,使断层充填物性质发生变化。为研究裂隙面充填物随地质条件变化其力学性质的变化,本书选用岩屑、黄泥和石膏[104] 3 种材料作为充填材料。岩屑与浇铸试件材料相同,黄泥取自重庆市的歌乐山,石膏为购买所得。首先通过球磨机对充填材料进行破碎研磨[图 4-5(a)],然后利用筛分机进行粒径筛分,获得充填材料

(a) 养护箱　　　　　　　　　　(b) 试验试件

图 4-4　相似材料浇筑试件

（图 4-6）。针对不同充填粒径条件，依据土力学中对土的粗沙、中沙与细沙的粒径划分[105]，岩屑粒径分别为 20～40 目、40～60 目、100～120 目，分别对应的粒径为0.42～0.82 mm、0.25～0.42 mm、0.12～0.15 mm；针对不同充填材料条件，岩屑粒径为 100～120 目；针对不同充填厚度条件，岩屑粒径分别为 1 mm、2 mm 和 3 mm。另外，通过位移控制，将充填物压缩至指定厚度（图 4-7）。在对充填材料充填之前，按充填材料质量的 30％加水，将充填材料搅拌均匀，再进行压制[图 4-7(b)]，压制成型后放通风处阴干 2 d，随后进行剪切试验。

(a) 滚筒球磨机　　　　　　　　　(b) 充填试件成型夹具

图 4-5　试验装置

图 4-6　粒径为 100～120 目的黄泥、石膏和岩屑

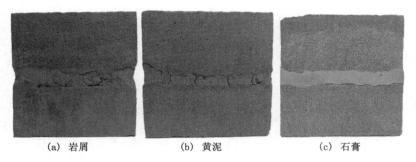

(a) 岩屑　　　　　　　(b) 黄泥　　　　　　　(c) 石膏

图 4-7　不同充填材料条件下试件成型实物图

4.2　结构面形貌特征表征参数

近年来,三维立体扫描仪的发展与应用使得表面形貌粗糙度分析取得了突破性进展,使得对断面信息的获取变得更加简便、高效、快捷。在获取节理表面形貌数据后,可采用数学描述方法评价节理面粗糙度。传统的粗糙度评价以二维参数为主,其评定对象为取自结构面的轮廓线,常用于描述结构面粗糙度各向异性以及分析某一方向粗糙度的分布规律。表面粗糙度的二维表征参数目前已有 100 多个,粗糙度的表征及其相关参数等专用术语见《表面结构　轮廓法　术语、定义及表面结构参数》(GB/T 3505—2009)[106]。

4.2.1　二维形貌特征表征参数

利用二维断面特征参数描述剪断面的形貌特征是一种传统的剪断面分析方法,主要基于节理二维轮廓线计算并获取二维断面特征参数。近年来,三维扫描技术逐渐被应用到岩石工程中,但二维断面特征参数的作用仍然无法取代。由于三维参数有其局限性,只能对不同试验条件下的不同断面进行综合分析,却无法反映单个剪断面形貌的演化规律,因此有必要对不同试验条件下的煤岩剪断面进行二维断面特征参数分析。

本章主要选取轮廓线最大高度和轮廓线长度比,从沿剪切方向与垂直于剪切方向对不同试验条件下煤岩试件的剪断面形貌特征进行描述。

轮廓线最大高度 H:在所取剖面线中,剖面轮廓线峰顶与谷底之间的距离。

$$H = H_p + H_m \tag{4-1}$$

式中,H_p 为在取样轮廓线最高点到基准面的距离;H_m 为在取样轮廓线最低点到基准面的距离。

轮廓线最大高度 H 为二维高度特征参数,能够反映所取剖面线的起伏程度,其值越大则起伏度越高。

轮廓线长度比 L:在所取剖面线上,剖面轮廓线的真实长度与其投影长度的比值。

$$L = \frac{C_t}{C_n} \tag{4-2}$$

式中,C_t 为所取剖面轮廓线的真实长度;C_n 为所取剖面轮廓线的投影长度。

轮廓线长度比 L 为二维纹理特征参数,能够反映剖面线的粗糙度。L 值越接近于 1,则轮廓线越光滑;反之,轮廓线越粗糙。

4.2.2 三维形貌特征表征参数

结构面的形貌参数多达数十种,具体可分为高度特征参数和纹理特征参数。高度特征参数描述表面形态在高度方向的变化特征和分布规律,纹理特征参数则是表面形态中点与点之间的位置和相互关系的统计量或统计函数[107]。基于 GB/T 3505—2009 的相关规定和前人研究成果,本书选取了包括表面最大高差 S_h 和轮廓面积比 S_A 在内的 19 个特征参数进行结构面三维形貌特征的定量分析。为保持统一,以下所有三维形貌参数都是相对于下结构面而言的。参数定义如下:

① 最小高度 Z_{min}:结构面最低点处的 z 轴坐标。

② 最大高度 Z_{max}:结构面最高点处的 z 轴坐标。

③ 最小一乘高度 z_1:结构面上各点到 $z=z_1$ 平面的距离最小。

④ 最小二乘高度 z_2:结构面上各点到 $z=z_2$ 平面距离的平方和最小,且规定 $z=z_2$ 平面为该结构面的基准面。

⑤ 平均高度 z_3:结构面上各点高度的平均值。

⑥ 表面最大峰高 S_p:结构面最高点到基准面的距离。

⑦ 表面最大谷深 S_m:结构面最低点到基准面的距离。

⑧ 表面最大高差 S_h:结构面最高点到最低点的垂直距离。

⑨ 算术平均偏差 S_a:结构面上各点到基准面距离的算术平均值。其计算公式为:

$$S_a = \frac{1}{mn} \sum_{j=1}^{m} \sum_{i=1}^{n} |z_{i,j} - z_2| \tag{4-3}$$

式中,$z_{i,j}$ 为结构面上位于 (i,j) 处点的 z 轴坐标;z_2 为最小二乘高度。

⑩ 均方根偏差 S_q:结构面上各点到基准面距离的均方根值。其计算公式为:

$$S_q = \sqrt{\frac{1}{mn} \sum_{j=1}^{m} \sum_{i=1}^{n} (z_{i,j} - z_2)^2} = \sigma \tag{4-4}$$

⑪ 偏态系数 S_s:描述表面轮廓相对于基准面对称性的统计参数,以平均值与中位数之差对标准差之比率来衡量偏斜的程度,统计上是三阶中心距与 σ^3 的比值。其计算公式为:

$$S_s = \frac{\frac{1}{mn} \sum_{j=1}^{m} \sum_{i=1}^{n} (z_{i,j} - z_2)^3}{\sigma^3} \tag{4-5}$$

当 $S_s=0$ 时,曲线服从正态分布;当 $S_s<0$ 时,曲线向左偏斜为负偏态,表明平均值小于中位数;当 $S_s>0$ 时,曲线向右偏斜为正偏态,表明平均值大于中位数。

⑫ 峰态系数 S_k:描述频数分布曲线顶端尖峭或扁平的程度,度量数据在中心的聚集情况,统计上是四阶中心距与 σ^4 的比值。其计算公式为:

$$S_k = \frac{\frac{1}{mn} \sum_{j=1}^{m} \sum_{i=1}^{n} (z_{i,j} - z_2)^4}{\sigma^4} \tag{4-6}$$

当 $S_k=3$ 时,曲线服从正态分布;当 $S_k<3$ 时为负峰态,高度频数分布较为分散;当 $S_s>0$ 时为正峰态,高度频数分布更为集中。

⑬ 平均坡度 S_{aq}:结构面上轮廓曲面一阶导数的算术平均值。其计算公式为:

$$S_{aq} = \frac{\sum_{j=1}^{m-1}\sum_{i=1}^{n-1}((|\,z_{i+1,j}-z_{i,j}\,|+|\,z_{i,j+1}-z_{i,j}\,|+|\,z_{i+1,j+1}-z_{i+1,j}\,|+|\,z_{i+1,j+1}-z_{1,j+1}\,|)}{2(m-1)(n-1)\Delta}$$

(4-7)

式中,Δ 为采样间距。

⑭ 坡度均方根 S_{dq}:结构面上轮廓曲面的均方平均值,计算公式为:

$$S_{dq} = \frac{\sum_{j=1}^{m-1}\sum_{i=1}^{n-1}((z_{i+1,j}-z_{i,j})^2+(z_{i,j+1}-z_{i,j})^2+(z_{i+1,j+1}-z_{i+1,j})^2+(z_{i+1,j+1}-z_{1,j+1})^2)}{2(m-1)(n-1)\Delta}$$

(4-8)

⑮ 相对起伏高度均方根 Z_2:物理意义表征裂隙表面基于平面的平均梯度模。其计算公式为:

$$Z_2 = \left\{\frac{1}{l_x l_y}\left[\left(\frac{(z_{i+1,j+1}-z_{i,j+1})^2+(z_{i+1,j}-z_{i,j})^2}{x_{i+1,j+1}-x_{i,j+1}+x_{i+1,j}-x_{i,j}}+\frac{(z_{i+1,j+1}-z_{i+1,j})^2+(z_{i,j+1}-z_{i,j})^2}{y_{i+1,j+1}-y_{i+1,j}+y_{i,j+1}-y_{i,j}}\right)\right]\right\}$$

(4-9)

式中,i、j 分别为结构面在 x 和 y 方向上的离散点坐标序号,即点 (i,j) 处的三维坐标为 $(x_{i,j}, y_{i,j}, z_{i,j})$,点 $(i+1,j)$ 处的三维坐标为 $(x_{i+1,j}, y_{i+1,j}, z_{i+1,j})$,点 $(i,j+1)$ 处的三维坐标为 $(x_{i,j+1}, y_{i,j+1}, z_{i,j+1})$,点 $(i+1,j+1)$ 处的三维坐标为 $(x_{i+1,j+1}, y_{i+1,j+1}, z_{i+1,j+1})$;

⑯ 体积 V:结构面与底部平面所围成空间的体积;

⑰ 表面积 S_t:结构面的表面展开面积;

⑱ 轮廓面积比 S_A:结构面的表面展开面积与垂直投影面积的比值。其计算公式为:

$$S_A = \frac{S_t}{S_n}$$

(4-10)

式中,S_t 为表面展开面积;S_n 为表面沿法向方向垂直投影到底面的面积。

⑲ 三维粗糙度系数 JRC_{3D}:描述结构面粗糙程度。其计算公式为:

$$JRC_{3D} = \frac{\sum_{i=1}^{n}JRC_{2D}}{n}$$

(4-11)

式中,JRC_{2D} 为结构面剖面线的二维粗糙度系数。

4.3 结构面三维形貌特征演化规律

4.3.1 煤岩剪断面形貌特征影响因素

地应力具有双重特性。一方面,它是岩体的赋存条件;另一方面,它又赋存与岩体之内,和岩体成分一样左右着岩体的特征,对岩体力学特征、形貌特征有重大影响。因此,本节主要分析不同法向应力条件下煤岩剪断面形貌特征,通过对煤岩剪断面三维立体扫描后,对比不同法向应力条件下煤岩剪断面的形貌图及断面参数,研究法向应力对煤岩剪断面的影响;并通过二维断面特征参数及三维断面特征参数进行对比,进一步揭示不同断面参数对煤岩剪断面的描述的异同点。

　　本节主要以砂岩为研究对象,开展恒定气体压力、不同法向应力条件下砂岩剪切-渗流耦合试验。在试验结束后,应迅速停止位移加载,将保存完好的砂岩剪断面放置于三维立体扫描仪上进行 3D 扫描处理,最后运用 Matlab 计算断面参数,分析砂岩试件的断面形貌特征。试验中,所设置砂岩法向应力梯度为 1.0 MPa、2.0 MPa、3.0 MPa,统一气体压力值为 2.0 MPa,切向荷载保持为位移控制方式。

4.3.1.1　法向应力的影响

　　图 4-8 为砂岩剪断面高度特征参数随法向应力演化曲线。由图 4-8 可知,法向应力增大,砂岩三维高度特征参数均呈近似线性减小趋势,其中高度均方根偏差减小,说明法向应力越大,砂岩剪断面的离散性和波动性越小。由于法向应力是影响煤岩剪断面形貌特征的主要因素之一,随着法向应力的增大,剪切裂纹的发育空间将逐渐变窄,主裂纹偏离预定剪切裂纹越来越大,所以砂岩剪断面整体高度减小,使得砂岩剪断面从高阶起伏型断面到低阶起伏型断面、再到平整型断面逐渐转换。

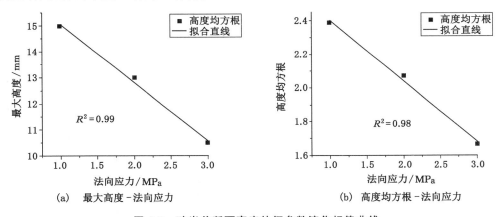

图 4-8　砂岩剪断面高度特征参数演化规律曲线

　　图 4-9 为不同法向应力条件下砂岩剪断面纹理特征参数演化规律曲线。由图 4-9 可知,随着法向应力增大,砂岩三维纹理特征参数呈近似线性减小趋势,其中剪断面面积比在高法向应力下越来越趋近于 1,表明法向应力越大,砂岩试件剪断面越来越平滑,剪断面粗糙度呈减小趋势。这是由于法向应力的增大,致使砂岩试件实际剪切裂纹越来越难以偏离预定剪切裂纹,从而剪断面凹凸起伏减小,高度离散性、波动性也减小,因此砂岩试件整体的粗糙度随法向应力增大呈减小趋势。

4.3.1.2　气体压力的影响

　　天然岩体中存在诸多节理、裂隙、层理等不连续面,在很大程度上影响着天然岩体的各类力学性质;另外,裂隙开度也对岩体的渗流特性有着至关重要的影响。因此,研究煤岩体的几何形貌特征对于分析理解煤岩体的力学特性、渗流特性及其耦合关系具有重要作用。本节主要利用三维立体扫描仪对不同气体压力条件下煤岩剪断面进行三维扫描,得到煤岩剪断面 3D 扫描形貌图,对不同气体压力下煤岩扫描形貌图进行对比观察,并运用煤岩剪断面二维及三维特征参数,用数值精确描述煤岩断面特征。

　　本节主要对恒定法向应力、不同气体压力条件下砂岩剪切-渗流耦合试验结束后保存完好的砂岩下剪断面进行综合分析,主要包括砂岩剪断面直观形貌、二维断面参数、三维断面

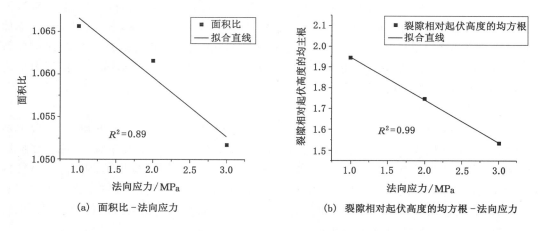

（a）面积比－法向应力　　　　　　　（b）裂隙相对起伏高度的均方根－法向应力

图 4-9　砂岩剪断面纹理特征参数演化规律曲线

参数等。其中，首先将砂岩剪断面放置于三维立体扫描仪上进行 3D 扫描处理，然后运用 Matlab 统计计算断面参数，最后对比分析砂岩试件的断面形貌特征。砂岩试验设置的恒定法向应力为 3.0 MPa，气体压力分别为 0 MPa、0.2 MPa、1.0 MPa、2.0 MPa，切向荷载的控制方式保持为位移控制，加载速率为 0.1 mm/min。

图 4-10 为不同气体压力条件下砂岩试件下断面 3D 扫描形貌图，其中 X 轴方向（箭

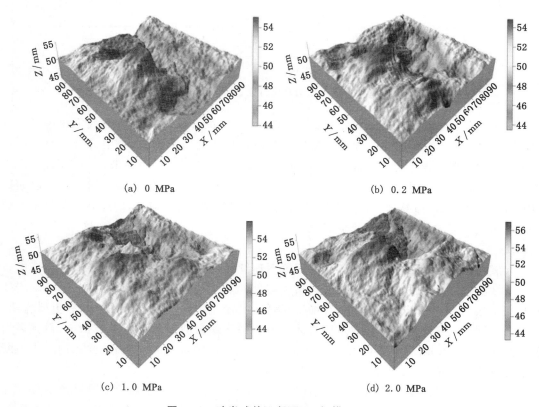

（a）0 MPa　　　　　　　　　　　　（b）0.2 MPa

（c）1.0 MPa　　　　　　　　　　　　（d）2.0 MPa

图 4-10　砂岩试件下断面 3D 扫描形貌图

头方向）为剪切方向。通过对比发现，当气体压力为 2.0 MPa 时，砂岩试件剪断面整体起伏变化最大，有大的凸起或凹陷，剪断面中间有很高的凸起带，属于高阶起伏型断面；当气体压力为 1.0 MPa，其剪断面整体起伏变化较高，有较大的凸起带和凹陷带，属于高阶起伏型断面，但比 0 MPa 时起伏变化要小；当气体压力为 0.2 MPa 时，砂岩剪断面整体起伏变化较低，没有较大的起伏，属于低阶起伏型断面；当气体压力为 0 MPa 时，试件剪断面整体较平整，几乎没有大的凸起或凹陷，也没有形成大的凸起带和凹陷带，属于平整型断面。

因此，气体压力越大，砂岩试件剪断面形貌特征将表现为从平整型断面向高阶起伏型断面逐渐转变；反之，砂岩剪断面越平整。这是由于砂岩试件较为致密，砂岩内部在剪切作用下微裂隙逐渐开始萌生，气体开始渗入微裂隙，同时气体压力对裂隙壁面产生一定的张拉作用，所以这种张拉作用起到类似于抵消部分法向应力的效果。研究表明，气体压力越大，这种张拉作用力也就越强，抵消的法向应力也越多，有效垂直应力越小，从而砂岩所形成的剪断面起伏程度就越高。

图 4-11 为不同气体压力条件下砂岩剪断面俯视图。可以看出，当砂岩试件沿剪切方向剖面时，剪断面高度变化基本呈波浪形起伏变化，呈现"先增大、后减小、再增大"的趋势；当垂直于剪切方向剖面时，则整体高度变化较小且杂乱，无明显规律，但在中心位置处其高度较小。

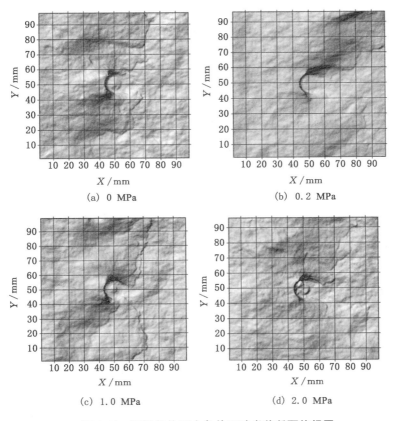

(a) 0 MPa   (b) 0.2 MPa

(c) 1.0 MPa   (d) 2.0 MPa

图 4-11　不同气体压力条件下砂岩剪断面俯视图

本章主要选用 4 个三维特征参数来分析不同试验条件下砂岩试件的剪断面特征。其中,断裂面最大高度 S_h 及均方根偏差 S_q 为三维高度特征参数,用来表征砂岩剪断面的起伏程度;断裂面面积比 S_r 及裂隙相对起伏高度的均方根 Z_2 为三维纹理特征参数,用来表征砂岩剪断面的粗糙程度。

图 4-12 为不同气体压力条件下砂岩剪断面三维高度特征参数演化规律曲线。可以看出,砂岩试件剪断面最大高度、高度均方根均随着气体压力增大而增大。砂岩试件在剪切过程中会产生很多剪切裂隙,而束缚于中心孔的气体也得以渗入这些裂隙,当气体压力作用于这些裂隙壁面时,对剪切面产生一定的张拉作用,且气体压力越大,张拉作用力也就越强。一方面,气体压力起到了"崩开"砂岩剪切面的作用,使得剪断面不平整,且气体压力越大,剪断面越不平整;另一方面,气体压力起到降低有效垂直应力的作用,类似于降低了法向应力的效果。通过上述两方面的综合作用,砂岩试件三维高度特征参数随气体压力增大而增大。

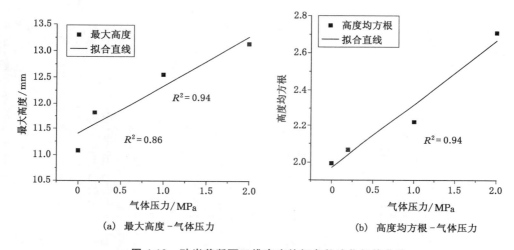

(a) 最大高度 - 气体压力　　　　　　　　(b) 高度均方根 - 气体压力

图 4-12　砂岩剪断面三维高度特征参数演化规律曲线

图 4-13 为砂岩剪断面三维纹理特征参数随气体压力演化曲线。可以看出,气体压力越大,砂岩剪断面面积比和裂隙相对起伏高度的均方根均呈减小趋势,砂岩剪断面面积比在低法向应力下逐渐趋近于 1,说明气体压力越大,砂岩试件剪断面越来越凹凸不平,剪断面粗糙度呈增大趋势。这是由于气体进入裂隙面,并对裂隙壁面产生了一定的张拉作用,气体压力越大,张拉作用越强烈。然而,对于砂岩这种致密岩石而言,气体压力起到降低有效垂直应力的作用,增大了剪断面的离散性和高度,使得砂岩试件断面随着气体压力增大由平整型断面转向高低起伏型断面。

4.3.1.3　岩性的影响

对于不同种类的岩石,由于其组成成分、地质环境、构造成因均不同,因而岩石的力学性质也不同。在剪切-渗流耦合试验中,岩性会影响试验中岩石的剪切力学特性及断面形貌特征。本节将重点分析在相同试验条件下不同试验材料的剪断面形貌特征,利用直观形貌分析与二维、三维断面特征参数相结合的方法,探讨相同试验条件下不同试验材料剪断面的异同点。

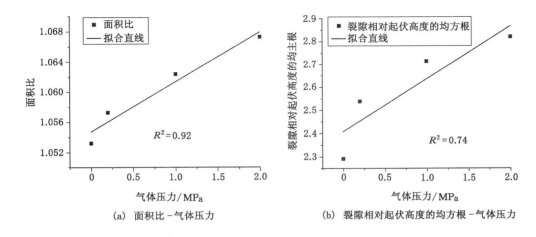

(a) 面积比－气体压力   (b) 裂隙相对起伏高度的均方根－气体压力

图 4-13　砂岩剪断面三维纹理特征参数演化规律曲线

　　首先将保存完好的型煤、砂岩、页岩剪断面进行 3D 扫描处理,型煤试件则需要喷漆喷白处理后再进行扫描,然后得到煤岩三维立体扫描图及各类表征断面参数;通过对相同试验条件下型煤、砂岩、页岩剪断面直观形貌、二维断面参数、三维断面参数的对比分析,揭示不同试验材料剪断面的异同点及不同岩性对煤岩剪断面的影响。试验条件如下:恒定法向应力为 3.0 MPa,恒定气体压力为 2.0 MPa,其中剪切荷载的控制方式保持为位移控制,加载速率为 0.1 mm/min。

　　图 4-14 为相同试验条件下利用三维扫描系统对型煤、页岩、砂岩下剪断面进行立体扫描后得到的 3D 扫描形貌图。可以看出,组内岩石剪断面在细节方面存在较多不一致,但剪断面起伏高度基本一致,且剪断面形态均为波浪型断面,说明试件离散性较小。另外,纵向对比不同岩石种类的直观剪断面扫描图发现,型煤规律性最好,剖面图与俯视图基本与分析一致,而岩石材料特别是页岩,其剖面图与俯视图与所分析的规律有一定出入。这是由于型煤比较软而且均质,而页岩材料内部层理较清晰,在剪切过程中各向异性比较明显,在断面分析时必然会有一定的误差。页岩剪断面起伏高度较高,型煤与砂岩较低,页岩硬度高而且脆性较高,在剪切过程中,剪切裂纹扩展发育区域较大,裂纹交汇贯通后所形成的剪断面相较于型煤和砂岩更加复杂,起伏高度也更高且差异性大,而砂岩强度较低且其结构为胶结连接,剪切裂纹扩展区域较小,起伏也较小。

　　近年来,诸多学者都对各种断面的表面形貌开展了大量的研究工作,认识到岩石节理表面的形貌对节理的力学性质和水力学性质有较大影响。岩体中节理、断层等结构面是岩体的重要组成部分,结构面的存在使岩体力学性质具有离散性和各向异性,影响岩体的强度特征;同时,作为岩体组成部分,结构面在几何上和力学上也是错综复杂的。因此,对结构面几何形态的数值描述具有重要的工程实用价值。

　　从相同试验条件下(法向应力为 3 MPa,气体压力为 2 MPa),选取型煤、砂岩、页岩 3 种试验材料的剪断面各 3 个,分别计算其下剪断面的三维断面特征参数,见表 4-5。

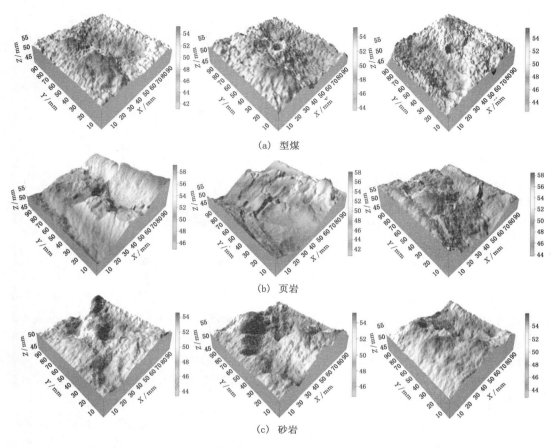

(a) 型煤

(b) 页岩

(c) 砂岩

图 4-14 煤岩下断面 3D 扫描形貌图

表 4-5 煤岩剪断面三维断面特征参数表

试验条件	试验材料	试件编号	三维断面特征参数			
			断裂面最大高度 S_h	均方根偏差 S_q	断裂面面积比 S_r	相对起伏高度的均方根 Z_2
法向应力为 3 MPa，气体压力为 2 MPa	型煤	XM5#	12.16	2.38	1.051	1.76
		XM6#	12.35	2.37	1.058	1.86
		XM10#	12.71	2.30	1.060	1.82
		平均值	12.40	2.35	1.056	1.81
	页岩	YY13#	14.29	2.76	1.087	2.01
		YY15#	17.44	3.01	1.076	1.95
		YY17#	14.78	2.91	1.071	1.88
		平均值	15.50	2.89	1.078	1.95
	砂岩	SY1#	11.18	2.27	1.054	2.22
		SY2#	10.51	2.35	1.052	1.53
		SY3#	13.14	2.39	1.067	1.71
		平均值	11.61	2.33	1.058	1.82

由表 4-5 可知,型煤、页岩和砂岩的三维断面特征参数在组内数据均稳定在一定范围之内,说明 3 种岩石的离散性和各向异性均较小。然而,从不同岩石剪断面的三维断面特征参数平均值来看,岩性是剪断面形貌特征的重要影响因素之一,在相同试验条件下,页岩剪断面的三维高度特征参数(断裂面最大高度、均方根偏差)以及三维纹理特征参数(断裂面面积比、裂隙相对起伏高度的均方根)较型煤和砂岩更大,而型煤与砂岩三维断面特征参数基本相当,这可能与页岩自身性质有关。页岩更脆更硬,在发生剪切破坏时,剪切次级裂纹的扩展区域要比型煤及砂岩更大;同时,页岩试件存在一定的原生节理、裂隙,在剪切过程中,次级裂纹亦与原生裂隙相互贯通所以页岩试件剪断面起伏度与粗糙度要大于型煤和砂岩试件。

4.3.2 煤岩剪断面形貌特征量化分析

断裂面的表面形貌与其力学性质密切相关,在断裂面闭合的剪切理论模型和经验公式中,只有包含断裂面形貌参数才能正确反映节理的实际力学行为。因此,对断裂面形貌进行精确地测定和参数分析是研究断裂面力学特性和变形特性的先决条件。剪切破坏作为实际工程岩体中最为常见的破坏形式之一,对其断裂后的形貌特征分析尤为重要。剪切破坏的实质即为剪切主裂纹的扩展演化,主裂纹扩展的难易反映出试件的抗剪强度,主裂纹沿剪切方向扩展的起伏程度反映试件的变形特征。由前文可知,法向应力、含水率和孔隙水压等因素影响着砂岩剪切破坏过程中的力学特征和变形特征,说明剪切过程中主裂纹的扩展也受到了影响。下面对主裂纹扩展后所形成的剪切断裂面进行三维特征参数量化分析,进一步探讨各因素对砂岩剪切主裂纹扩展的影响程度。

为了简便且增加试验的可信度,每次试验均选取 3~5 个试件。为了进一步验证上、下断裂面的吻合性和差异性,分别从剪切破断试件中任意选取 3 个,计算其上、下断裂面的三维特征参数,结果见表 4-6 和图 4-15。

表 4-6 上、下断裂面特征参数计算结果

特征参数	8#		15#		27#	
	上断裂面	下断裂面	上断裂面	下断裂面	上断裂面	下断裂面
S_p/mm	4.44	4.22	4.41	4.94	4.86	4.90
S_m/mm	4.12	4.88	3.99	4.60	4.09	4.32
S_h/mm	8.56	9.10	8.40	9.54	8.95	9.23
S_a	1.54	1.57	1.72	1.83	1.80	1.84
S_s	1.81	1.82	2.03	2.20	2.06	2.09
S_q	0.11	0.13	0.14	0.10	0.42	0.43
S_k	2.17	2.09	2.07	2.20	1.96	1.92
S_{aq}	0.28	0.29	0.26	0.28	0.28	0.27
S_{dq}	0.26	0.28	0.24	0.27	0.26	0.25
Z_2	1.04	1.10	0.97	1.07	1.04	1.01
D_s	2.75	2.79	2.73	2.76	2.74	2.75

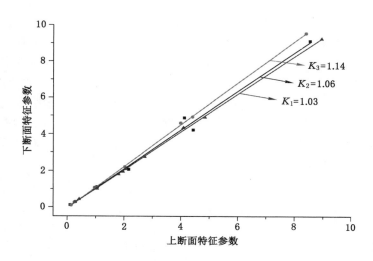

K_1, K_2, K_3—拟合直线的斜率。

图 4-15　断裂面特征参数偏差对比

由图 4-15 可知,任意选取的 3 组断裂面,所得到的上、下断裂面特征参数计算偏差曲线的斜率基本等于 1,说明上、下断裂面的特征参数计算结果基本一致。以下关于断裂面的分析均以下断裂面为研究对象,分析不同条件下剪切断裂面的形貌特征。

4.3.2.1　法向应力

众所周知,断裂面的高度分布统计往往呈现较好的高斯特性[108]。由图 4-16 可以看出,当法向应力为 2.0 MPa 时,由于主裂纹发育较为起伏,次级裂纹发育丰富且范围广,造成断裂面有大的岩块脱落,使得整个剪切断裂面的高度分布较为分散。高度在 48～63 mm 的频数均较多,整个断裂面的高度分布图呈现"W"形,主要集中在平均高度的两侧;相对而言,高度在 48～52 mm 的频数较多。运用高斯公式拟合,拟合曲线具有一定的高斯分布特性趋势,但规律性较弱。因此,该法向应力条件下的断裂面起伏度较大,且起伏范围较广,属于高阶起伏型断裂面。

当法向应力为 3.0 MPa 时,由于主裂纹发育较为平直,次级裂纹发育较少,仅造成局部范围的较少岩块脱落,断裂面的整体起伏度相对较小。由高度频数图可知,高度分布主要集中在 48～52 mm,且在 50 mm 附近的频数最多,高度小于 48 mm 和大于 52 mm 的频数明显较少。由于试件仍存在局部小岩块脱落,使得高度在 52.5～54 mm 的频数存在一定异常,高斯拟合后的相关系数较大,说明整体高度频数分布具有较好的高斯分布特性。因此,该法向应力条件下的剪切断裂面平整度更好,整体起伏度更小,属于低阶起伏型断裂面。

当法向应力为 4.0 MPa 时,主裂纹近乎平直发育,基本沿着预定剪切面发展,其次级裂纹短而少,基本没有造成岩块脱落现象,整个剪切断裂面平整度最优,与预定剪切断裂面最为接近,其高度分布要集中在 48～52 mm,分布范围较法向应力为 2.0 MPa 和 3.0 MPa 时变窄,且在 50 mm 附近的频数最多,高度小于 48 mm 和大于 52 mm 的频数明显较少。因此,断裂面的高度频数分布最为集中,高斯分布特性最为明显,属于平整型断裂面。

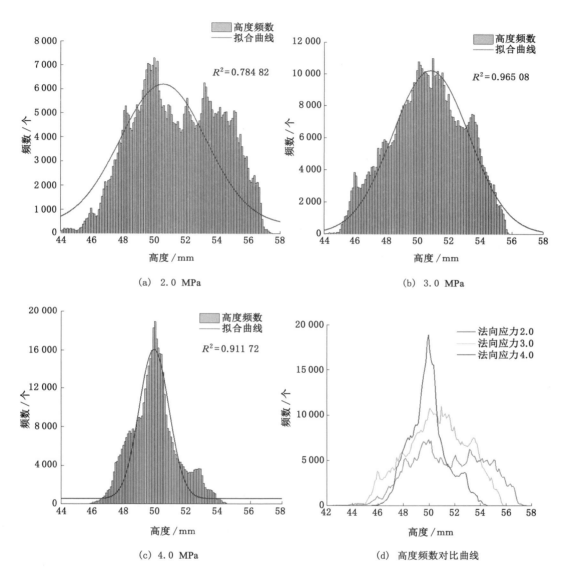

图 4-16　不同法向应力下断裂面高度频数分布

为了便于观察断裂面高度分布特征,本书运用高斯公式对断裂面的高度频数图进行拟合,得到的拟合曲线绘制于频数图中。由以上分析可知,法向应力直接影响砂岩的抗剪强度及其主裂纹扩展,法向应力越大,颗粒间的摩擦力越大,则砂岩的抗剪强度越大,次级裂纹发育越不明显,高度分布的高斯特性越明显。

由表 4-7 可知,当法向应力为 2.0 MPa 时,表面最大高度为 10.637 mm;当法向应力为 3.0 MPa 时,表面最大高度为 9.427 mm;当法向应力为 4.0 MPa 时,表面最大高度为 7.621 mm。因此,法向应力越大,表面最大高度越小,表面算术平均偏差和均方根偏差均越小,说明随着法向应力的增大,断裂面的离散性和波动性均减小。

表 4-7　不同法向应力下断裂面高度特征参数计算均值

高度特征参数	法向应力		
	2.0 MPa	3.0 MPa	4.0 MPa
表面最大峰高 S_p/mm	4.291	4.416	3.555
表面最大谷深 S_m/mm	6.346	5.011	4.065
表面最大高度 S_h/mm	10.637	9.427	7.621
算术平均偏差 S_a	1.750	1.645	1.107
均方根偏差 S_q	2.120	1.927	1.368
偏态系数 S_s	−0.405	−0.202	−0.003
峰态系数 S_k	2.651	2.107	2.653

随着法向应力的增大,法向应力变成了主裂纹扩展的主要限制因素,使得主裂纹偏离预定剪切面扩展的难度增大,从而在法向的扩展范围变窄,得到的剪切断裂面高度起伏更小,整体更平整,离散性更小。由表 4-7 还可知,偏态系数随着法向应力的增大而逐渐接近临界值零,从而剪切断裂面在法向应力越大时的起伏对称性越好,即断裂面上下偏离程度越来越均等,这与高度频数图中体现的结果相一致。

由表 4-8 可知,轮廓面积比随法向应力的增大而增大,而相对起伏高度均方根随法向应力的增大而减小。据报道,纹理特征参数中的 S_A 和 Z_2 常用来衡量材料表面粗糙度,说明随着法向应力的增大,断裂的整体粗糙度降低。平均坡度、坡度均方根也随着法向应力的增大而减小,说明表面综合倾斜程度随法向应力的增大而降低。分形维数 D_s 是近阶段运用广泛的"量尺",也常用来衡量表面粗糙度,认为 D_s 与表面粗糙度成正比[109],从分形的角度进一步证明了断裂面粗糙度随法向应力增大而减小这一形貌变化特征。

表 4-8　不同法向应力下断裂面纹理特征参数计算均值

纹理特征参数	法向应力		
	2.0 MPa	3.0 MPa	4.0 MPa
轮廓面积比 S_A	0.963	0.964	0.970
平均坡度 S_{aq}	0.298	0.288	0.270
相对起伏高度均方根 Z_2	1.157	1.157	1.040
分形维数 D_s	2.733	2.712	2.669

综上所述,通过对各断裂面的高度频数分布特征和三维特征参数计算均值结果分析发现:当法向应力较小时,由于法向限制不足,所得断裂面起伏度和粗糙度差异性较大,表现出较大的波动性和离散性;当法向应力较大时,由于法向的限制,使得主裂纹扩展范围变窄,所得断裂面波动性小。随着法向应力的增大,表面最大高度降低,断裂面的起伏度减小,粗糙度逐渐降低,断裂面对称性更好。

4.3.2.2　含水状态

当相对含水率为 0 时,高度在 48～55 mm 处均有较高水平的频数,说明该条件下的断裂面高度分布范围较广;高度在 49~50 mm 处存在较小的频数集中现象,且频数分布相对于均值点呈现较好的对称性,说明断裂面高度起伏程度较大但分布对称,剪切断裂面三维扫描图中颜色变化较为平缓,无明显的颜色斑块。当相对含水率为 50% 时,高度集中分布在 48.5~52.5 mm,呈现较为明显的"山峰"形状,且频数峰值位于 50.5 mm 左右,在频数峰值的左侧出现局部频数集中现象,说明断裂面中存在一处范围较大的"低谷带"。当相对含水率为 100% 时,高度分布重要集中在 48~51 mm,且两侧的分布均相对较少;高度均值位于 50 mm 处,且频数分布图以均值高度为对称轴呈现较为良好的对称性,说明该条件下的剪切断裂面平整度与起伏对称性均较好,剪切断裂面三维扫描颜色多样性较少,颜色梯度较小。

由不同含水状态下砂岩剪切断裂面高度频数曲线可知,当相对含水率为 0 时,断裂面高度分布分散、范围广、无集中现象,呈现的高斯分布特征最差;当相对含水率为 50% 时,断裂面高度分布变窄,且有较为明显的集中现象,具有较好的高斯分布特征,但左侧存在异常凸起,对应断裂面中的"低谷带";当相对含水率为 100% 时,断裂面高度分布变窄,集中现象更为明显,高斯分布特征最为明显,说明断裂面起伏度降低,表面更为平整。因此,随着试件含水量的增加其断裂面的平整度更好,相对起伏度更小。

由表 4-9 可知,随着相对含水率的增大,表面最大峰高变化较小,表面最大谷深呈降低趋势,而表面最大高度呈现明显的降低趋势,说明形成断裂面的高差减小;算术平均偏差与均方根偏差也随相对含水率的增加而降低,说明断裂面的偏离平均高度的程度降低,高度分布的离散性降低;断裂面偏态系数随相对含水率增加而趋向零,说明断裂面对称性增强,结果与图 4-17 对应;峰态系数随相对含水率的增大呈降低趋势。

表 4-9 不同含水状态下断裂面高度特征参数计算均值

高度特征参数	相对含水率/%		
	0	50	100
表面最大峰高 S_p/mm	4.29	4.48	4.51
表面最大谷深 S_m/mm	6.35	4.27	4.30
表面最大高度 S_h/mm	10.64	8.76	8.48
算术平均偏差 S_a	1.75	1.53	1.54
均方根偏差 S_q	2.12	1.84	1.83
偏态系数 S_s	−0.40	0.04	−0.07
峰态系数 S_k	2.65	2.33	2.23

由表 4-10 可知,轮廓面积比随相对含水率的增加而增大且逐渐趋向临界值 1,说明断裂面越来越平整,粗糙度下降;平均坡度和相对起伏高度均方根随相对含水率的增加而减小,这两个参数常用作表面形貌粗糙度的量化指标,说明断裂面的粗糙度也降低;分形维数整体上呈减小趋势。因此,从分形角度证明了断裂面的粗糙度随相对含水率的增大而减小。

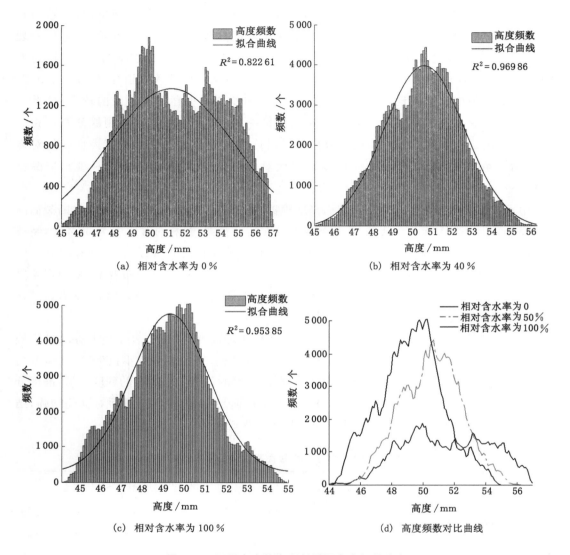

图 4-17　不同含水状态下断裂面高度频数分布

表 4-10　不同含水状态下断裂面纹理特征参数计算均值

纹理特征参数	相对含水率/%		
	0	50	100
轮廓面积比 S_A	0.963	0.968	0.971
平均坡度 S_{aq}	0.298	0.283	0.270
相对起伏高度均方根 Z_2	1.157	1.051	1.002
分形维数 D_s	2.733	2.675	2.72

　　综上所述,通过分析各断裂面的三维特征参数计算结果发现,相对含水率越高,水对砂岩的水化作用越强,弱化作用越明显,剪切裂纹扩展路径所需克服的能量降低,主裂纹扩展更容

易,所形成的剪切断裂面与预定剪切面重复度越高,断裂面越平整,粗糙度和起伏度越小。

4.3.2.3 孔隙水压

图 4-18 为不同孔隙水压条件下砂岩剪切断裂面高度分布频数图。具体分析如下:无孔隙水压时,高度分布在 45~54 mm 均有 200 以上的频数分布,说明此条件下断裂面的高度分布比较分散,高度分布在 48~51 mm 时频数较多,具有一定的高斯分布特性,但经拟合后发现拟合度指数较小,仅有 $R^2=0.5245$;当孔隙水压为 1.0 MPa 时,高度集中分布在 48~52 mm 处,而小于 48 mm 和大于 52 mm 的高度分布均很少,即断裂面的高度分布呈现较好的高斯分布特性,其高斯拟合度指数 $R^2=0.9745$;当孔隙水压为 2.0 MPa 时,高度分布主要集中分布在 49~52 mm 处,而两翼分布相对较少,但低于平均值的高度频数比高于平均值的高度频数多,说明该条件下的断裂面主要呈负偏态分布,其高斯拟合度指数 $R^2=0.9712$;当孔隙水压为 3.0 MP 时,高度分布在 49.5~50.5 mm 处存在明显高于其他高度的集中分布,而高于 50.5 mm 的范围仍有较高水平的频数,说明该条件下的断裂面主要呈正偏态分布,其高斯拟合度指数 $R^2=0.6969$。

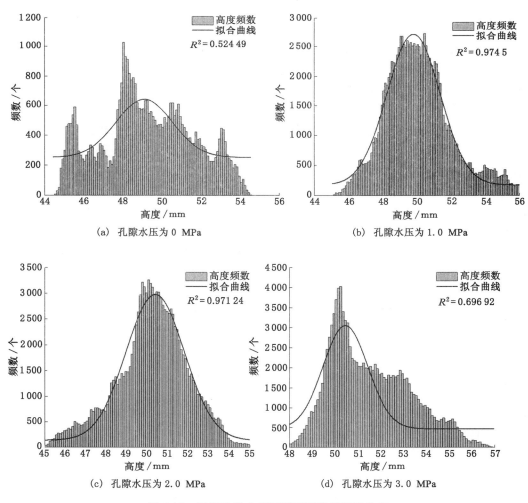

图 4-18 不同孔隙水压下断裂面高度频数分布

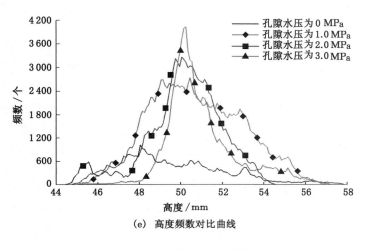

(e) 高度频数对比曲线

图 4-18 （续）

由图 4-18(e)可知，随着孔隙水压的增大，其断裂面高度分布分散程度逐渐降低，高斯分布特征越来越明显，且孔隙水压越高，在平均高度附近的高度分布越集中，说明随孔隙水压的增大，断裂面越集中分布在平均高度附近，向上凸起或向下凹陷的幅度均越小，断裂面起伏从高阶起伏型逐渐转化为平整型，即断裂面的平整度更好。分析其原因在于，施加孔隙水压会弱化砂岩矿物颗粒之间的黏聚力，且孔隙水压越高，弱化效果越明显，作用效果类似于相对含水率的增大，从而使得剪切主裂纹的扩展更容易，得到的剪切断裂面与预定剪切面的重复度更好。

由表 4-11 可知，随着孔隙水压的增大，表面最大峰高与表面最大谷深变化较小，在 4.5 mm左右波动，与前文所述断裂面处于低阶起伏型基本吻合；表面最大高度基本稳定在 9 mm 左右，且不随孔隙水压的增大而出现较大波动，这是由于施加孔隙水压后断裂表面出现局部的"凸起"或"凹陷"，使得其最大高度差较为稳定；算术平均偏差与均方根偏差均随孔隙水压的增大而呈现降低趋势，说明随着孔隙水压增大，断裂面高度分布偏离平均高度的程度越来越小，高度波动性呈现降低趋势；偏态系数基本稳定在 0.25 左右，呈现出较小的正偏态，而峰态系数随孔隙水压的不同存在较大波动性，可能是由于断裂表面存在局部凸起或凹陷所致。

表 4-11 不同孔隙水压下断裂面高度特征参数计算均值

高度特征参数	孔隙水压			
	0 MPa	1.0 MPa	2.0 MPa	3.0 MPa
表面最大峰高 S_p/mm	4.51	4.85	4.88	4.32
表面最大谷深 S_m/mm	4.57	3.90	4.03	4.48
表面最大高度 S_h/ mm	9.08	8.75	8.92	8.80
算术平均偏差 S_a	1.73	1.54	1.35	1.48
均方根偏差 S_q	2.05	1.88	1.74	1.70
偏态系数 S_s	−0.10	0.23	0.27	0.25
峰态系数 S_k	2.09	2.48	3.18	2.33

由表 4-12 可知,轮廓面积比随孔隙水压的增大而增大,轮廓面积比越大表明断裂面的展开面积与其投影面积越接近,即断裂面的粗糙度随孔隙水压的增大而减小;坡度均方根、相对起伏高度均方根和分形维数均随孔隙水压的增大而减小,表明断裂面的粗糙度随孔隙水压的增大整体呈现降低的趋势。综上所述,剪切过程中孔隙水压的施加主要影响主裂纹的整体起伏度和粗糙度,对断裂面高度分布特性影响不明显。

表 4-12 不同孔隙水压断裂面纹理特征参数均值

纹理特征参数	孔隙水压			
	0 MPa	1.0 MPa	2.0 MPa	3.0 MPa
轮廓面积比 S_A	0.967	0.969	0.970	0.974
平均坡度 S_{aq}	0.292	0.281	0.277	0.253
相对起伏高度均方根 Z_2	1.085	1.042	1.010	0.941
分形维数 D_s	2.688	2.686	2.594	2.546

4.3.3 循环荷载作用下结构面三维形貌特征演化规律

4.3.3.1 法向应力

如图 4-19 所示,为便于直观对比,将不同法向应力下结构面三维扫描图调至同一色度。可以看出,剪切前劈裂结构面整体起伏度不大,经过 5 次循环剪切后,不同法向应力下劈裂结构面均以磨损破坏为主,剪切破坏痕迹较少,循环剪切后的劈裂结构面仍保留着剪切前的大致起伏度。随着法向应力增大,劈裂结构面边界垮落现象越来越严重,擦痕变得更清晰。直观地看,法向应力越大,循环剪切后结构面越平整,磨损越严重,但不同法向应力下剪切后劈裂结构面形貌差异不大。

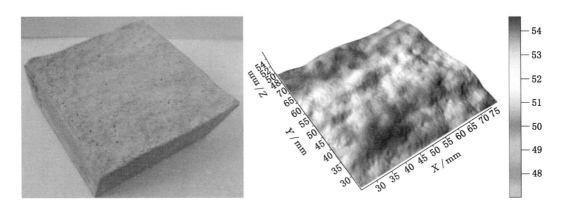

(a) 剪切前

图 4-19 不同法向应力下劈裂结构面循环剪切前后结构面下盘实物图和三维扫描图

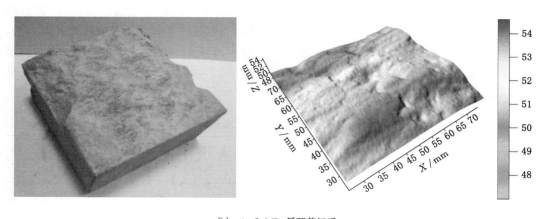

(b) $\sigma=3$ MPa循环剪切后

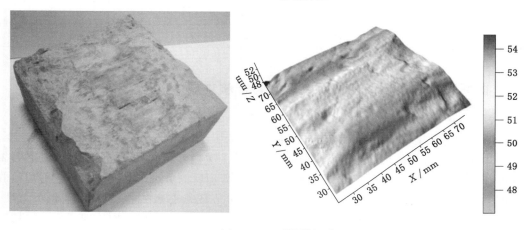

(c) $\sigma=6$ MPa循环剪切后

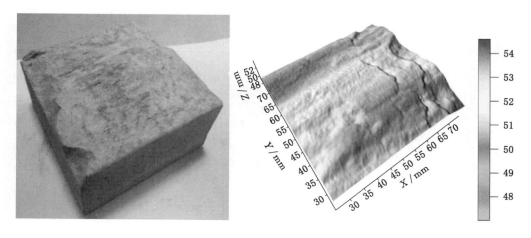

(d) $\sigma=9$ MPa循环剪切后

图 4-19 （续）

为了对结构面磨损程度进行定量分析，可计算轮廓最大高差 S_h、轮廓面积比 S_A、相对起伏高度均方根 Z_2 和结构面吻合系数 JMC。如图 4-20 所示，法向应力为 0 MPa 时表示剪切前的参数，经归一化处理，剪切前参数即为 1，图中"X"代表结构面下盘。由三维形貌参数变化曲线可看出，不同法向应力下，循环剪切后三维形貌参数均比剪切前的要小，表明结构面粗糙度和起伏度均降低，上、下结构面吻合度降低。由图 4-19(a)～图 4-9(b) 也可以看出，结构面凸起部分被磨平、低谷部分被填充。除 6 MPa 法向应力下循环剪切后轮廓最大高差大于 3 MPa 法向应力下轮廓最大高差，即法向应力越大，三维形貌参数越小，表明法向应力越大，循环剪切后的劈裂结构面越平整，上、下结构面耦合程度越低，结构面磨损越严重。

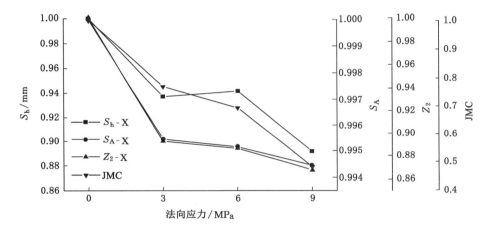

图 4-20　不同法向应力下劈裂结构面循环剪切前后三维形貌参数演化曲线

4.3.3.2　结构面类型对三维形貌演化的影响

由图 4-21 可以看出，不同法向应力下循环剪切后剪切结构面边界垮落现象也较明显，剪切后结构面上有清晰的破坏痕迹，凸起体剪断破坏明显，循环剪切后的剪切结构面形貌与剪切前差异较大。此外，法向应力越大，循环剪切后的剪切结构面剪断破坏痕迹越明显，凸起体被剪断而形成的凹陷部分越大，凹陷程度也越大，法向应力越大，剪切后的形貌与剪切前差异越大。由图 4-19 可以看出，循环剪切前劈裂结构面比剪切结构面起伏度要小，这也是劈裂结构面在循环剪切中爬坡效应没有剪切结构面明显的主要原因。

由图 4-22(a) 至图 4-22(c) 可以看出，随着法向应力增大，劈裂结构面循环剪切后三维粗糙度参数均减小，而剪切结构面循环剪切后三维粗糙度参数呈"先减小、后增大"趋势。结合三维扫描图可知，由于劈裂结构面起伏度较小，结构面破坏以磨损破坏为主，法向应力越大，磨损破坏越严重，循环剪切后结构面越平整，而剪切结构面起伏度较大。结构面破坏以剪断破坏为主，法向应力越大，凸起体被剪断形成凹陷程度越大，导致高法向应力下剪切结构面循环剪切后三维粗糙度参数不降反升，即高法向应力下循环剪切后结构面粗糙度和起伏度均变大。由图 4-22(d) 可以看出，不同法向应力下循环剪切后劈裂结构面和剪切结构面吻合度系数均降低，法向应力越大，吻合度系数越小，且剪切结构面吻合度系数下降速率比劈裂结构面快。在同一法向应力作用下，循环剪切后剪切结构面吻合度系数比劈裂结构面小，

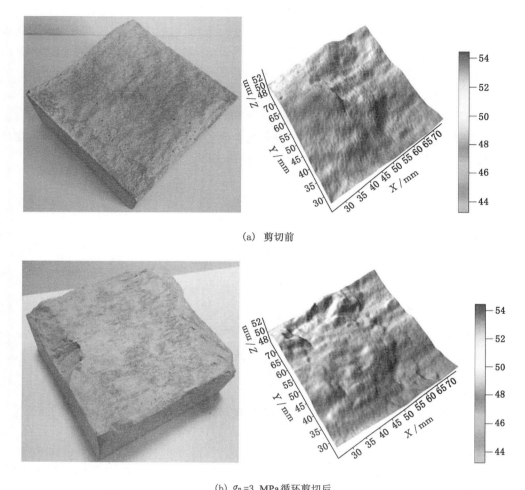

(a) 剪切前

(b) $\sigma_n=3$ MPa循环剪切后

(c) $\sigma_n=6$ MPa循环剪切后

图 4-21　不同法向应力下剪切结构面循环剪切前后结构面下盘实物图和三维扫描图

(d) $\sigma_n = 9$ MPa 循环剪切后

图 4-21 （续）

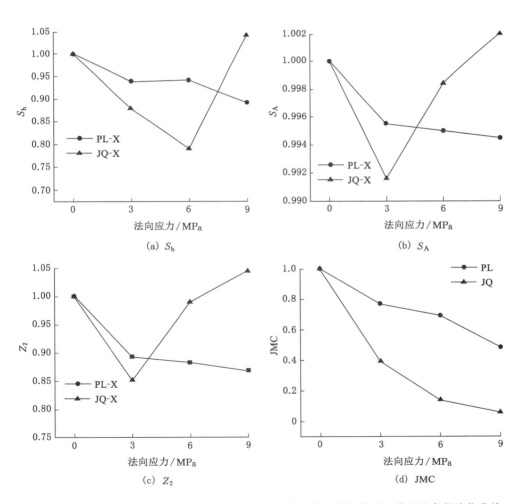

(a) S_h

(b) S_A

(c) Z_2

(d) JMC

图 4-22 不同法向应力下劈裂结构面和剪切结构面循环剪切前后三维形貌参数演化曲线

吻合度系数变化规律表明,法向应力越大,结构面磨损越严重,同时剪切结构面磨损程度也比劈裂结构面大。

4.3.3.3 充填材料对三维形貌演化的影响

在循环剪切中,无充填结构面只存在结构面自身的破坏和循环剪切过程中产生的碎屑对结构面的磨损破坏。当结构面之间被充填材料充填时,不仅存在结构面的破坏,还存在充填材料的破坏,此时充填层与结构面之间会产生新的滑移层,充填材料能改变结构面破坏模式。因此,在对含充填物结构面三维形貌进行分析时,需要考虑结构面循环剪切后的破坏形态。

将不同充填材料条件下劈裂结构面循环剪切 5 次后结构面进行清理并扫描,如图 4-23 所示。由图 4-23(a)可以看出,无充填条件下循环剪切后劈裂结构面上凸起部分被磨损,凹陷部分被充填,结构面有清晰的擦痕,剪切后的结构面比剪切前平整。由图 4-23(b)至图 4-23(d)可以看出,充填黄泥 3 mm、充填石膏 3 mm 和充填岩屑 3 mm 条件下,循环剪切后劈裂结构面实物图上仅边界部分存在挤压垮落现象,试件中间区域无明显磨损痕迹,不同充填材料条件下循环剪切后结构面三维扫描图无明显差异,剪切前三维扫描图差异也较小。上述现象表明,在充填不同材料条件下,循环剪切后劈裂结构面磨损程度明显比无充填时要小,充填材料减弱了结构面在循环剪切中的磨损。

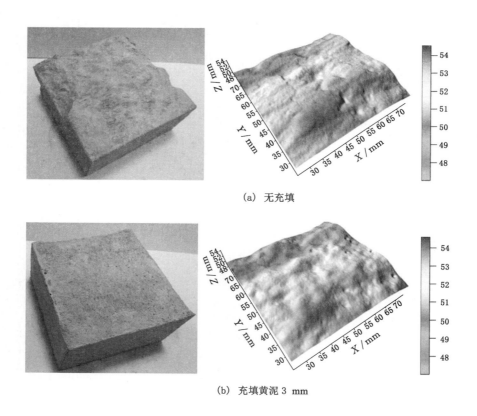

(a) 无充填

(b) 充填黄泥 3 mm

图 4-23　不同充填材料下劈裂结构面循环剪切后结构面下盘实物图和三维扫描图

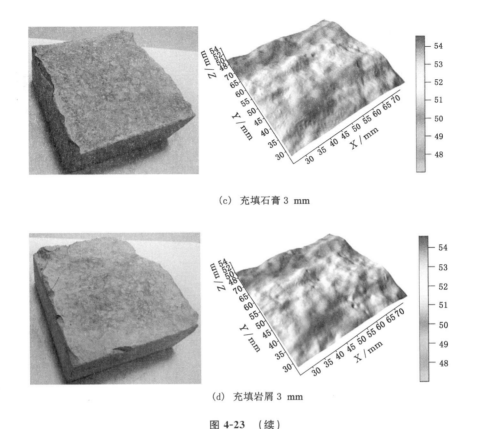

(c) 充填石膏 3 mm

(d) 充填岩屑 3 mm

图 4-23 （续）

　　如图 4-24 所示,图中箭头方向代表循环剪切方向。可以看出,含不同充填物条件下,充填材料都有挤压滑移现象,试件边界部分充填材料损失比较严重,其中充填石膏和岩屑时结构面边界挤压垮落现象比充填黄泥时更严重,充填物损失也更严重;同时,滑移层贯穿于充填材料与结构面接触面和充填层之间。充填黄泥时,循环剪切形成过程中较完整的滑移面,滑移磨损痕迹明显,充填物损失主要集中在试件边界部分;充填石膏时,形成不完整的滑移面,且滑移面的黑色擦痕较少,滑移层在不断改变,充填物损失在除充填面中间部分以外都有体现;充填岩屑时,滑移层破损最严重,滑移痕迹最不完整,充填物损失在整个充填面上都有体现,充填物损失区域与前文剪应力表现出爬坡效应的时段相对应。结构面循环剪切5次后的破坏形态图与前文分析的结构面破坏模式相符,即充填黄泥时以滑移破坏为主,充填石膏和岩屑时磨损破坏更加严重。

　　由图 4-25 可以看出,在不同充填材料条件下,有充填物时劈裂结构面三维粗糙度参数要明显大于无充填条件下的相应参数,即劈裂结构面磨损程度比无充填条件下要小很多,这些与三维形貌图分析规律一致。

　　在不同充填材料条件下,循环剪切后结构面三维粗糙度参数表现为:充填黄泥 3 mm 时最大,其次为充填岩屑 3 mm,而充填石膏 3 mm 时最小。其中,充填黄泥时三维粗糙度参数略大于剪切前参数,表明循环剪切后结构面粗糙度和起伏度略微增大。在对结构面进行清理时,发现极少数充填物由于挤压作用黏结在结构面微小凹凸体上,故循环剪切后的结构面形貌受结

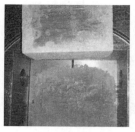  

　(a) 充填黄泥 3 mm　　　(b) 充填石膏 3 mm　　　(c) 充填岩屑 3 mm

图 4-24　不同充填材料下循环剪切后劈裂结构面破坏图

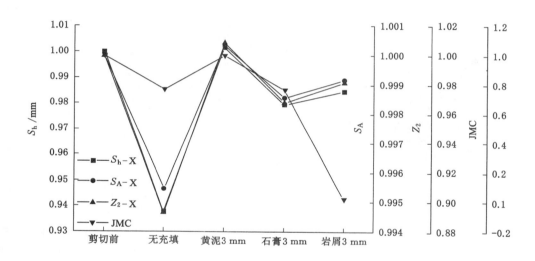

图 4-25　不同充填材料下劈裂结构面循环剪切前后三维形貌参数演化曲线

构面磨损程度和充填物黏附作用共同影响。由于充填黄泥时结构面磨损程度较低,所以结构面形貌受黄泥粘附作用影响较大,导致循环剪切后劈裂结构面形貌有了细微变化。在充填石膏和岩屑时,结构面粗糙度和起伏度均比剪切前小,且充填石膏时循环剪切后结构面比充填岩屑时结构面更平整。可以看出,充填材料弱化了结构面磨损程度,充填黄泥 3 mm 时结构面磨损最轻微,充填石膏 3 mm 时结构面磨损相对最严重,充填岩屑 3 mm 时则居中。

　　由吻合度系数变化曲线可以看出,充填黄泥时,吻合度系数最大,与剪切前参数接近,说明结构面磨损最小。充填石膏 3 mm 和无充填时,循环剪切后吻合度系数很接近(降到剪切前的 80% 左右);充填岩屑 3 mm 时,吻合度系数在循环剪切后急剧下降,接近于 0。由于黄泥和石膏与结构面材料不同,较易清理,而岩屑硬度最大,且岩屑为结构面同种材料,清理最困难,黏附的充填物对结构面整体形貌影响较小,但对上、下结构面耦合程度影响较大。另外,考虑到结构面三维扫描过程中上、下结构面的对齐误差,这些可能是导致充填岩屑时吻合度系数急剧减小的原因,但充填物在结构面上盘黏附较多,结构面下盘相对干净,这也是本书选取结构面下盘进行循环剪切前后形貌对比的原因之一。

4.3.3.4 充填厚度对三维形貌演化的影响

图 4-26 为不同充填厚度下循环剪切后劈裂结构面破坏形态图。可以看出,充填同厚度石膏时,循环剪切后充填材料也均存在挤压滑移现象,且充填厚度越大,充填石膏挤压滑移范围越大。充填石膏 1 mm 和充填石膏 2 mm 时,仅在结构面下盘存在边界挤压垮落现象;充填石膏 3 mm 时,结构面上、下盘边界部分均存在挤压垮落现象,即充填厚度越大,挤压垮落现象越明显。

(a) 充填石膏 1 mm   (b) 充填石膏 2 mm   (c) 充填石膏 3 mm

图 4-26　不同充填厚度下循环剪切后劈裂结构面破坏图

此外,不同充填厚度下循环剪切后滑移层的状态不同。充填石膏 1 mm 时,充填石膏呈松散状态,结构面上盘黏附的充填物较少,结构面下盘黏附的充填物有挤压痕迹,但并未形成稳定的滑移层,无明显的擦痕;充填石膏 2 mm 时,结构面上盘有部分充填物黏附,滑移层产生于充填石膏与结构面接触面和充填物之间,滑移层上存在较清晰的滑移痕迹,但可以看到由于多次摩擦形成的黑色擦痕较少,主要为白色擦痕,表明滑移层在不断改变;充填石膏 3 mm 时,也形成了成型的滑移层,且直观上滑移面面积比充填石膏 2 mm 时要大,此时滑移层上同样显示黑色擦痕比白色擦痕少,说明滑移层也不稳定。由此可见,充填石膏 1 mm 时,劈裂结构面破坏以滑移破坏和磨损破坏为主,但破坏痕迹不明显;充填石膏 2 mm 和充填石膏 3 mm 时劈裂结构面破坏形态较相似,结构面滑移破坏和磨损破坏痕迹较明显。

图 4-27 为不同充填厚度下循环剪切 5 次后劈裂结构面下盘实物图和三维扫描图。可以看出,无充填时,循环剪切后劈裂结构面下盘有沿剪切向的擦痕印记,结构面上凸起体有轻微磨损,结构面比剪切前要平整;充填不同厚度石膏时,循环剪切后的劈裂结构面下盘边界部分会有挤压垮落现象,但垮落现象比无充填时要轻微。此外,所选取的试件中间部分磨损程度都比无充填时要小,无法直观地从三维扫描图上看出充填不同厚度石膏条件下劈裂结构面磨损区别。

通过计算三维形貌参数来比较不同充填厚度条件下劈裂结构面循环剪切前后磨损程度,如图 4-28 所示。可以看出,无充填时循环剪切后劈裂结构面三维形貌参数明显小于有充填时的相应参数,表明循环剪切后无充填时劈裂结构面磨损比有充填时要严重,结构面起伏度和粗糙度下降较多,循环剪切后结构面最平整,这也与劈裂结构面三维实物图和扫描图相吻合。比较充填不同厚度石膏时循环剪切后的三维粗糙度参数可知:充填石膏 2 mm 时,三维粗糙度参数要小于充填石膏 1 mm 和 3 mm 时的相应参数;充填石膏 1 mm 和 3 mm 时,劈裂结构面轮廓面积比和相对起伏高度均方根较接近,但充填石膏 3 mm 时,劈裂结构面轮廓最大高差要比充填石膏 1 mm 时的小。上述规律表明,充填石膏 2 mm 时,劈裂结构

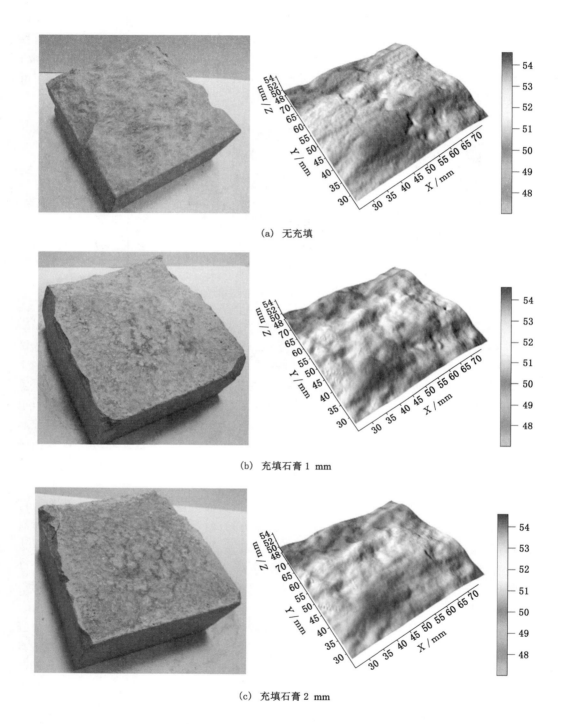

(a) 无充填

(b) 充填石膏 1 mm

(c) 充填石膏 2 mm

图 4-27　不同充填厚度下劈裂结构面循环剪切后结构面下盘实物图和三维扫描图

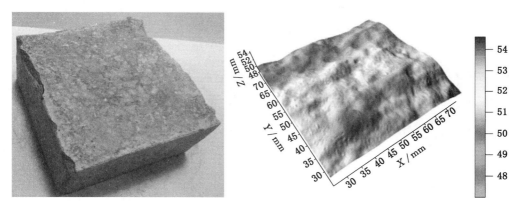

(d) 充填石膏 3 mm

(d) 充填石膏 3 mm

图 4-27 （续）

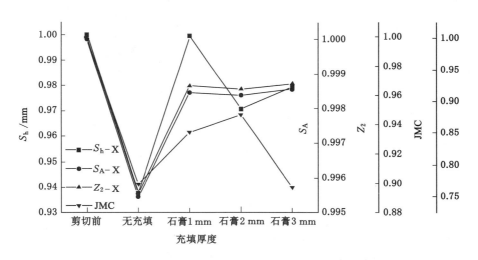

图 4-28 不同充填厚度下劈裂结构面循环剪切前后三维形貌参数演化曲线

面在循环剪切后三维粗糙度参数减小最多，此时结构面最平整；充填石膏 1 mm 和 3 mm 时，循环剪切后劈裂结构面起伏度相当。

从循环剪切后吻合度系数分析可以看出，不同充填厚度下循环剪切后劈裂结构面吻合度系数均比剪切前小，但最小值仍大于 0.75，说明不同充填厚度下劈裂结构面在循环剪切中磨损程度均不大。研究表明，充填石膏 2 mm 时吻合度系数最大，其次为充填石膏 1 mm 时，充填石膏 3 mm 时吻合度系数最小，并且与无充填条件下吻合度系数相当。吻合度系数的变化表明，在有充填情况下，充填石膏 2 mm 时上、下结构面吻合程度最高。但是，由三维粗糙度参数来看，充填石膏厚度为 2 mm 时循环剪切后结构面粗糙度和起伏度最小，吻合度系数变化与三维形貌参数变化规律相反。其原因在于，少量充填石膏黏结在结构面微小凹凸体上，对整体形貌参数影响较小，由于结构面制备采用倒模法，剪切前上、下结构面耦合程度较高，因此细微的黏附物对上、下结构面耦合程度影响较大。另外，考虑结构面三维扫描过程中上、下结构面的对齐误差,这些都可能导致结构面吻合度系数计算出现误差。

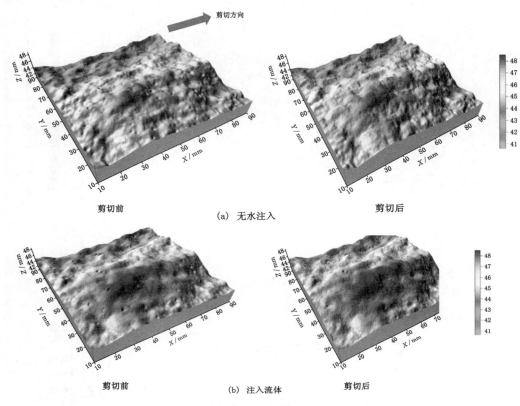

剪切前   (a) 无水注入   剪切后

剪切前   (b) 注入流体   剪切后

图 4-29   充填岩屑结构面剪切后的三维形貌图

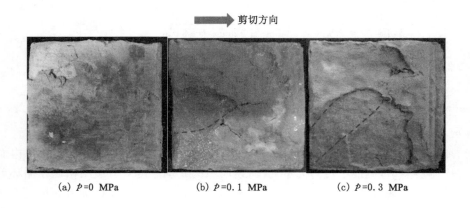

(a) $p=0$ MPa   (b) $p=0.1$ MPa   (c) $p=0.3$ MPa

图 4-30   充填黄泥结构面剪切后的表面

4.3.4   含不同充填物结构面形貌特征演化规律

结构面的三维形貌能够直观地反映其剪切后的宏观破坏和磨损情况,研究其形貌特征对理解结构面和充填物剪切破坏和渗流软化作用具有重要意义。为进一步说明剪切-

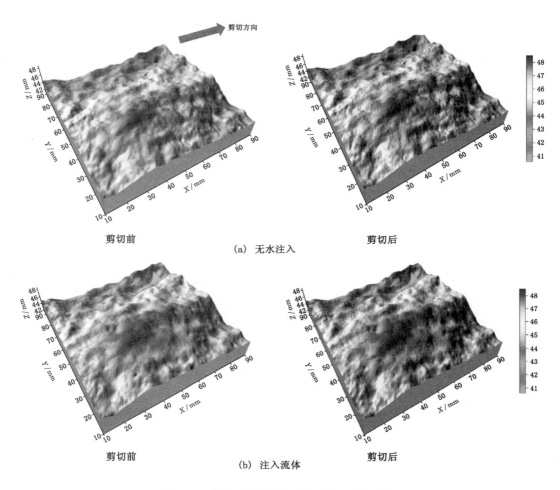

剪切方向

剪切前　　　　　　　　　　　　剪切后

(a) 无水注入

剪切前　　　　　　　　　　　　剪切后

(b) 注入流体

图 4-31　充填黄泥结构面剪切后的三维形貌图

渗流耦合作用对结构面的影响和作用机理,本节对结构面和充填物的宏观破坏面进行对比分析,并利用结构面形貌特征量化参数,描述不同充填物下结构面的粗糙度变化和磨损情况。

结构面的形貌参数多达数十种,具体可分为高度特征参数和纹理特征参数。高度特征参数描述表面形态在高度方向的变化特征和分布规律,纹理特征参数则是表面形态中点与点之间的位置和相互关系的统计量或统计函数[107]。基于 GB/T 3505—2009 的相关规定和前人研究成果,本书选取包括表面最大高差 S_h 和轮廓面积比 S_A 在内的 19 个特征参数进行结构面三维形貌特征的定量分析。

如表 4-13～表 4-15 所列,对 19 个特征参数进行对比,4 种结构面剪切前后的表面形貌参数变化较小,且由于试验存在误差和随机性,难以从数值上反映结构面表面形貌受充填物影响的规律。通过各特征参数间的对比发现,某些参数的变化呈现出一致或相似的规律。根据特征参数的变化趋势,可以将其中 14 个特征参数划分为 4 类:S_{aq}、S_{dq}、Z_2、S_t、S_A、JRC_{3D};z_1、z_2、z_3、V;S_h、S_m;S_a、S_q。

表 4-13　无充填结构面剪切前后三维形貌参数($p=0$ MPa)

三维形貌参数	T-0-3			T-0-10		
	剪切前	剪切后	差值	剪切前	剪切后	差值
最小高度 Z_{min}/mm	46.25	44.37	−1.88	45.55	45.62	0.07
最大高度 Z_{max}/mm	53.63	53.50	−0.12	52.69	52.76	0.07
最小一乘高度 z_1/mm	50.53	50.60	0.07	49.75	50.00	0.25
最小二乘高度 z_2/mm	50.33	50.34	0.01	49.52	49.75	0.23
平均高度 z_3/mm	50.33	50.34	0.01	49.52	49.75	0.23
表面最大峰高 S_p/mm	3.30	3.16	−0.13	3.17	3.01	−0.16
表面最大谷深 S_m/mm	4.08	5.97	1.89	3.97	4.13	0.16
表面最大高差 S_h/mm	7.38	9.13	1.76	7.13	7.13	0.00
算术平均偏差 S_a	1.35	1.42	0.07	1.35	1.37	0.02
均方根偏差 S_q	1.62	1.72	0.09	1.64	1.65	0.01
偏态系数 S_s	−0.40	−0.48	−0.08	−0.44	−0.43	0.00
峰态系数 S_k	2.26	2.28	0.02	2.26	2.19	−0.07
平均坡度 S_{aq}	0.24	0.25	0.01	0.23	0.22	0.00
坡度均方根 S_{dq}	0.22	0.25	0.03	0.20	0.20	0.00
相对起伏高度均方根 Z_2	0.86	0.99	0.13	0.80	0.81	0.01
体积 V/mm³	322 149	322 242	92	316 949	318 427	1477
表面积 S_t/mm²	6 544.76	6 577.14	32.38	6 526.83	6 526.98	0.14
轮廓面积比 S_A	1.02	1.03	0.01	1.02	1.02	0.00
三维粗糙度系数 JRC_{3D}	4.81	6.29	1.48	3.81	3.83	0.02

表 4-14　0 MPa 渗透水压下结构面剪切前后三维形貌参数的平均差值

三维形貌参数	无充填	石膏	岩屑	黄泥
最小高度 Z_{min}/mm	−0.91	0.15	0.12	0.02
最大高度 Z_{max}/mm	−0.03	0.21	0.12	−0.01
最小一乘高度 z_1/mm	0.16	0.12	0.14	−0.01
最小二乘高度 z_2/mm	0.12	0.12	0.13	−0.01
平均高度 z_3/mm	0.12	0.11	0.14	−0.01
表面最大峰高 S_p/mm	−0.15	0.02	0.00	0.00
表面最大谷深 S_m/mm	1.03	0.03	−0.03	−0.03
表面最大高差 S_h/mm	0.88	0.05	−0.03	−0.03
算术平均偏差 S_a	0.04	0.03	0.01	0.00
均方根偏差 S_q	0.05	0.04	0.00	−0.01
偏态系数 S_s	−0.04	−0.01	0.02	0.01
峰态系数 S_k	−0.02	−0.02	−0.02	−0.01
平均坡度 S_{aq}	0.00	0.01	−0.01	0.01
坡度均方根 S_{dq}	0.02	0.01	−0.01	0.00
相对起伏高度均方根 Z_2	0.07	0.02	−0.03	0.02
体积 V/mm³	785	979	794	−81.99

表 4-14(续)

三维形貌参数	无充填	石膏	岩屑	黄泥
表面积 S_t/mm²	16.26	6.43	−9.14	5.25
轮廓面积比 S_A	0.002 5	0.001 0	−0.001 4	0.000 8
三维粗糙度系数 JRC$_{3D}$	0.75	0.34	−0.44	0.28

表 4-15　0.3 MPa 渗透水压下结构面剪切前后三维形貌参数的平均差值

三维形貌参数	无充填	石膏	岩屑	黄泥
最小高度 Z_{min}/mm	−0.35	0.34	0.33	−0.04
最大高度 Z_{max}/mm	0.14	0.17	0.25	0.03
最小一乘高度 z_1/mm	−0.05	0.19	0.27	0.01
最小二乘高度 z_2/mm	0.05	0.19	0.28	0.01
平均高度 z_3/mm	0.13	0.15	0.17	0.004
表面最大峰高 S_p/mm	0.06	−0.005	0.005	−0.005
表面最大谷深 S_m/mm	0.40	−0.15	−0.05	0.05
表面最大高差 S_h/mm	0.36	−0.025	0.03	0.015
算术平均偏差 S_a	0.01	−0.04	−0.04	0.02
均方根偏差 S_q	0.01	−0.04	−0.04	0.02
偏态系数 S_s	0.12	0.01	0.03	−0.01
峰态系数 S_k	−0.10	0.01	0.01	0.00
平均坡度 S_{aq}	0.03	0.01	0.00	0.01
坡度均方根 S_{dq}	0.06	0.01	0.00	0.01
相对起伏高度均方根 Z_2	0.23	0.02	−0.01	0.02
体积 V/mm³	335	1212	1835	79
表面积 S_t/mm²	54.64	7.32	−2.69	7.01
轮廓面积比 S_A	0.006 5	−0.015	−0.025	0.012
三维粗糙度系数 JRC$_{3D}$	2.93	0.28	−0.19	0.33

其中,z_1、z_2、z_3、V、S_h、S_m、S_a、S_q 等参数为高度特征参数,S_{aq}、S_{dq}、Z_2、S_t、S_A、JRC$_{3D}$ 等参数为纹理特征参数。通过对各类具有相似规律的参数进行精减,并考虑结构面的统计规律,分别选取具有代表性的部分高度特征参数和纹理特征参数进行对比分析。

4.3.4.1　高度特征参数

根据结构面的统计规律,最小一乘高度 z_1、最小二乘高度 z_2、平均高度 z_3、体积 V 等高度特征参数都具有相似的变化趋势,因此本节选取平均高度 z_3、表面最大高差 S_h 和表面最大峰高 S_p 进行对比分析,如图 4-32 所示。在图 4-32(a)中,对于充填石膏和岩屑结构面,其平均高度 z_3 在剪切前后的差值都大于 0,一定程度上反映了剪切过程中结构面受到充填物影响,使其表面高度略有增大,尤其是岩屑,在剪切时随上、下结构面滑移,重新排列分布,填充到结构面凹槽内,更是降低了结构面的坡度、表面积和粗糙度。

在图 4-32(b)和图 4-32(c)中,充填结构面的表面最大高差 S_h 和表面最大峰高 S_p 变化较小,而无充填结构面相对变化较大,且其表面最大峰高 S_p 普遍小于 0,说明剪切过程中无充填结构面的磨损较为严重。0.3 MPa 渗透水压下的结构面三维形貌参数与 0 MPa 渗透

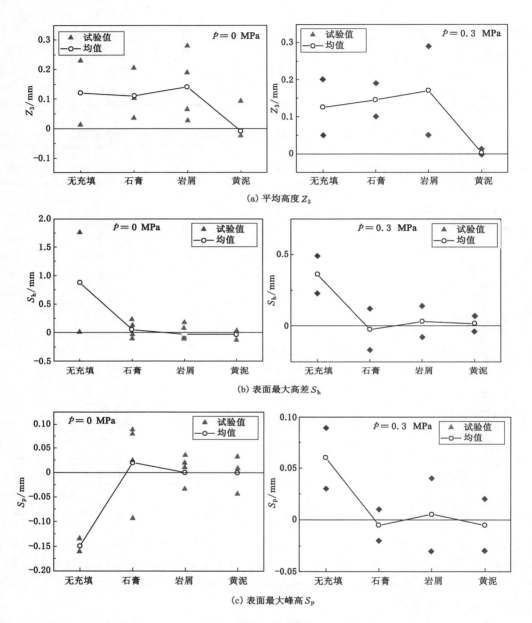

(a) 平均高度 Z_3

(b) 表面最大高差 S_h

(c) 表面最大峰高 S_p

图 4-32 结构面高度特征参数的变化趋势

水压下的具有相似的规律：有充填石膏和岩屑结构面的高度特征参数（以平均高度 z_3 为例）普遍大于 0，无充填结构面的表面最大高差 S_h 和表面最大峰高 S_p 变化较充填结构面的更为明显，磨损更为严重。

通过三维点云数据可以计算出无充填和充填结构面的高度频数分布直方图及其高斯拟合曲线。由图 4-33 和表 4-16 可知，无充填结构面剪切后的频数分布更为集中，且代表频数分布幅度的拟合系数 a 在剪切后大幅增加，其结构面表面发生了一定程度的磨损；而充填结构面在剪切前后几乎没有变化，无宏观磨损现象。

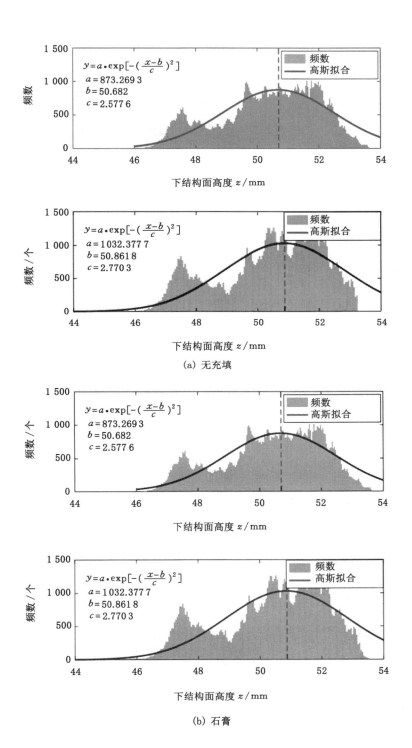

图 4-33　0 MPa 渗透水压下结构面的高度频数分布和高斯拟合图

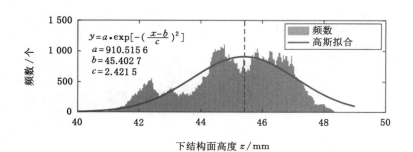

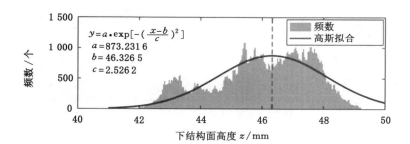

(c) 岩屑

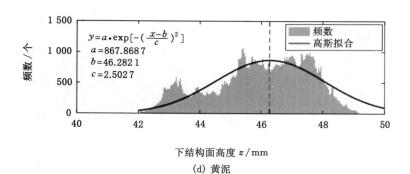

(d) 黄泥

图 4-33 （续）

表 4-16   0 MPa 渗透水压下结构面高度频数的高斯拟合参数

拟合参数	无充填		石膏		岩屑		黄泥	
	剪切前	剪切后	剪切前	剪切后	剪切前	剪切后	剪切前	剪切后
a	873.27	1032.38	892.41	881.77	910.52	915.35	873.23	867.87
b	50.68	50.86	45.54	45.60	45.40	45.60	46.33	46.28
c	2.58	2.77	2.56	2.61	2.42	2.36	2.53	2.50
R^2	0.73	0.76	0.68	0.67	0.74	0.78	0.70	0.72

　　由表 4-17 和图 4-34 可知,0.3 MPa 渗透水压条件下的结构面与 0 MPa 渗透水压条件下的结构面具有相似的的频数分布规律,即无充填结构面剪切后的频数分布更为集中,且拟合系数 a 在剪切前后的变化较之于充填结构面更为明显,磨损程度更大;而充填结构面在剪切前后几乎没有变化,无宏观磨损现象。

表 4-17   0.3 MPa 渗透水压下剪切前后结构面高度频数的高斯拟合参数

拟合参数	无充填		石膏		岩屑		黄泥	
	剪切前	剪切后	剪切前	剪切后	剪切前	剪切后	剪切前	剪切后
a	877.77	900.81	875.92	880.00	886.91	903.22	873.96	874.72
b	50.05	50.00	46.51	46.67	46.25	46.51	46.05	46.07
c	2.55	2.69	2.67	2.58	2.55	2.47	2.50	2.52
R^2	0.68	0.74	0.66	0.69	0.70	0.73	0.71	0.69

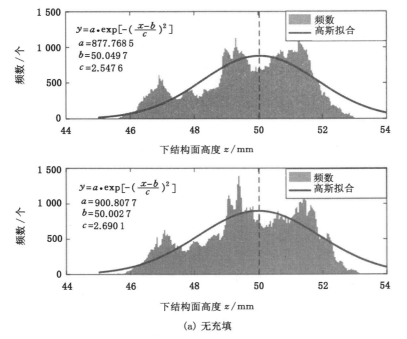

(a) 无充填

图 4-34   0.3 MPa 渗透水压下结构面的高度频数分布和高斯拟合图

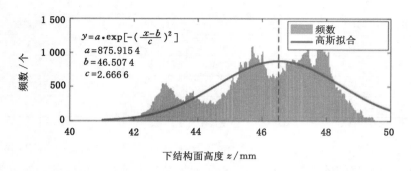

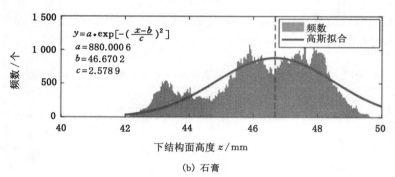

(b) 石膏

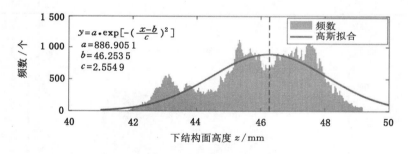

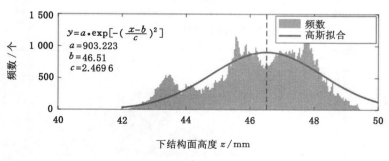

(c) 岩屑

图 4-34 (续)

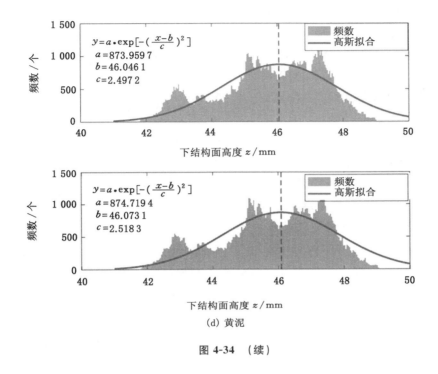

(d) 黄泥

图 4-34 （续）

4.3.4.2 纹理特征参数

根据结构面的统计规律,平均坡度 S_{aq}、坡度均方根 S_{dq}、相对起伏高度均方根 Z_2、表面积 S_t、轮廓面积比 S_A、三维粗糙度系数 JRC_{3D} 等纹理特征参数都具有相似的变化趋势,因此,本节选取了以轮廓面积比 S_A 为代表的纹理特征参数进行对比分析,如图 4-35 所示。在图 4-35 中,对以轮廓面积比 S_A 为代表的纹理特征参数有充填石膏结构面普遍大于 0,而充填岩屑结构面普遍小于 0,且 0.3 MPa 渗透水压下的结构面三维形貌参数与 0 MPa 渗透水压下的具有相似的规律,都表现有充填岩屑结构面的纹理特征参数(以轮廓面积比 S_A 为例)普遍小于 0。

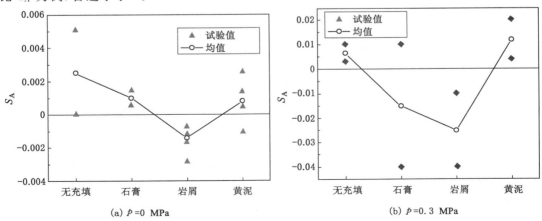

(a) p=0 MPa   (b) p=0.3 MPa

图 4-35 结构面纹理特征参数的变化趋势

三维光学扫描技术可以精确地识别结构面的表面形貌,实现结构面形貌的参数量化和定量分析。为进一步研究充填物对结构面表面的影响,对不同方向上的结构面粗糙度系数 JRC 进行研究。其中,JRC 为利用三维光学扫描仪对结构面进行扫描获取三维点云数据,运用已有模型并进行算法优化后计算所得。目前大多学者计算 JRC 时都是采用赛(Tse)[110]提出的以坡度均方根来估算 JRC 的方法,计算公式如下:

$$JRC = 32.2 + 32.47 \lg Z_2 \tag{4-12}$$

式中,$Z_2 = \sqrt{\dfrac{1}{m} \sum_{i=1}^{m-1} \left(\dfrac{z_{i+1} - z_i}{\Delta} \right)^2}$。其中,$Z_2$ 为结构面剖面线的坡度均方根;m 为剖面线上的采集点个数;z_{i+1} 和 z_i 为相邻两点的高度;Δ 为相邻两点的横向距离。

以往计算二维 JRC 时会选取该方向上的 n 条结构面剖面线进行计算,将其平均值作为此方向上的 JRC[111]。这种方法能够方便地计算 JRC,但在非 0° 和 90° 方向时,其截取的 n 条剖面线间距各不相同,最大间距为最小间距的 $\sqrt{2}$ 倍,容易造成采样误差。本书通过一种新的优化算法,利用洛伦兹(Lorentz)变换和插值的思想,计算间隔 15° 共 12 个方向的 JRC,以实现所有方向等间距取样的目的。结构面 JRC 的划分方向如图 4-36 所示。

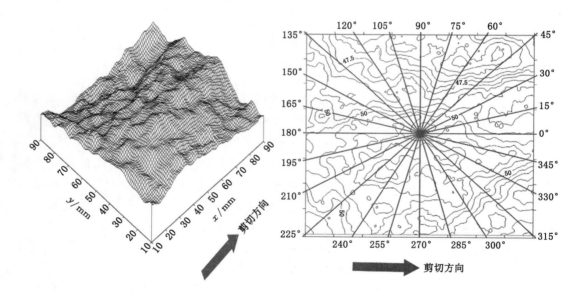

图 4-36 结构面 JRC 划分方向示意图

由于注水软化后结构面的起伏度和粗糙度变化较小,因此选取渗透水压为 0 MPa 和 0.3 MPa 的 JRC 与剪切和剪切-渗流后的 JRC 进行对比。

如图 4-37 所示,不同方向上结构面的 JRC 互不相等且呈现纺锤形状,说明结构面具有明显的各向异性。无充填结构面在剪切后的 JRC 总体减小,说明结构面在剪切过程中发生了明显的摩擦,引起表面凸起不同程度上的磨损,反映在三维形貌图中虚线标示出的凸起磨损区域。而充填结构面的 JRC 受到结构面和充填物性质的综合影响如下:

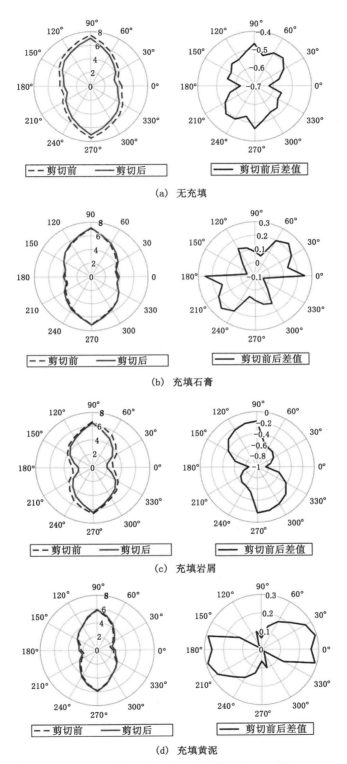

(a) 无充填

(b) 充填石膏

(c) 充填岩屑

(d) 充填黄泥

图 4-37　无水注入时结构面在不同方向上的 JRC 分布

① 充填石膏结构面在剪切后三维形貌没有明显的起伏变化,其 JRC 较之于无充填结构面也变化较小。这是由于石膏对于结构面上的微小粗糙体有磨损作用,但在较小厚度下,不足以影响结构面的整体起伏状况。

② 充填岩屑结构面在剪切后也表现出 JRC 减小。这是由于与结构面壁接触的岩屑颗粒容易附着于结构面壁表面上并随之碾压迁移,充填于结构面壁的凹槽中,使结构面在剪切方向上的 JRC 减小,同时形成一层密实稳定的"岩屑-结构面壁膜",如图 4-37(a)所示。屈服破坏后的岩屑颗粒与"岩屑-结构面壁膜"易发生相对错动和滚动摩擦,有利于结构面的整体滑移。

③ 充填黄泥结构面在剪切后 JRC 和表面形貌都没有明显变化。这是由于黄泥强度和硬度较低,与结构面作用时被压密和挤出,难以对结构面的起伏状况和粗糙体造成直接影响。

图 4-38 为注水条件下不同充填结构面的 JRC 分布。可以看出,无充填结构面的 JRC 整体增大很多,分析结构面在剪切时发生了局部垮落,引起形貌的局部变化过大。结合无充填结构面剪切-渗流破坏后的下表面和三维形貌图,其周边范围有类岩石材料的掉落,结构面起伏变化明显,因此引起 JRC 剧增。充填石膏和充填黄泥结构面的 JRC 在剪切前后的变化并不明显,同无水注入时类似。值得注意的是,充填岩屑结构面的 JRC 在无水注入时会有小幅度下降,而有水注入后 JRC 变化较小。这是由于流动水一方面冲刷并带走岩屑,另一方面流入颗粒与颗粒、颗粒与结构面壁之间产生水楔和润滑作用,难以形成如图 4-38 所示的"岩屑-结构面壁膜",因此 JRC 变化不明显。

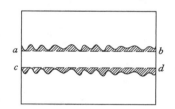

图 4-38　岩屑-结构面壁膜

4.3.5　不同充填度下结构面形貌特征演化规律

通过前文对剪切-渗流耦合机理的研究可以看出,结构面的形貌特征对剪切力学特性与渗流规律起到一定的控制作用。而对于含充填物试件,其直观形态、粗糙度、起伏度等方面便成为衡量形貌特征的主要标准。早期对结构面形态形貌特征的研究主要是基于对试验后结构面的直观观察与其二维轮廓线所得参数的分析,随着三维扫描技术在岩石力学中的应用与普及,不但解决了二维轮廓线分析中较大误差和局限性等一些大的问题,而且可以更加便捷地获得高精确度结构面参数信息。因此,本书采用三维扫描技术获得结构面相应参数对形貌特征进行描述,分析结构面在不同水压与不同充填度下剪切-渗流耦合试验的特征规律。

4.3.5.1　结构面直观形态演化特征

图 4-39 为不同充填度下未加载水压结构的实物图与扫描图。需要说明的是,以下只选取了下结构面与三维扫描图进行特征描述。

下面以充填度为 0 的结构面实物图与扫描图为例进行分析说明。从实物图可以看出,结构面上有明显凸起断裂的痕迹,并且存在一定的摩擦痕迹。这是由于结构面直接接触,剪

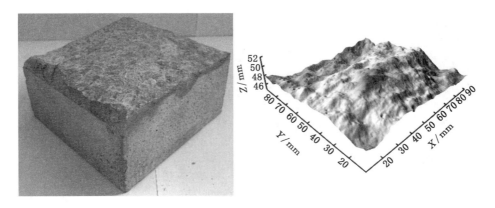

（a）充填度为 0

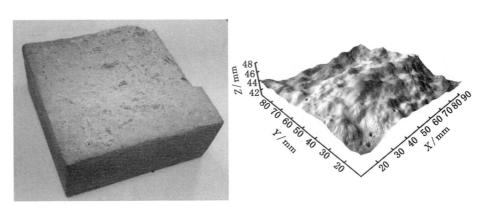

（b）充填度为 0.4

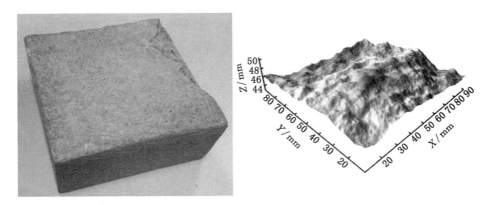

（c）充填度为 0.8

图 4-39 不同充填度下未加载水压结构面剪切实物图与扫描图

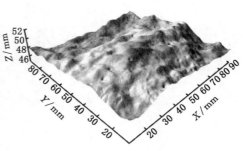

(d) 充填度为 1.0

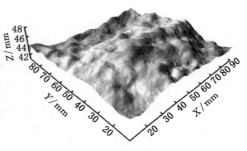

(e) 充填度为 1.2

图 4-39 （续）

切过程中岩石相互作用力很大,使结构面上的岩石凸起破坏,而且未加载水压,造成剪切产生的碎屑停留在结构面上,对结构面产生二次影响,故结构面的损伤与改变很大。从三维扫描图则可以看出,其起伏度明显与第 2 章展示的剪切前三维扫描图差别很大,起伏度降低,最大高度减小。

通过以上对比可以看出,随着充填度的增大,结构面的破坏程度越来越小,摩擦痕迹也越来越少,应力集中现象越来越明显。在无水压加载条件下,随着充填度的增大,下结构面出现了相应裂隙,并存在逐渐变大的趋势。在三维扫描图中。由于胶结充填物的存在,使得上、下结构面无法直接接触,而且充填物相对岩石较软,大大降低了结构面的磨损与破坏程度,即充填物对结构面的一个保护作用。

图 4-40 为 0.1 MPa 水压、下结构面剪切实物图与扫描图。其变化规律与未加载水压的情况相同,但相对于未加载水压无充填时的结构面,其破坏与凸起剪断明显减少,擦痕也有所减少。其主要原因如下:首先,水的流动作用带走了剪断的凸起,减小了结构面间的摩擦;其次,水压在上、下结构面之间产生一个向上的法向力,相对减小了仪器加载的法向力,而法向力的减小使爬坡效应增大,凸起剪断变少;第三,由于 0.1 MPa 水压下结构面的三维扫描

图除了无充填外,其他的差距很小,而经过处理加载 0.3 MPa 水压下结构面的三维扫描图,发现其差别更小。为了能够观察其中的变化,可在加载0.3 MPa水压的条件下先绘制试验后结构面等值线图,然后进行分析。

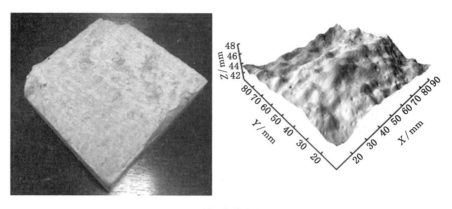

(a)　充填度为 0

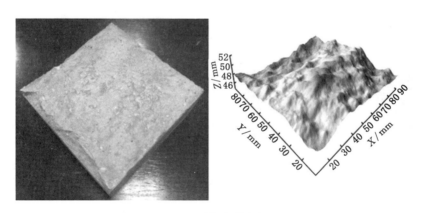

(b)　充填度为 0.4

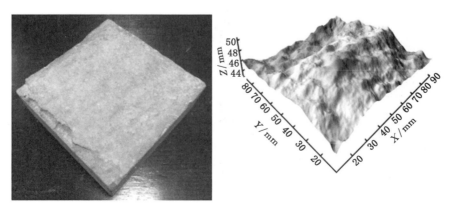

(c)　充填度为 0.8

图 4-40　0.1 MPa 水压下结构面剪切实物图与扫描图

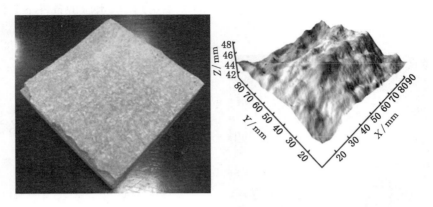

(d) 充填度为 1.0

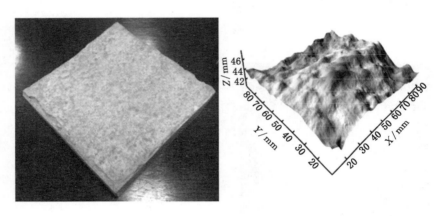

(e) 充填度为 1.2

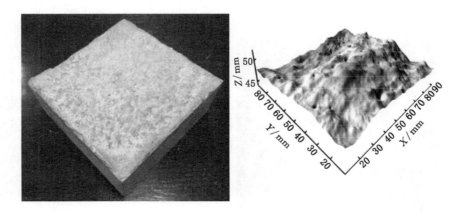

(f) 充填度为 1.6

图 4-40 (续)

由图 4-41 可以看出，通过对比试验前、后等值线图发现，特别是虚线部分，结构面在试验过程中产生磨损，使峰值高度减小；由于充填物的加入，大大的降低了岩石表面的破坏，保

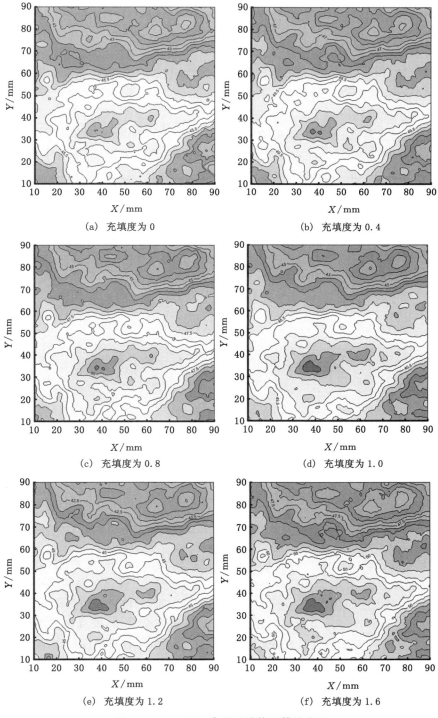

(a) 充填度为 0

(b) 充填度为 0.4

(c) 充填度为 0.8

(d) 充填度为 1.0

(e) 充填度为 1.2

(f) 充填度为 1.6

图 4-41　0.3 MPa 水压下结构面等值线图

留了岩石的原有形态。通过对比试验后不同充填度结构面发现，随着充填度的增加，虚线以内的，峰值高度逐渐增加，说明结构面的磨损程度逐渐减小。这是由于充填物厚度不同，加之剪切力随充填度的增大而减小，造成在剪切过程中产生的摩擦与破坏能力不同，能力强则结构面磨损较大，能力弱则磨损很小，保留相对完整。

研究表明，处理后的三维扫描图可以用相关参数定量地描述其变化规律。

4.3.5.2 结构面形貌参数演化研究

在剪切试验过程中，岩石、充填物与剪切盒三者相互作用，导致岩石边界产生一定的破坏。为了消除这种破坏产生的影响，通过对试件测量，选取了相应的面积（见 4.1 节），以下形貌参数将基于此面积进行计算。

由图 4-42 可以看出，随着充填度的增加，以 0.1 MPa 水压为例，轮廓最大高度在增加，这与前文的分析结果一致；而从三种不同水压下的曲线对比结果发现，随着水压的增加，轮廓最大高度的，其数值是增加的，说明对结构面的磨损与破坏趋于减少。其原因如下：首先，水压的增大会使流量增加，使充填物的软化程度不同，水压越大，软化程度越大，对结构面的磨损就越少；其次，流速也会随水压的增大而增大，流速越快，流经结构面时能够带走的碎屑越多，结构面的残留物就越少，相对就越光滑，对结构面破坏也就越少；另外，随着水压的增大，在结构面间产生法向方向向上的力越大，则实际的法向力越小，导致爬坡效应增加，而剪断与破坏减少。通过对比图中 3 条曲线还可以发现，在充填度为 1 时，曲线有一定的波动，这是由于充填厚度与起伏度刚好相同，影响因素作用相对平均，所以造成相应的波动。

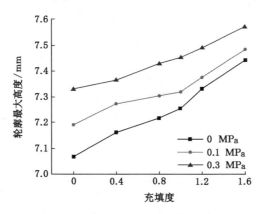

图 4-42　不同水压结构面轮廓最大高度-充填度曲线

图 4-43 主要反映结构面的起伏度情况。在加载不同水压下，随着充填度的增加，以加载 0.1 MPa 水压为例，轮廓面积比是逐渐增大的，曲线呈上凸趋势，说明结构面破坏与摩擦的值越来越小，起伏度的变化就越小。具体原因如下：首先，轮廓面积比代表起伏度的变化，而前文对轮廓最大高度随充填度磨损减小机理的分析完全适用，即局部的摩擦与破坏造成结构面整体起伏度随充填度的变化，在此不再赘述；其次，随着充填度的增加，充填厚度必然增加，致使剪切过程中上、下结构面错动后岩石直接接触面积变小，导致磨损与破坏的面积和起伏度减小；第三，由于充填度的增加对结构面的保护作用越来越大，致使结构面被破坏的程度减小，随着充填度的增加，轮廓面积比无限接近于剪切前结构面的参数值。对比图中 3 条曲线可以看出，随着水压的增加，轮廓面积比不断增大，即结构面的磨损与破坏程度减

小。研究表明,有无水压的加载对结构面的影响很大,这是由于水压增大使软化作用增大,导致法向力减小,而结构面整体的破坏与磨损如前文所述。

由图 4-44 可以看出,不同水压及同充填度下相对起伏高度均方根的变化趋势与轮廓面积比完全相同,不同的是 3 种水压下的曲线上凸更加明显,不仅相关趋势可以直观看到,而且 3 条曲线间的间距没有明显差别。这是由于本参数相对变化不大,在 Matlab 的计算中设置小单元,其起伏高度可以代表粗糙度。也就是说,本参数是对粗糙度的描述,而粗糙度相对起伏度是一个相对细小的参数,随着软化作用的增大,流速增大,对结构面的保护作用使粗糙度的变化很小,只是在不含充填物时凸起剪断很多,相对平滑,其他条件下变化细微,非常接近未试验前的本参数值。

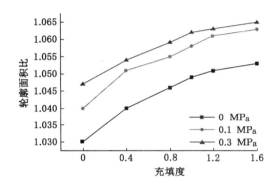

图 4-43　不同水压结构面轮廓面积
比-充填度曲线

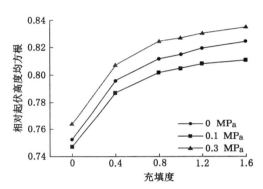

图 4-44　不同水压结构面相对起伏均
方根-充填度曲线

4.4　本章小结

本章主要对煤岩剪断面形貌特征进行描述,分析方法主要包括直观形貌分析及利用二维断面特征参数、三维断面特征参数对剪断面进行量化表征,对比分析了循环荷载、充填物、充填度等试验条件对煤岩材料剪断面形貌特征的影响。具体研究结论如下:

(1)根据砂岩试件剪断面三维扫描形貌图直观起伏变化可以将剪断面大致分为 3 种不同类型:平整型、低阶起伏型和高阶起伏型。当法向应力增大时,煤岩剪断面由高阶起伏型向平整型转变。

(2)法向应力是煤岩剪断面形貌特征的重要影响因素之一,在恒定气体压力下,其施加的法向应力越大,三维断面特征参数断裂面最大高度、断裂面面积比以及二维断面特征参数轮廓线最大高度、轮廓线长度比基本都呈减小趋势,即法向应力越大,煤岩剪断面的起伏度和粗糙度就越小。

(3)通过对不同气体压力条件下砂岩剪断面形貌特征分析可知,气体压力越大,砂岩的三维断面特征参数、二维断面特征参数均呈增大趋势,说明气体压力越大,砂岩剪断面的起伏度和粗糙度也越大。

(4)二维断面特征参数具有一定的方向性,运用沿剪切方向的二维断面特征参数和三维断面特征参数能够真实地反映剪断面粗糙度和起伏度。二维断面特征参数相对于三维断面特征参数,在一定程度上低估了剪断面的起伏度和粗糙度,且剪断面起伏度和粗糙度越大,其低估的程度越明显。

(5)不同法向应力下,劈裂结构面破坏均以磨损破坏为主,法向应力越大,磨损痕迹越深刻,循环剪切后三维粗糙度参数和吻合度系数越小;剪切结构面起伏度比劈裂结构面大,循环剪切中剪切结构面破坏以剪断破坏为主,循环剪切后形貌与剪切前差异较大,劈裂结构面以磨损为主,循环剪切后仍保留剪切前的大致形貌。随着法向应力增大,劈裂结构面三维粗糙度参数呈减小趋势,而剪切结构面三维粗糙度参数呈"先减小、后增大"趋势,劈裂结构面和剪切结构面吻合度系数均呈减小趋势,且剪切结构面吻合度系数下降速率较快。

(6)无充填结构面剪切时,局部区域具有明显的磨损和滑移现象,起伏度和粗糙度 JRC 都有明显的减小;充填石膏结构面剪切时,沿应力集中区断裂破坏,而充填岩屑和黄泥结构面由于流动性和塑性较好,剪切后不会有大的贯通裂隙,而是黏附在结构面壁上。

(7)充填物分别为石膏、岩屑和黄泥时,充填结构面的峰值剪应力和法向位移依次递减,其中胶结性和强度较大的物质在应力作用下不易破坏和变形,胶结性和强度较小的物质流动性和塑性更强,更易被压缩和挤压破碎。因此,石膏破坏时沿裂隙发育处断裂,岩屑破坏为颗粒散体物质,黄泥沿结构面壁与充填物交界面产生滑移破坏。

(8)随充填度增加,结构面的轮廓最大高度,轮廓面积比与相对起伏高度均方根都在增加,3 个参数的曲线变化趋势相同,说明对结构面的磨损与破坏减小;轮廓面积比与相对起伏高度均方根曲线呈上凸形状,说明结构面破坏与摩擦的值越来越小,充填度逐渐成为控制性因素。

5 完整煤岩剪切-渗流耦合力学特性

近些年,在废液注入、地热开采、水力压裂等领域均陆续发现微地震或较小地震伴随产生,而在此领域的研究主要集中于现场的工程地质情况,且研究方向多集中于裂隙岩体的孔隙水压对岩体力学性质的影响,对于室内的试验研究且聚焦于流体注入过程的研究成果鲜有报道。基于此,本章借助自主研发的试验系统,开展完整煤岩在流体注入过程中剪切荷载与流体注入压力耦合作用下的破坏机制研究,分析完整煤岩剪切-渗流力学性质的演化,为工程实践奠定基础。

5.1 试验研究方法

5.1.1 试验方案

5.1.1.1 注水条件

为了研究不同影响因素对岩石剪切破坏特性的影响,利用自主研发的煤岩剪切-渗流耦合试验装置,采用控制变量法开展三种影响因素(法向应力、含水状态和孔隙水压)对砂岩剪切破坏特性影响的试验研究,不同法向应力分别采用 2.0 MPa、3.0 MPa 和 4.0 MPa,不同含水状态分别采用相对含水率为 0、50% 和 100%,不同孔隙水压分别采用 0 MPa、1.0 MPa、2.0 MPa 和 3.0 MPa。具体的试验方案见表 5-1。

根据 GB/T 50266—2013[111],加工完成后砂岩试件的具体处理方法如下:

表 5-1 试验方案

影响因素	法向应力/MPa	相对含水率/%	孔隙水压/MPa	渗透水压/MPa
法向应力	2.0 3.0 4.0	0	0	0
含水状态	2.0	0 50 100	0	0
孔隙水压	2.0	100	0 1.0 2.0 3.0	0

① $\omega_{re}=0$:首先将试件放入 105 ℃ 的恒温箱中烘干 48 h,然后放到干燥器皿中冷却到室

温,以备试验所用。

② $\omega_{re}=50\%$:以饱和含水状态为准,此状态下的试件采用自由浸泡法饱和,每隔一定时间往水槽注入适量的水,使试件慢慢的浸没,以排除试件中的空气;然后让其自由吸水,每隔一段时间取出称重,至其相对含水率为 50% 左右时将其取出进行试验。

③ $\omega_{re}=100\%$:采用自由浸水法,将试件放入水槽,先注水至试件高度的 1/4 处,以后每隔 2 h 依次注水至试件高度的 1/2 和 3/4 处,6 h 后全部浸没试件。试件在水中自由吸水 48 h 后取出,此状态下的试件即达到饱和含水状态,将其取出进行试验。

由以上相对含水率试件的制备试验方法和步骤可知,相对含水率为 0 和 100% 的两种条件的试件能较好地按照上述方法实现,但制备中间含水状态的试件在实际操作中并不能保证完全意义上的 50%,见表 5-2。

表 5-2　中间含水状态的实际相对含水率情况

试件编号	烘干质量/g	吸水后质量/g	烘干密度/(g·dm⁻³)	吸水后密度/(g·dm⁻³)	相对含水率/%
WR-2#-1	2 261.90	2 371.80	2.255	2.364	51.77
WR-2#-2	2 294.20	2 390.80	2.291	2.395	57.45
WR-2#-3	2 142.00	2 237.10	2.287	2.387	55.84
WR-2#-4	2 273.50	2 377.40	2.276	2.380	47.26

如图 5-1 所示,在压剪试验过程中,对法向荷载、剪切荷载、变形等进行实时监测与采集。此外,在压剪试验结束后,利用三维扫描仪对各条件下剪断后的断裂面进行三维扫描,获取断裂面的基础信息;通过选取断裂面分析参数,结合 Matlab 编写程序计算出各特征参数,进一步对比分析各影响因素对剪切破坏主裂纹扩展的影响。

具体试验步骤如下:

① 前期准备:测量试件的长、宽、高、质量等基本参数,并用马克笔标明试件编号、剪切方向,在试验记录表上填写试验时间、试验条件和试件基础参数等信息。

② 试件安装:对齐上、下剪切盒体,拧紧夹紧钢板,先将试件压头安装到试件接头上,再将试件放入剪切盒腔体内;先将上盖与压杆通过螺纹连接,再与试件压头连接,然后拧紧上盖与上剪切盒之间的紧固螺丝,最后将压盘安装至压杆上进行固定。

③ 装置安装:将载有剪切盒体的移动底座推入至垂直加载作动器正下方,将移动底座滚轮升起,使移动底座落在试验台上;通过计算机控制水平加载作动器将剪切盒推至试验台中间,摇动反力手轮,将剪切盒进行切向固定;控制垂直加载作动器使压头恰好与压盘接触,通过力加载方式预加法向荷载至预定值,在压盘与上剪切盒体分别安装法向和切向容栅式数字位移传感器(LVDT),其中法向 LVDT 前后左右各 1 个,切向 LVDT 前后各 1 个,并将进水管与进水口密封连接。

④ 进行试验:检查测试各传感器与控制系统、伺服控制加载系统是否正常,通过流体源系统将水压加载至预定值并保持恒定(在孔隙水压条件,应施加流体源);通过位移控制的加载方式施加剪切荷载,加载速率为 0.1 mm/min 时开始试验,对试验全过程进行实时监测。

⑤ 试验结束:待试件被剪断,关闭水压加载并卸压,停止试验机并保存数据,试验结束。首先将法向加力杆、切向加力杆、切向反力杆退回;然后将移动底座滚轮下降,使移动底座升

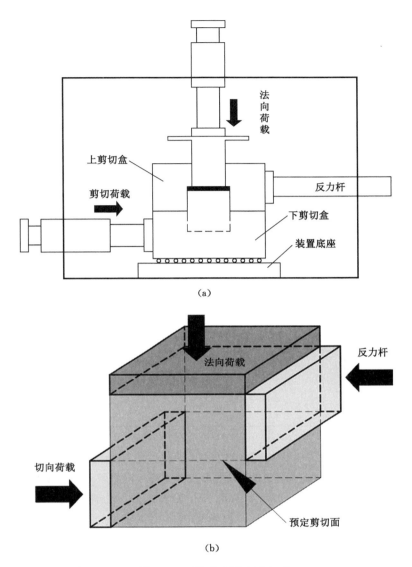

(a)

(b)

图 5-1 压剪试验受力示意图

高;接着将剪切盒拖出,拆除紧固螺钉和夹紧钢板,分离上、下剪切盒;最后将试件上、下半块取出以备扫描,进行设备维护。

⑥ 断面扫描:为了确保扫描仪的精确度,首先对扫描仪进行定标(定标之后的精确度可以达到微米级),半复位扫描试件上、下断面得到整体数据;然后依次扫描试件的下断面与上断面,获得基础数据;最后利用配套软件对断面数据建立共同的坐标系,获取断面的坐标信息,保存为.dat 格式文件。

5.1.1.2 注气条件

为了研究不同气压和不同法向应力对煤岩剪切-渗流特性的影响及其机理,笔者采用控制变量法开展了型煤及砂岩剪切-渗流耦合试验研究,并对页岩进行了剪切荷载作用时不同法向应力下的试验研究,见表 5-3。试验同时采集了时间、剪切位移、法向位移和流量等试

验数据,并对破坏后剪断面进行三维扫描,获取剪断面的形貌信息。具体步骤如下:

表 5-3　试验方案表

试验类型	试件类型	法向应力/MPa	气体压力/MPa
剪切-渗流	型煤	3.0 6.0 12.0	2.0
		12.0	0 0.2 1.0 2.0
	页岩	1.0 2.0 3.0	2.0
	砂岩	1.0 2.0 3.0	2.0
		3.0	0 0.2 1.0 2.0

① 前期准备:测量完刚压制好的煤岩试件的三维尺寸、质量等信息后,将试件迅速放入剪切盒中,以减少由于煤岩试件膨胀带来的试验结果误差,再将移动底座推至法向压头正下方,控制切向压头,将剪切盒推至试验台中间,并顶紧右侧的反力杆。

② 连接气源:将高压气瓶、调压阀、剪切盒进气口用气管和锥形卡套接头拧紧,剪切盒出气口接流量计,然后安装 LVDT 位移测量计,并且拧开气瓶和调压阀,测试整套系统是否漏气。确认不漏气后,再进行下一步试验。

③ 试验进行:首先给试件施加预定的法向荷载,达到预定值后,保持法向应力恒定不变,打开调压阀,使剪切腔内气体压力稳定地保持在预定气体压力值范围内;然后位移控制切向压头,切向位移为 0.5 mm/min,待试验结束后保存试验数据取出剪切剪断面,并利用三维立体扫描仪对煤岩剪断面进行三维扫描。

④ 数据处理:处理、汇总所得试验数据,作图分析力学特性和渗流特性,运用 Matlab 计算断面参数,分析煤岩试件的断面形貌特征。

5.1.2　煤岩试件制作

试验所用煤样取自贵州省新田煤矿 4# 煤层,煤多呈褐黑色,煤层裂隙发育,其中常见方解石薄膜或细脉充填,属二氧化碳还原率较低的煤层。从现场取回的块煤经过碎煤机粉碎和筛煤机筛分,筛选出 20～40 目(含)、40～60 目(含)、60～80 目(含)、80～100(含)目、大于

100 目的不同粒径煤粉。将煤样分批次放入干燥箱中烘干,烘干后用塑料袋密封,再用防潮袋封装,再按 61 : 15 : 5 : 4 : 15 的配比用天平称取相应的煤粉,并按 5% 含水状态的要求加入纯净水并混合均匀;在成型模具上以 1 000 kN 的成型压力加压并保压 1 h,然后压制成 100 mm×100 mm×100 mm 的煤岩试件,并且在试件中心位置预留中心孔,以方便注气,如图 5-2 所示。

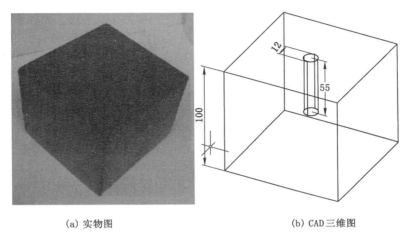

(a) 实物图　　　　　　　　(b) CAD三维图

图 5-2　型煤试件照片

　　试验所用砂岩取自重庆地区三叠系上统须家河组,属陆源细粒碎屑沉积岩,主要成分为石英、长石、白云母、方解石和绿泥石等,颗粒直径在 0.1~0.5 mm,结构稳定,是一种无辐射的优质天然石材。

　　试验所用页岩取自重庆市石柱土家族自治县六塘乡漆辽村下志留统龙马溪组页岩露头,该地层为黑色~深黑色碳质页岩,成分复杂,结构致密,层理面发育,层理面间可见黄铁矿、石英、笔石、化石及方解石等充填裂隙矿脉。岩石试件基本物理力学参数见表 5-4。

表 5-4　岩石的物理力学参数

岩石种类	密度/(g·cm^{-3})	抗压强度/MPa	弹性模量/GPa	泊松比 μ	黏聚力/MPa	内摩擦角/(°)
砂岩	2.33	55.97	11.89	0.37	12.82	41.42
页岩	2.57	113.22	18.73	0.26	20.32	51.46

　　由于受岩体结构、组成成分、地质赋存条件及赋存状态等因素的复杂性和多变性影响,天然岩体间均存在较大的差异。为了减少试验误差,此次试验所用试件均由一块整岩切割而来[图 5-3(a)和图 5-3(b)],最大限度地保证岩样的赋存条件和赋存状态相同,使试件之间的差异性降到最低。

　　首先采用湿式加工法将所选取的砂岩岩样切割成规格稍大于 100 mm×100 mm× 100 mm 的正方体试件;然后利用磨床对正方体试件的 6 个端面进行初磨处理,使试件的端面平整度、垂直度以及平行度等满足国际岩石力学学会建议标准。再分别使用 600Cw、800Cw、1200Cw 和 2000Cw 砂纸对试件各表面进行分级细磨,最终使得两端面的平行度误差控制在0.02 mm以内;使用钻机在试件中心钻孔,钻孔深度为 55 mm,孔径为 12 mm,加工成型的砂岩试件保持自然干燥状态。试验前,按照相应试验规范将诸如密度、波速和试件几何尺寸等参数最为接近的试件分为一组并进行编号。图 5-3(c)为加工好的100 mm×100 mm×100 mm 规格的立方体砂岩试件。

需要说明的是,由于页岩浸水后易软化,加工时并没有采用湿式加工法打磨和打孔,而是采用空压机进行干式加工法处理,且页岩内部存在具有薄页状或薄片层状节理组织,稳定性差、膨胀抵抗风化的能力较弱。为保证试验不受外界因素影响过大,加工成型的页岩试件保持自然干燥状态,且页岩试验周期设置较短。加工后的页岩试件如图 5-3(d)所示。

(a) 取样现场图 (b) 试件加工现场图

(c) 砂岩试件 (d) 页岩试件

图 5-3 岩石试件照片

5.2 煤岩注水条件下剪切-渗流耦合特性

5.2.1 不同注水压力

在不同的工程应用领域,流体注入压力各有差别。例如,废液注入地下或二氧化碳地质封存,往往按一定速率注入;对于高渗透性岩体,其注入压力并不高;而对于常规油气的二次开采和非常规油气(能源)开采,则需要较高的流体注入压力,以期对岩体致裂,并且形成缝网,此时需要的流体注入压力往往超过目的地层的最小主应力。不同的流体注入压力对注入井(孔)以及围岩造成的影响不同,了解注入压力对岩体的影响对于合理制定工程指标与施工方案具有重要指导意义。

5.2.1.1 力学曲线与声发射信号对比分析

如图 5-4(a)所示,砂岩的剪应力-剪应变曲线可划分为 4 个阶段:弹性变形阶段、微弹性裂隙稳定发展阶段、屈服阶段和峰后阶段。在加载初期,剪应力随剪切位移的增加而增加,近似呈线性关系,但该阶段砂岩试件内部产生的累计损伤很少,说明该阶段并无较大范围的微裂纹萌生以及扩展。剪应力继续增大,砂岩试件进入微弹性裂隙稳定发展阶段,从剪应力随剪应变变化曲线来看,仍近似呈线性关系,显示出弹性变化趋势,但其累计 AE 事件呈现明显增加趋势,说明该阶段已经有较多微裂纹产生;由 AE 事件变化曲线可以看出,该阶段有多个峰值点,且每个峰值点后对应 b 值均有明显的下降,说明该阶段 AE 事件峰值点是由微裂纹之间贯通造成,产生的声发射事件幅值较大,从而使 b 值减小。进入屈服阶段,剪应力发生一次明显的下降,随剪应变的继续增加,其升高趋势有所放缓,AE 事件发生更为密集,在该阶段 AE 事件峰值点增多,伴随累计 AE 事件数的突然增高,均有 b 值的降低,说明该阶段微破裂的发展出现了质的变化,破裂不断发展。在峰值阶段,当接近峰值点附近时,AE 事件一直处于较高值,呈峰值呈上升趋势,累计 AE 事件上升速率变快,b 值整体上呈降低趋势,说明该阶段,砂岩试件损伤的主要方式由微裂纹的萌生转为了微裂纹的扩展连通,其具有 AE 事件发生集中、AE 信号幅值较大的特点。

当试件内部存在注水压力时,剪应力-剪应变曲线转变为 3 阶段无明显的峰值阶段,如图 5-4(b)至图 5-4(f)所示。在屈服阶段,前期产生的微裂纹主要是由于在压剪应力作用下,砂岩试件本身的泊松效应造成张拉裂纹,内部的水在水头压力作用下渗入微裂隙中,降低了为裂隙面的法向应力,水渗入裂纹尖端,降低了应力强度因子,进而张拉裂纹更加容易连通。当张拉裂纹扩展到一定程度时,剪应力不再继续增加,未贯通部分通过 II 型裂纹将试件剪断,从而无法达到峰值。

当注水压力水平较低时[图 5-4(b)和图 5-4(c)],其前期各参数变化趋势与无水压条件下变化较为一致,注水压力仅在屈服阶段对试件的剪切力学特性产生影响。当砂岩试件在第一次发生剪应力下降时,即进入微弹性裂隙稳定发展阶段时,便有流量产生,流量的大小对微裂隙开度的变化有所影响,说明在最初弹性阶段即使有较少微裂纹产生,也无法产生由中心流体注入孔到试件外壁的贯穿裂纹。当进入微裂隙稳定发展阶段,有较大的微裂纹扩展贯通,伴随有较高的 AE 事件与 b 值的下降,产生了贯穿于流体注入孔与试件外壁的微裂隙,水由该微裂隙流出,且随剪应力的继续增大,流量呈增大趋势,说明裂隙开度或裂隙宽度均有所增加。在较低注水压力下,砂岩试件进入屈服阶段,直至试件最终破坏,b 值均未出现整体下降趋势。分析认为,由于注水压力的存在,水渗入复杂的微裂隙网络中,降低了裂纹尖端应力环境,增加了局部孔隙水压,并且由于水的润滑于软化作用,使砂岩试件的微观破裂方式有穿晶破裂与沿晶破裂相结合转变为主要由沿晶破裂;同时,水压扩展了张拉裂纹,润滑了微裂纹的裂隙面,从而减少了短时间内较大能量破裂的集中产生,造成了 b 值频繁波动,但未呈整体下降趋势。当注水压力水平较低时,只能通过微地震信号判断岩体内部损伤,却难以界定破坏失稳点;当出现较高 AE 事件峰值点时,便要格外关注。

当注水压力较高时[图 5-4(d)至图 5-4(f)],在弹性阶段便出现了较为明显的 AE 事件峰值点,说明在此阶段高注水压力虽然没有从试件内部贯穿到时间外部,但已经对试件内部

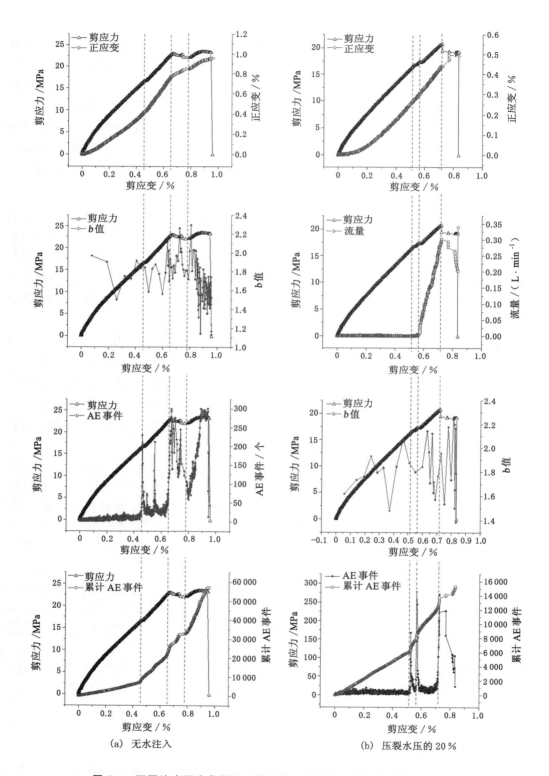

（a）无水注入　　　　　　（b）压裂水压的 20%

图 5-4　不同注水压力条件下力学曲线与声发射参数变化曲线对比分析

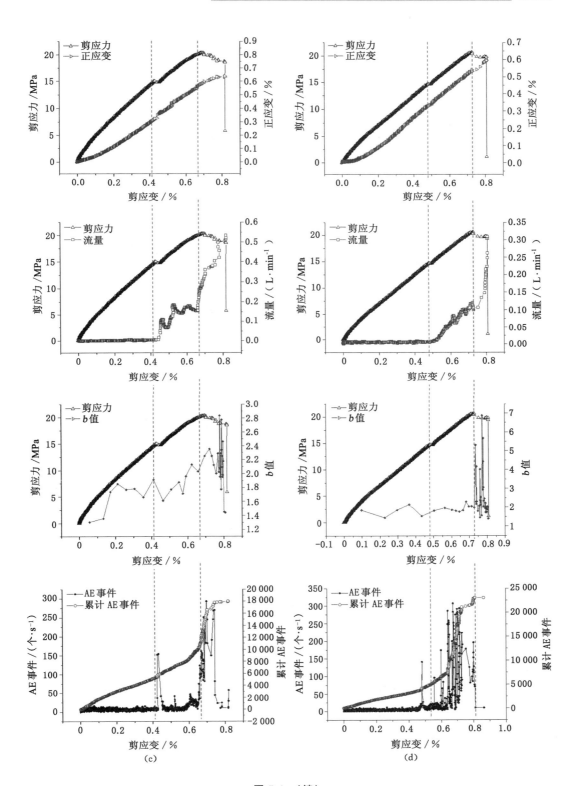

图 5-4　(续)

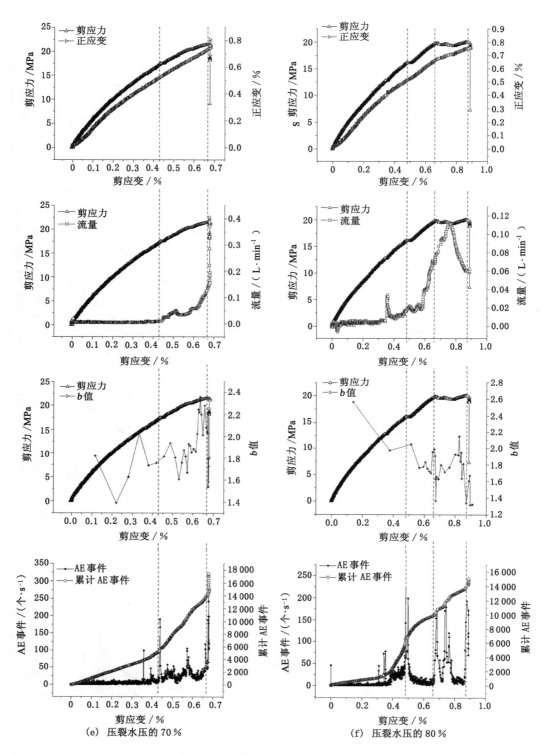

(e) 压裂水压的 70%　　　　　　(f) 压裂水压的 80%

图 5-4　（续）

应力场造成影响,促使注入孔周边在外部应力作用与水压耦合作用下产生较大裂隙或微裂纹的贯通。当注水压力达到压裂水压的70%时[图5-4(e)],在弹性阶段出现2次AE事件数峰值点,说明随注水压力的继续增大,其对微裂纹的萌生扩展影响也更大。同时,当注水压力达到压裂水压的50%时,其弹性阶段首次AE事件出现在剪应变在0.45%～0.5%;当注水压力增长至压裂水压的70%时,其弹性阶段首次AE事件出现在剪应变为0.35%～0.4%,其发生首次AE事件数所需的剪应变更少,说明随注水压力水平的增加。在泊松效应较不明显时,由于注入孔内部高水压的存在,促使了张拉裂纹的扩展,这一点可由b值的相对平稳变化与累计AE事件减少趋向解释。当注水压力达到压裂水压的80%[图5-4(d)]、未施加剪应力时,便有明显的AE事件产生,说明此时注水压力已近似临界值,注水孔内部的水压已达到对微裂纹(缺陷)进行致裂或开启裂纹的压力值。随着剪应力的施加,AE事件产生较多峰值,但b值无明显下降,说明该阶段水压主要促进张拉微裂隙的产生,并未造成剪切裂纹。在微裂隙稳定发展阶段,以剪应力为主导因素,当注水压力为压裂水压的50%和70%时,均伴随有流量产生,试件内部产生贯穿裂纹,AE事件数峰值点增多,累计AE事件呈加速增长趋势,b值有所波动,说明此时的注水压力仍以协助微裂纹扩展为主,并未占据主导作用。当注水压力达到压裂水压的80%时,在微裂隙稳定发展阶段之前已有流量产生,说明此时在剪应力耦合作用下注水压力为主导因素,并诱发贯穿于时间内外的裂隙,b值有明显的持续降低。与无注水情况对比,发现高注水压力造成较大的贯穿裂纹。在屈服阶段,注水条件下相关参数变化趋势较为一致,此处不再赘述。

对比各注水压力水平下的剪切破坏试验,发现随注水压力水平的增加,发生剪切破坏机制向以下模式转变:剪应力致破坏失稳(注水压力分别达到压裂水压的0、20%和40%)→剪应力与注水压力耦合破坏失稳(剪应力占据主导因素(注水压力分别达到压裂水压的50%和70%))→剪应力与注水压力耦合破坏失稳(注水压力占据主导因素(注水压力达到压裂水压的80%))→注水压力致破坏失稳(注水压力达到压裂水压的100%)。了解注水压力的大小,对于判断岩体的失稳破坏主导因素具有重要作用。

5.2.1.2　力学参数统计分析

下面对相关特征参数(图5-5)进行定义:

峰值剪应力τ_p:剪应力达到峰值处的剪应力;

峰值法向应变ν_p:峰值剪应力处的法向应变;

峰值剪应变δ_p:峰值剪应力处的剪应变;

峰值损伤,即峰值累计AE事件D_p:剪应力峰值处的累计AE事件。

贯穿剪应力τ_{pe}:首次出现流量(即产生由注入孔到试件外壁的贯穿裂纹)处的剪应力值;

贯穿法向应变ν_{pe}:贯穿剪应力处的法向应变;

贯穿剪应变δ_{pe}:贯穿剪应力处的剪应变;

贯穿损伤,即贯穿累计AE事件D_{pe}:贯穿剪应力处的累计AE事件;

贯穿剪应力水平:贯穿剪应力/峰值剪应力;

贯穿法向应变水平:贯穿法向应变/峰值法向应变;

贯穿剪切应变水平:贯穿剪切应变/峰值剪切应变;

贯穿损伤水平:贯穿损伤/峰值损伤。

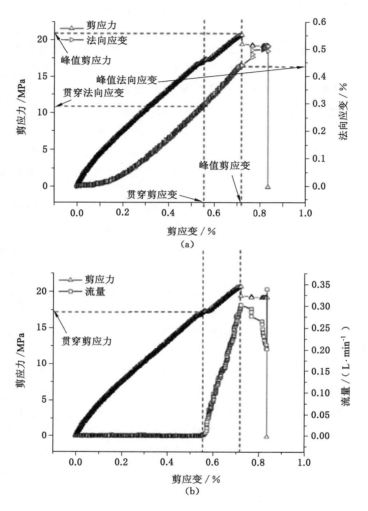

图 5-5　不同特征参数示意图

（1）贯穿应力点参数统计

基于岩石材料具有较强的离散性这一特点，为了使试验结果更具代表性，每个试验特选取两个较为接近的点进行不同试验条件下的比对分析，如图 5-6 所示。

由图 5-6(a)可以看出，贯穿剪应力随注水压力水平的增加呈近似线性下降趋势，说明注水压力对裂纹的扩展演化至关重要。注水压力较低时形成贯穿裂纹，需要在高剪应变条件下产生足够的裂隙开度，促使裂纹进一步扩展；当注水压力升高时，水在高压驱动下深入到微裂隙内，润滑（软化）裂纹尖端，降低裂纹强度因子，并通过静水压力降低微裂隙内有效应力，从而在不需高剪应变与高剪应力就可形成贯穿裂隙，见图 5-6(b)。

由图 5-6(c)可以看出，贯穿法向应变随注水压力水平增加有相对降低趋势，说明形成贯穿裂纹的法向变形不发生改变。只有当张拉裂隙有了足够的法向膨胀空间，裂纹才能继续扩展。

如图 5-6(d)所示，贯穿损伤并未呈线性下降趋势。当注水压力不大于压裂水压的 50%

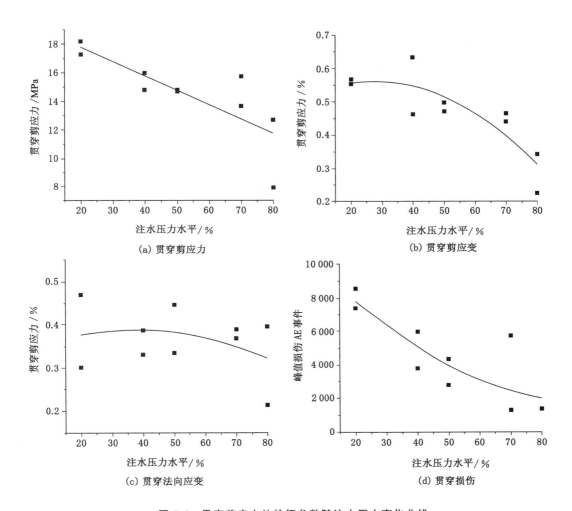

图 5-6　贯穿剪应力处特征参数随注水压力变化曲线

时,贯穿损伤近似呈线性下降趋势,说明该阶段注水压力对裂纹扩展影响尤为显著;当注水压力达到压裂水压的 70%～80% 时,贯穿应力处损伤变化放缓,说明高注水压力对裂纹扩展的作用影响较为稳定,其物理化学作用均达到了最佳。由此可见,伴随流体注入压力的升高,岩体较低剪应力集中状态下就可产生贯穿裂纹,此时压裂缝开启,但并未对完整岩体造成失稳破坏。

（2）峰值应力点参数统计

图 5-7 为峰值剪应力处特征参数随注水压力水平变化趋势曲线。

如图 5-7(a)所示,峰值剪应力随注水压力水平的增加呈降低趋势,说明随注水压力的增加,对岩石力学性质的影响更加明显。由 3.2.1 小节可知,在达到峰值剪应力之前已有贯穿裂纹流量产生,水压直接作用于裂隙面,注水压力越高,静水压力越高,渗透能力越强,对试件的直接力学作用(降低应力强度因子)和物理化学作用(润滑和软化)更加明显。如图 5-7(b)所示,峰值剪应变呈"先降低、后升高"趋势,与峰值剪应力变化趋势对比可知,注水压力越大,对试件断裂过程的软化效果越明显。当注水压力为零时,峰值剪应力最高;当注水压力达到压裂水压的 20％时,峰值剪应力下降,但此时注水压力较低,水压对裂纹扩展的主导因素促进了张拉裂纹的扩展,降低了峰值剪应力,同样也降低了剪应变峰值。

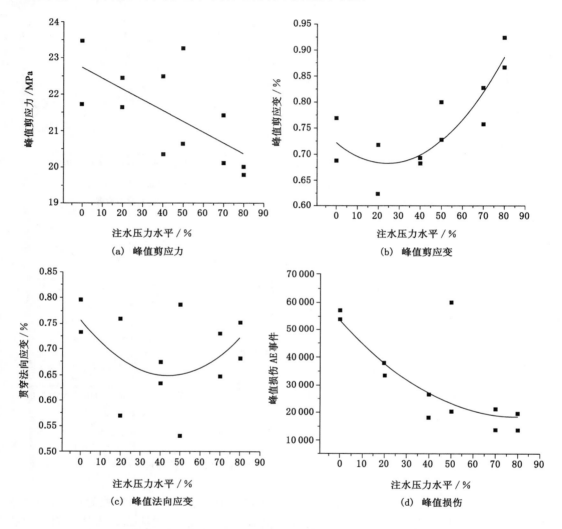

(a) 峰值剪应力　　　　　　　　(b) 峰值剪应变

(c) 峰值法向应变　　　　　　　　(d) 峰值损伤

图 5-7　峰值剪应力处特征参数随注水压力水平变化趋势曲线

当注水压力高于压裂水压的 40％时,发现峰值剪应力继续降低,但峰值剪应变呈增高趋势,说明该状态下的水不仅促进了张拉裂纹的扩展,同时对不连续部分起到软化作用,且随注水压力的升高而更加明显,从而增加了剪应变峰值。相对于峰值剪应变的"先降后升"变化趋势,法向应变峰值亦呈现此趋势,但其离散性更高,作用机理类似于峰值剪应变。当注水压力较低时,随着峰值剪应力的降低,峰值剪应变也呈降低趋势,其泊松效应相对弱化,使得峰值法向应变有所降低。当注水压力较高时(达到压裂水压的 50％以上),相对于3 MPa的法向应力,注水压力明显偏高,作用于扩展较大的裂隙时,会抵消或可能超过法向应力的压缩作用,从而增大峰值法向应变。

由图 5-7(d)可以看出,峰值损伤呈总体降低趋势,其作用机理与贯穿损伤相似。不同的是，当注水应力达到压裂水压的 50% 时，尤其达到 70% 和 80% 时，峰值损伤近似平稳，砂岩试件发生剪切破坏的损伤程度最低。

（3）贯穿应力水平相关参数统计

图 5-8 为贯穿应力水平特征参数随注水压力水平变化趋势曲线。

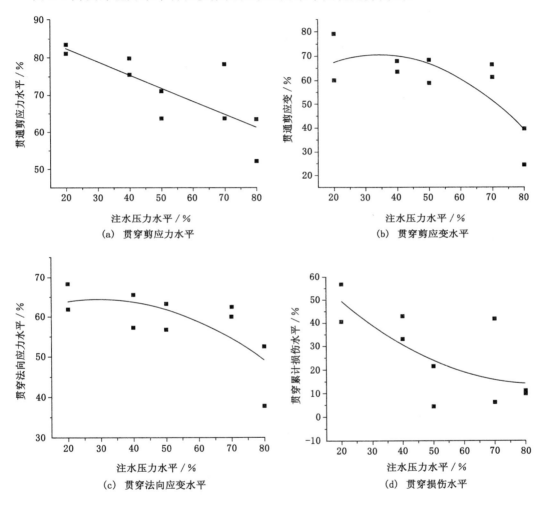

(a) 贯穿剪应力水平

(b) 贯穿剪应变水平

(c) 贯穿法向应变水平

(d) 贯穿损伤水平

图 5-8　贯穿应力水平特征参数随注水压力变化趋势曲线

由图 5-8(a)可以看出，贯穿剪应力水平随注水压力水平的增高而降低，说明相对于峰值剪应力的降低，其贯穿剪应力降低幅度更大。在注水压力水平较低时，贯穿剪应力水平达到 80% 以上，已接近剪应力峰值，煤岩失稳破坏；当注水压力水平达到 80%、贯穿剪应力水平为 50%~60% 时，可以对峰值剪应力点进行预判，估计试件发生失稳破坏的状态。

由图 5-8(b)可以看出，当注水压力水平较低时，贯穿剪应变水平相对稳定，说明贯穿剪应变与峰值剪应变接近同步变化；当注水压力水平达到 80% 时，贯穿剪应变水平明显降低，说明贯穿剪应力水平相对降低更快，此时条件下的高注水压力已近似致裂水压，其对张拉裂纹的作用更为显著，可更早地形成贯穿张拉裂隙，使峰值剪应变升高。

如图 5-8(c)所示，贯穿法向应变水平呈降低趋势，且随注水压力水平的增高，其降低幅度增大。虽然贯穿损伤与峰值损伤随注水压力水平的增加呈减少趋势,但无法辨别二者之间的关系。

由图 5-8(d)可以看出,贯穿损伤水平随注水压力水平提高而降低,说明贯穿损伤相对于峰值损伤随注水压力水平增加,其降低幅度更大,高注水压力对于只需形成张拉裂纹的贯穿损伤影响更大,对需要发生剪切裂纹的损伤影响较小。

不同注水压力水平下各力学参数相对注水压力水平为零时(增大为负值,减少为正值)对比曲线如图 5-9 所示。

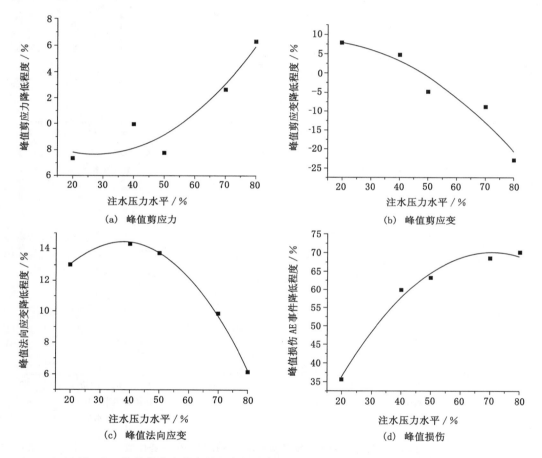

图 5-9 峰值剪应力处各特征参数的降低程度随注水压力水平变化对比曲线

当注水压力水平较低时,剪应力加载过程中也会出现贯穿裂纹,但其对峰值剪应力强度影响均保持在 10% 以下,随着注水压力水平的提高,注水压力对峰值剪应力的劣化作用加速;当注水压力水平达到 80% 时,其峰值剪应力降低 16%~18%,近似于注水压力水平为 50% 时的 2 倍。因此,在高注水压力水平作用下,克服外部荷载的束缚(剪应力),水对裂纹扩展的作用进一步加深。

对于峰值剪应变,注水压力对其影响却随注水压力水平的提高有所变化,其变化趋势较为一致,说明此时峰值剪应变与无水条件下有了质的变化。存在较低注水压力时,峰值剪应变有一个明显较大的降低,但随着注水压力水平的提高,峰值剪应变逐渐增大,直至超过无水条件下的峰值剪应变。当注水压力水平达到 80％时,其峰值剪应变增加超过 20％,说明在高注水压力水平下,岩体发生失稳破坏需要更高的错动位移量。峰值法向应变在注入较低水压时,其渗入裂隙面对应力强度因子的劣化尤为显著,当注水压力水平低于 50％时,峰值法向应变降低较大;当注水压力水平高于 50％时,法向应变有回弹趋势,相对无水条件下,其变化量呈减少趋势。由此可见,注水压力越大,其发生破坏时产生的法向应变也越大,对地表的或断层的影响更大。存在注水压力条件下,砂岩试件发生剪切破坏产生的损伤,即所需能量大大降低,

当注入压力水平仅为 20％时,发生剪切破坏产生损伤减少约 1/3;同时,随着注水压力水平的提高,发生最终失稳破坏产生损伤逐渐降低,这与裂纹扩展的路径有关。当无水压时,砂岩试件是剪切断裂的破坏模式为剪切裂纹连通张拉裂纹,而剪切裂纹萌生扩展产生损伤大于张拉裂纹,同时伴随产生更多的张拉裂纹(如翼裂纹);当注水压力较大时,可促进张拉裂纹的扩展,剪切裂纹占比降低,从而降低剪切失稳所需能量。

5.2.1.3　宏观破坏特征演化分析

如图 5-10 所示,当注水压力水平为 0 时,可直观看到结构面的张拉裂隙(石绿色)和剪切裂隙(白色擦痕部分),其断裂面起伏较大,呈波浪状。随注水压力水平的提加,剪切断裂结构面波浪状起伏减弱,张拉裂隙占比增大,其破坏模式近似有压剪造成的单斜面链接破坏转变为沿预剪切破坏面发生破坏;同时,在无水压条件下,注水孔的存在对剪切破裂结构面的形貌影响较大,大约为结构面的 1/5 区域。当注水压力水平提高时,注水孔对剪切破坏结构面的影响范围逐渐减小,直至注水压力水平达到 50％时,其影响已可以忽略,说明在工程岩体进行水力压裂施工时水压较高,岩体发生剪切破坏会在压裂孔周边产生平齐剪切,容易将压裂管或高压水管直接剪断。

当注水压力水平达到 70％后,剪切断裂结构面已无明显起伏,说明该注水压力水平下剪切破坏的主要组成裂纹扩展方式为张拉裂纹,水压渗入张拉裂隙促进张拉裂隙沿最弱面继续扩展直至最后破坏。当注水压力水平为 80％时,剪切断裂结构面和宏观破坏的形态与注水压力水平为 70％时较为一致,断裂结构面较为平整,张拉裂纹为主要扩展方式。当注水压力水平达到 70％后,张拉裂纹成为主要扩展方式,耗能较低,损伤较少。随着注水压力水平继续增大至 80％,峰值损伤变化不大,趋于稳定。

5.2.2　不同剪应力水平

在流体注入领域,对流体注入地层的应力场分析十分必要。本节着重基于室内物理模拟试验,研究不同剪应力集中水平条件下水力压裂参数变化以及压裂后宏观破坏状态的分析,为工程应用提供试验基础。

5.2.2.1　力学曲线与声发射信号对比分析

如图 5-11(a)所示,水压的加载方式采用恒定流量注入控制(6 mL/s),在注水压力加载初期,有少量 AE 事件产生,随着注水压力的继续增高,法向应变有所升高,说明水压致裂过程中沿法向应力加载方向发生Ⅰ型裂纹时,试件上端面或下断面稍有倾斜,导致法向应变增大。同时,该阶段 AE 事件有所增加,b 值维持在较高水平,说明该阶段还处于微裂纹萌生扩展阶段。随着注水压力继续增加,AE 事件率达到峰值,b 值有了较大的下降,说明此时产生了较大的微破裂集中发生或贯通,紧接着水压陡降以及伴随流量的出现而陡升,法向应变

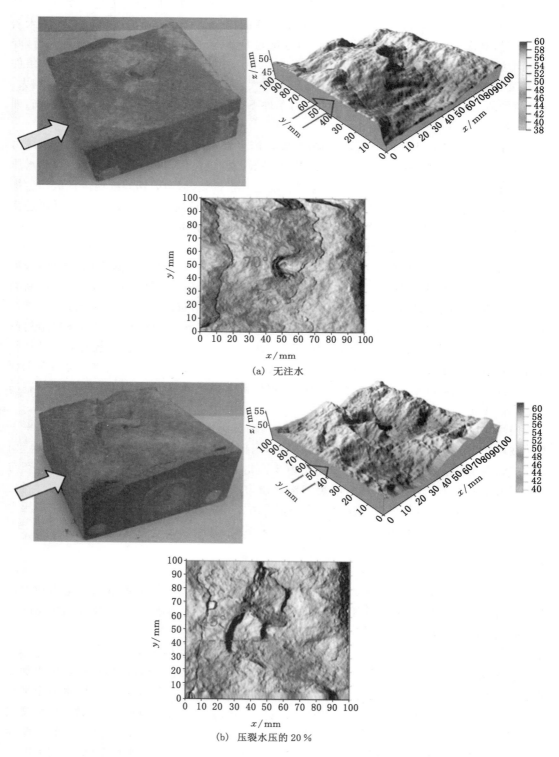

(a) 无注水

(b) 压裂水压的 20 %

图 5-10 不同注水压力水平下剪切断裂结构面宏观对比分析

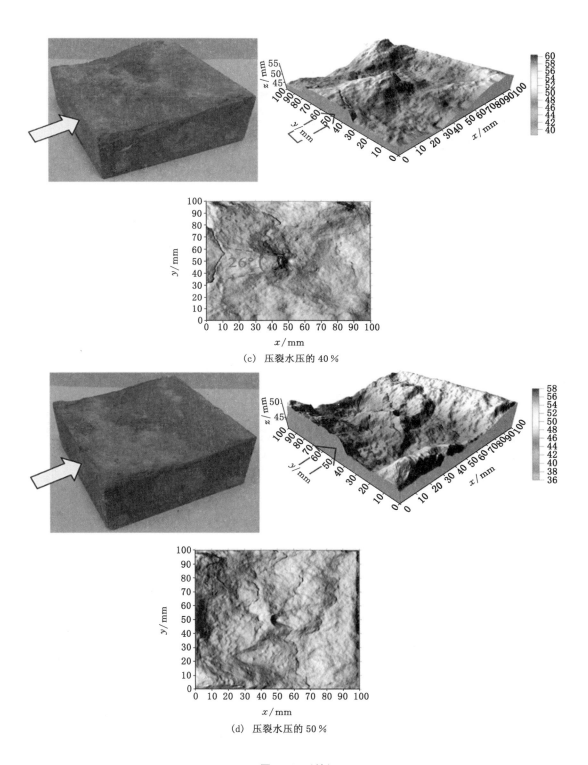

(c) 压裂水压的 40 %

(d) 压裂水压的 50 %

图 5-10 （续）

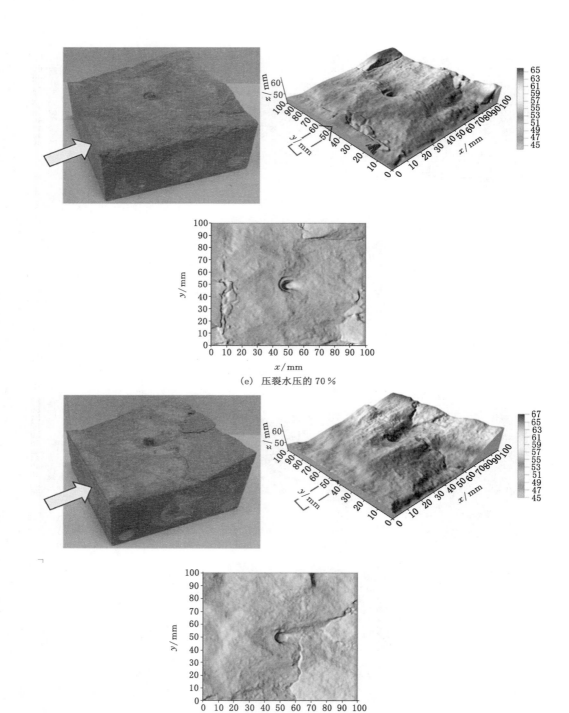

(e) 压裂水压的 70%

(f) 压裂水压的 80%

图 5-10 （续）

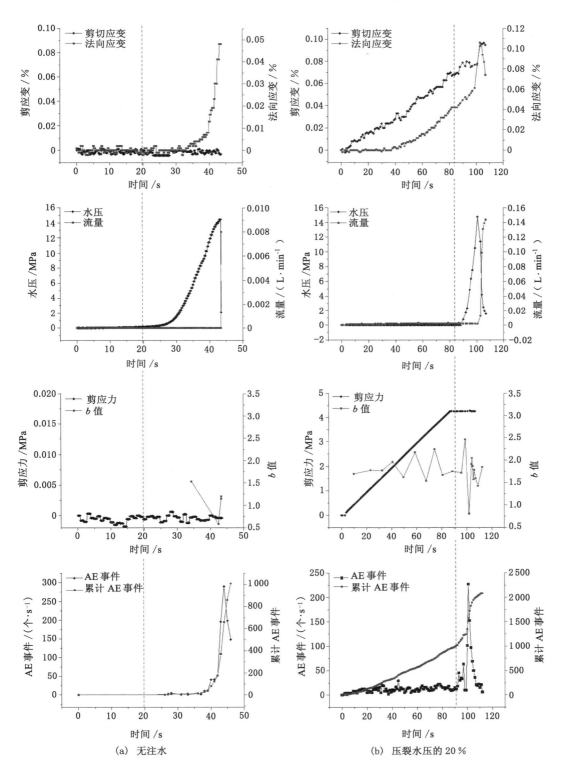

图 5-11　不同剪应力水平下力学曲线与声发射参数变化曲线对比分析

（a）无注水　　　　　　　（b）压裂水压的 20 %

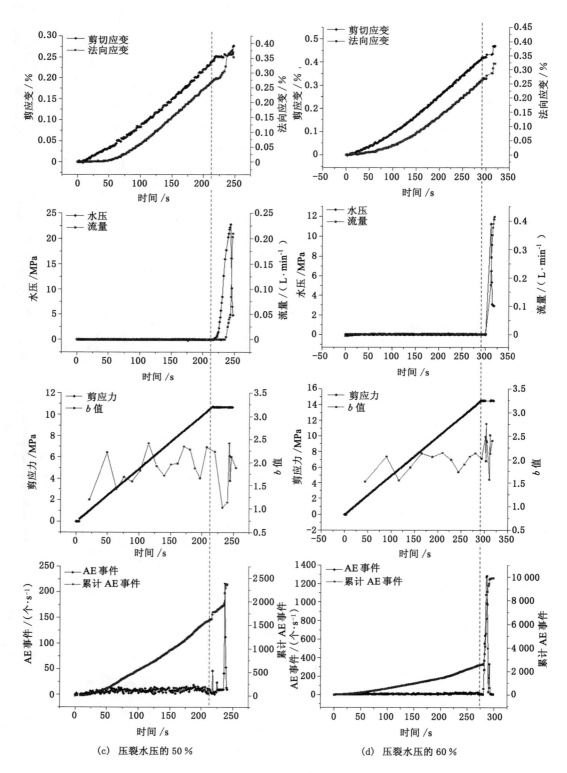

(c) 压裂水压的 50 %　　　　　　　　　(d) 压裂水压的 60 %

图 5-11 （续）

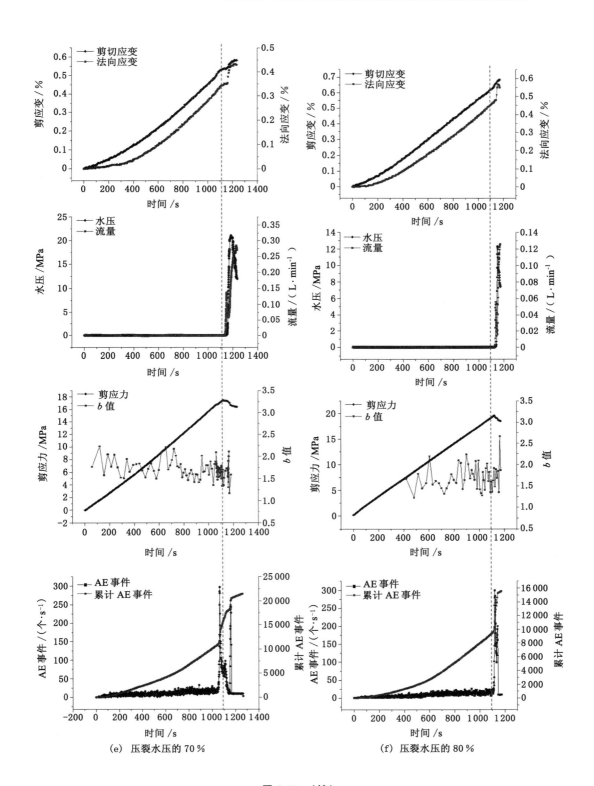

（e）压裂水压的 70 %　　　　　　（f）压裂水压的 80 %

图 5-11 （续）

也突然升高,水压致裂目的完成。在整体过程中,发现声发射信号峰值或破坏点在时间上早于真正的砂岩试件破坏点,这一现象对于灾害预警预报研究十分重要。

在施加剪应力时,均可产生 AE 事件,说明在施加剪应力过程中,砂岩试件内部已经产生损伤。在试件压裂瞬间,试件的法向应变均出现突然升高现象,这有助于判断试件的致裂情况。如图 5-11(b)和图 5-11(c)所示,当剪应力水平较低时,即注入水压加载初期,AE 事件峰值较小,但此时累计 AE 事件的变化速率提高,说明水的注入改变了局部应力场,并且产生损伤。当注水压力较低时,b 值维持在较高水平,说明低注水压力促进了微裂纹的萌生、扩展。

5.2.2.2 力学参数统计分析

(1) 剪应力加载阶段

下面对剪应力加载阶段特征参数进行分析,如图 5-12 所示。

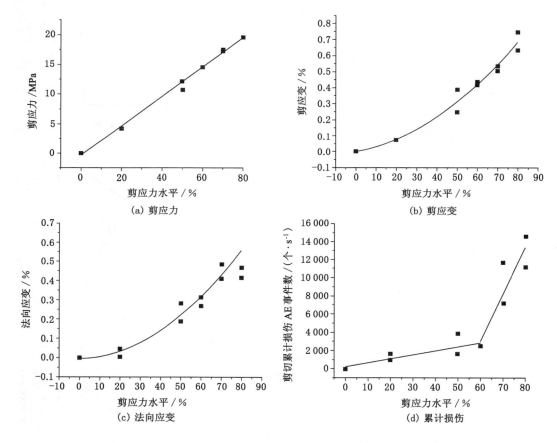

(a) 剪应力　　　　　　　　　(b) 剪应变

(c) 法向应变　　　　　　　　　(d) 累计损伤

图 5-12　不同剪应力水平下剪应力加载过程特征参数变化趋势曲线

如图 5-12(a)所示,不同剪应力水平对应于不同的剪应力值,呈线性变化趋势,说明试验条件控制的精确度。

如图 5-12(b)所示,随着剪应力水平的提高,增加相同的剪应力值,其需要的剪应变值呈增加趋势,说明加载初期砂岩试件内部并无较多微裂纹或微裂隙,直接进入弹性阶段,其剪切模量较大。随剪应力继续增大,其需要达到的剪应变也继续增大,但此时试件内部已逐渐产生裂纹扩展与裂纹贯通。在预剪切破坏面上,砂岩试件可被看作不连续岩体,剪应力越大,连续性越低,且剪切模量呈降低趋势。

如图 5-12(c)所示,法向应与剪应变随剪应力水平的提高呈相同的变化趋势。在剪应力加载前期,由于岩石材料的泊松效应,随着剪应变增加,法向应变有所增加。在无其他因素影响条件下,随剪应力水平的继续提高张拉裂纹继续扩展需要持续的法向膨胀,裂隙开度需要不断增大。

如图 5-12(d)所示,试件累计损伤随剪应力水平增加却呈现出转折性变化。当剪应力水平低于 60% 时,随剪应力水平增加,累积损伤呈较低斜率线性增加;当剪应力水平高于 60% 时,随着剪应力水平的提高,累计损伤呈较高斜率线性增加。研究表明,当剪应力水平较低时,随着剪应力水平的提高,砂岩试件内部裂纹扩展方式为张拉裂纹扩展,且随剪应力增加,张拉裂纹稳定萌生扩展,产生的损伤呈线性变化。当剪应力水平较高时,试件内部出现剪切裂纹,随着剪应力水平的提高,张拉裂纹与剪切裂纹都在萌生扩展,但剪切裂纹扩展产生的损伤高于张拉裂纹,整体损伤呈线性变化。

(2) 水力压裂阶段

图 5-13 为不同剪应力水平下水力压裂过程特征参数变化趋势曲线。可以看出,不同应力加载状态下获得的压裂峰值水压呈非线性变化。当剪应力水平低于 50% 时,致裂水压呈上升趋势,这是由于该阶段剪应力相对较低,在尚无较大的裂纹贯通、扩展情况下,随着剪应力的施加,试件内部的应力场发生变化,注水孔周围应力增大。因此,致裂水压需要相应增大才能达到致裂效果。

随着剪应力水平的提高,试件的破坏模式也在逐步由压裂破坏向剪切破坏转变。峰值流量与峰值压力近似呈对应关系,作用机理也与峰值水压较为一致。在剪应力水平较低时,水压致裂形成的张拉裂隙,试件被部分压裂,裂隙开度较小,流量较小。当剪应力水平提高后,水压致裂形成的张拉裂隙在剪应力作用下会发生错动,增大裂隙开度,同时在泊松效应下形成的沿预定剪切面形成的张拉裂隙也形成,增加了水流动通道,从而增大了流量。当剪应力水平达到 80% 时,预定剪切破坏面已产生较大贯穿裂隙,水由贯穿裂隙流出,在流量相对较大情况下,水压无法达到较高值,无法形成水压致裂裂纹,从而使得流量维持在较低值。

由图 5-13(c)可以看出,峰值 AE 事件变化相对稳定,未随剪应力水平提高呈明显变化趋势,这与水压致裂的机理有关。在试件未发生最终剪切破坏的情况下,水压致裂的裂纹扩展方式均为 I 形裂纹,说明在水压致裂形成贯穿裂纹时产生的损伤较为一致,这与注水孔位置有关。注水孔位于试件中心,由注水孔到达正方形试件的任意表面距离一致,发生贯穿所需能量一致。虽然水压致裂瞬间峰值 AE 事件相对稳定,但水力压裂段产生的累计损伤随剪应力水平增高呈提大趋势[图 5-13(d)]。

当剪应力水平为 0 和 20% 时,由于剪应力的施加,增加注水孔的应力,致裂水压增大,克服周边应力产生损伤增大。当剪应力水平达到 50%~70% 时,峰值损伤有较大的离散性,这取决于该阶段产生的张拉裂纹是否通过注水孔或距离注水孔较近。当未通过注水孔时,其作用机理与剪应力水平较低时一致,剪应力增加,致裂产生的损伤也增大;当通过注水孔时,水压即对已有裂纹扩展产生促进作用,注水压力达到较高值时将产生新的水压致裂张拉裂纹。

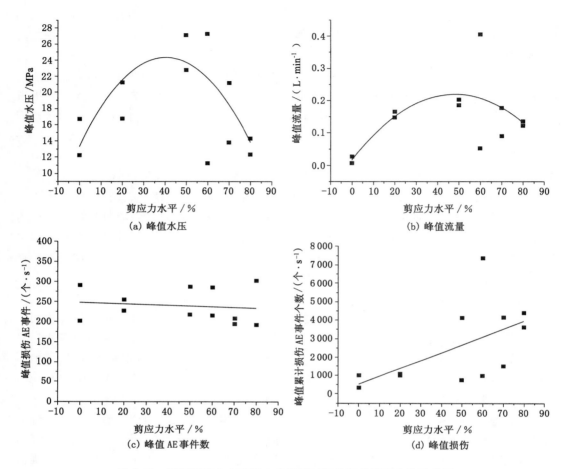

图 5-13 不同剪应力水平下水力压裂过程特征参数变化趋势曲线

当剪应力水平达到80%时,试件内部裂纹扩展较多,且集中于预剪切破坏面,已有裂纹通过注水孔,致裂水压加载过程中,促进了已有裂纹的继续扩展;同时,在高剪应力作用与水的物理化学耦合作用下,剪应变增大,法向应变增大,试件内部微裂纹萌生扩展较多,整体损伤增大。当剪应力水平达到20%时,峰值注水压力增加超过30%。当剪应力水平达到50%时,峰值注水压力甚至超过无剪应力条件下的峰值注水压力的50%,但随着剪应力水平继续增加,注水压力开始降低。当剪应力水平达到80%时,峰值注水压力与无剪应力条件注水压力较为接近。

因此,在水力压裂作业中,仅靠致裂压力无法判断剪应力集中水平。在同样的致裂压力条件下,可能对应于两种差距较大的剪应力集中状态,若能同时结合流量变化,可对目的层的大概剪应力集中水平进行预判。

(3)不同阶段损伤对比分析

不同阶段损伤对比分析如图5-14所示。可以看出,全过程损伤随剪应力水平增加,其变化趋势与剪应力加载阶段较为一致,大体分为两个部分,以剪应力水平为60%时作为转折点。

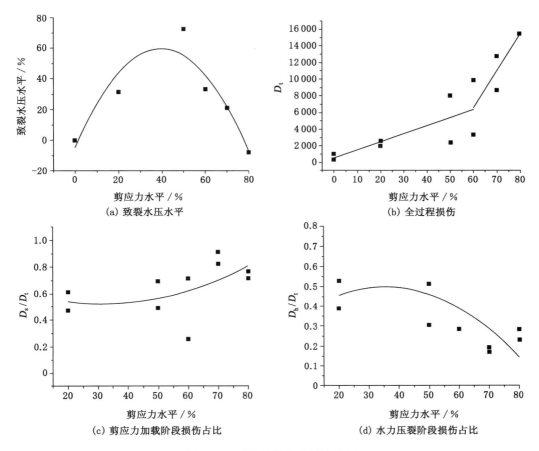

图 5-14 不同阶段损伤对比分析

剪应力加载段损伤在全程损伤中的占比随剪应力水平的增加而降低,说明剪应力水平越高,注入水压后对砂岩试件的二次损伤也越大。相应地,水力压裂阶段造成的损伤与全过程损伤之比随剪应力水平的增加而降低。

5.2.2.3 宏观破坏特征演化分析

工程中往往采用微震监测对致裂效果和裂纹扩展进行检测,并通过定位算法进行定位。但是,工程岩体地质条件复杂、裂隙交错,往往只能得到大致压裂区域,其精确度无法与室内物理模拟试验相比。

由于水力压裂试验采用较小恒定流量(6 mL/s)注入,当试件产生由注入孔到外壁的贯穿裂隙后,裂隙开度达到一定值,水压无法继续上升促使裂纹继续扩展,试验停止,视为压裂成功。由于无法看到试件内部主要裂纹扩展情况,因此对此采用大流量(120 mL/s)二次压裂,促使试件沿已有裂隙继续扩展,将试件崩裂,并对其进行分析。

由图 5-15 可以看出,当剪应力水平较低时,并未产生较大剪应力致裂纹扩展,试件的破坏方式主要为水压致裂破坏,压裂面较为平整。当剪应力水平达到 50% 时,既有沿注水孔方向破裂,也有沿压剪应力作用下弱面破裂。但从试件下半部来看,沿压剪应力作用破坏面不平整,由中间向两侧下方扩展破坏,这是由于该剪应力水平下已经形成了对水压致裂起导向作用的裂隙。由于裂隙扩展相对较大,当二次压裂时,水沿已有裂隙渗入,将试件上半部两侧压裂并产生静水压力,促使上半部两块有压裂缝向两侧弯曲断裂,在剪应力致微裂隙的导向作用下与下半部发生劈裂,此时水压致裂产生微裂隙为水渗入主要通道。

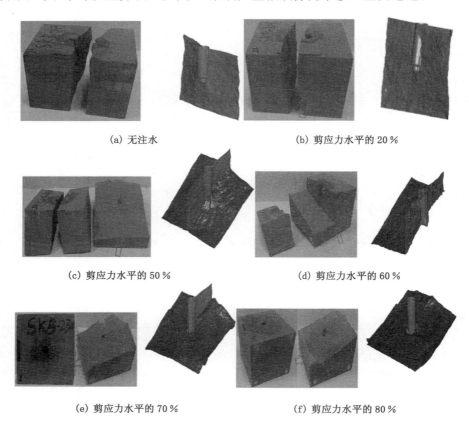

(a) 无注水　　　　　　　　　　　　(b) 剪应力水平的 20%

(c) 剪应力水平的 50%　　　　　　　(d) 剪应力水平的 60%

(e) 剪应力水平的 70%　　　　　　　(f) 剪应力水平的 80%

图 5-15　不同剪应力水平下宏观破坏特征分析

当剪应力水平达到 60% 时[图 5-15(d)],剪应力致微裂隙进一步扩展,水在压力作用下使其扩展贯通。由于水压致裂裂隙扩展较小,当二次压裂时,水压将上半部左侧垮落,说明剪应力致微裂隙与水压致裂产生微裂隙均为水渗入的主要通道。当剪应力水平达到 70% 时[图 5-15(e)],砂岩试件破坏形态主要沿剪应力致微裂隙分为上、下两部分,上半部产生明显的水压致裂裂隙,说明此时剪应力致微裂隙成为水渗入的主要通道,注入水沿剪应力致微裂隙进入,并促进其进一步扩展,直至最终破坏。当剪应力水平达到 80% [图 5-15(e)]时,试件的最终破坏形态已完全转变为沿剪应力致裂纹扩展破坏。

基于以上分析,随着剪应力水平的提高,砂岩试件的水力压裂过程失稳破坏模式有以下演化规律:水压致裂导致破坏(剪应力水平为 0 和 20%)→水压致裂与压剪应力共同作用导致破坏(水压致裂占主导,剪应力水平为 50%)→水压致裂与压剪应力共同作用导致破坏(二者作用相当,剪应力水平为 60%)→水压致裂与压剪应力共同作用导致破坏(剪应力作用占主导,剪应力水平为 70%)→压剪应力作用导致破坏(剪应力水平为 80%)。通过该组试验,可对目的层的剪应力集中状态与压裂管的方向位置以及水压致裂缝网走向进行预测,为现场施工提供试验基础。

5.2.3　不同法向应力

　　对于不同埋深水力压裂层,其法向应力对压裂效果的影响十分重要,不同的法向应力和剪应力加载水平直接影响压裂孔围岩应力场分布与水压致裂裂缝走向。基于此,本节着重研究法向应力对水力压裂过程的影响。

5.2.3.1　剪应力加载段参数统计分析

　　如图 5-16(a)所示,不同法向应力条件下剪应力水平对应的剪应力可根据实际法向应力下无水压时的峰值剪应力确定。当剪应力水平为 20% 时,不同法向应力条件下的剪应力差别较小,法向应力增加 1 MPa,剪应力大约增加 0.5 MPa[图 5-16(b)];当剪应力水平为 60% 时,法向应力增加 1 MPa,剪应力大约增加 1.5 MPa[图 5-16(c)];当剪应力水平为 80% 时 [图 5-16(d)],法向应力增加 1 MPa,剪应力大约增加 2.0 MPa,所以无法根据不同法向应力下的峰值剪应力推测不同剪应力水平对应的剪应力。可以看出,不同剪应力水平下,随着法向应力的变化,其变化呈线性趋势,这为判断不同埋深的岩层剪应力集中水平提供了思路。

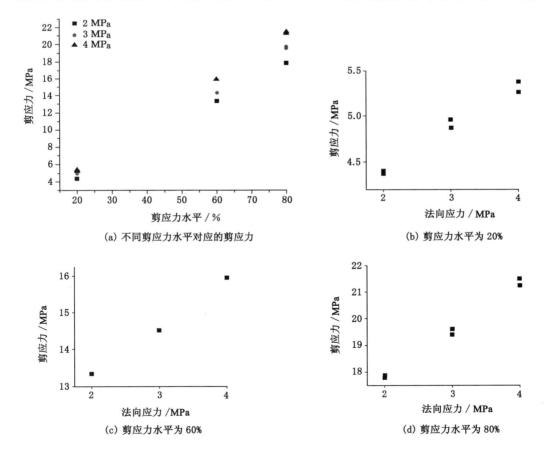

(a) 不同剪应力水平对应的剪应力　　　　(b) 剪应力水平为 20%

(c) 剪应力水平为 60%　　　　(d) 剪应力水平为 80%

图 5-16　不同法向应力条件下剪应力分布曲线

图 5-17 为不同法向应力条件下剪应变分布曲线。由图 5-17(a)可以看出,当剪应力水平为 20%时,不同法向应力下剪应变相差不大,说明该剪应力状态下试件内部原生微裂隙并不影响。但随着剪应力增加,剪应变却呈减少趋势[图 5-17(b)],说明在相对较高法向应力作用下,砂岩试件内部孔裂隙被压密,呈"硬化"趋势。当剪应力水平达到 60%时[图 5-17(c)],达到相同剪应力所需的剪应变呈现较大的离散性,说明此时砂岩试件内部的原生微裂隙开始扩展,新的微裂隙产生。由于微裂隙的交错分布的形式不同,造成达到相同剪应力所需的剪应变有所差异,此时剪应变仍随法向应力的增大呈减少趋势。当剪应力水平达到 80%时[图 5-17(d)],达到相同的剪应力水平需要的剪应变更高,说明高法向应力作用下张拉裂纹扩展限制较大,导致最终失稳破坏的剪切裂纹需要的剪应变随法向应力的增大而增大。

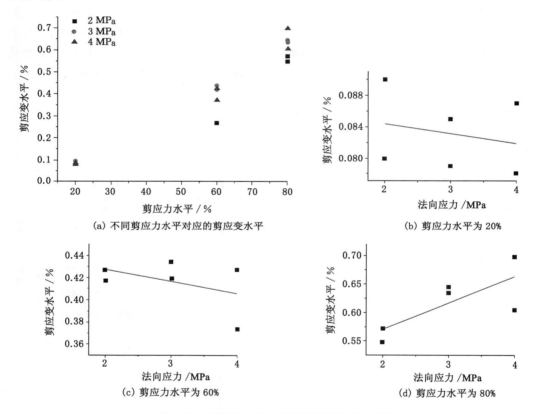

图 5-17　不同法向应力条件下剪应变分布曲线

图 5-18 为不同剪应力水平下法向应变随法向应力变化曲线。当剪应力水平为 0 时,法向应变随法向应力增加呈降低趋势,其机理与剪应变一致,高法向应力作用下试件内部孔裂隙被压密,达到相同剪应力所需的剪应变减少,产生的法向变形也减少。当剪应力水平为 60%时与 80%时,其变化趋势与剪应变关系对应,这里不再赘述。

由图 5-19(a)可以看出,随着剪应力水平提高,不同法向应力的累计 AE 事件均呈增高趋势,剪应力水平由 20%增至 60%,累计 AE 事件增长约 2 000,而当剪应力水平由 60%增高至 80%,累计 AE 事件增长约 7 000,说明岩石在剪应力作用下的损伤主要发生在剪应力

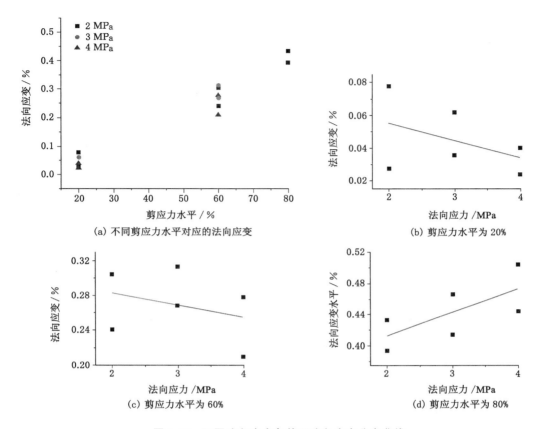

图 5-18　不同法向应力条件下法向应变分布曲线

水平达到较高阶段后。当剪应力水平较低时,试件内部的损伤主要有原生微裂隙的萌生扩展,且裂纹扩展类型主要为Ⅰ型裂纹,其耗能低,产生损伤较少。当剪应力水平较高时,试件内部还产生了新的微裂纹,且微裂纹之间产生贯通,裂纹扩展类型转变为Ⅰ型与Ⅱ型复合裂纹扩展方式,其耗能高,产生损伤较大。另外,当剪应力水平为 20% 时,随着法向应力的增加,累计 AE 事件近似呈均匀增大[图 5-19(b)]趋势;当剪应力水平为 60% 时[图 5-19(c)],法向应力为 4 MPa 时的累计 AE 事件明显高于低法向应力状态;当剪应力水平为 80% 时[5-19(d)],法向应力为 3 MPa 与 4 MPa 时的累计 AE 事件相差不大。在高法向应力作用下,Ⅰ型裂纹扩展受限,需要达到预定剪应力值(剪应力水平 60%),其Ⅱ型裂纹占比增加,因而损伤增加。当剪应力水平为 80%、法向应力为 3 MPa 时,内部同样产生一定比例Ⅱ型裂纹,其累计损伤与法向应力为 4 MPa 时的差距较小。

5.2.3.2　水力压裂阶段参数统计分析

如图 5-20 所示,在相同条件下,水力压裂试验的峰值水压具有明显的离散性,呈现"先上升、后下降"的趋势。当剪应力水平为 20%,离散性随法向应力增大呈降低趋势,说明法向应力将试件内部孔裂隙压密,有效降低了原生微裂隙对注水渗流的导向作用。当剪应力水平为 60% 时,法向应力为 3 MPa 时的离散性最大,这与剪应力致张拉裂纹是否经过注水孔附近有关。当张拉裂纹处于注水孔附近时,注水渗入已有裂隙中,沿已有裂隙扩展压裂,

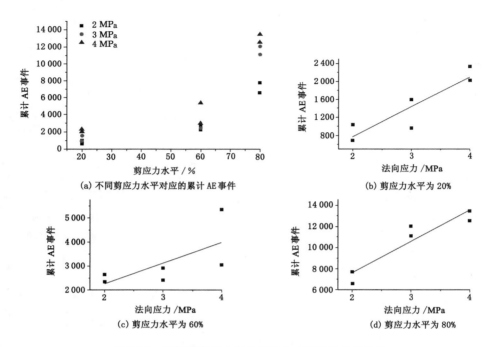

图 5-19 不同法向应力条件下累计 AE 事件分布曲线

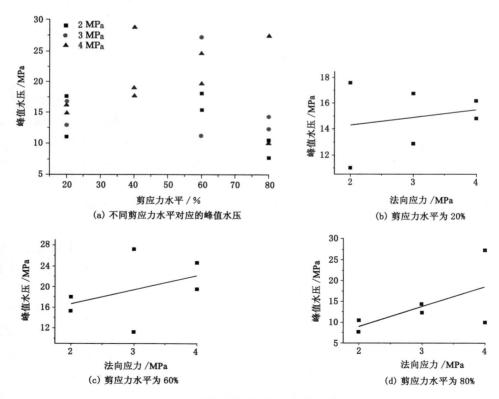

图 5-20 不同法向应力条件下峰值水压分布曲线

大大降低了致裂水压；当张拉裂纹未处于注水孔附近时，水压致裂产生新裂隙，在外在压剪应力作用下，需要较高的致裂水压。

当剪应力水平为 80% 时，剪应力致拉剪裂纹已发育，成为水压致裂的导向裂隙，但也有未通过的情况。针对同一剪应力水平，其致裂水压均随着法向应力呈增加趋势。

如图 5-21(a) 所示，在剪应力水平为 20% 和 60% 下，累计 AE 事件相差不大，此处不能简单地认为水压致裂模式一致。当剪应力水平为 20% 时，压剪应力较低，产生损伤较少；当剪应力水平为 60% 时，由于试件内部已存在剪应力致张拉裂纹，注水渗入已有裂隙并继续扩展，产生更高的剪应力，裂纹继续扩展且损伤较高。

当剪应力水平为 80% 时，2 MPa 法向应力产生损伤较小，3 MPa 和 4 MPa 法向应力造成损伤较大。在剪应力水平为 20% 条件下，水压致裂损伤随法向应力增大近似呈线性增大趋势[图 5-21(b)]，而在剪应力水平为 60% 和 80% 条件下，法向应力为 2 MPa 时的损伤明显低于法向应力为 3 MPa 和 4 MPa 的。

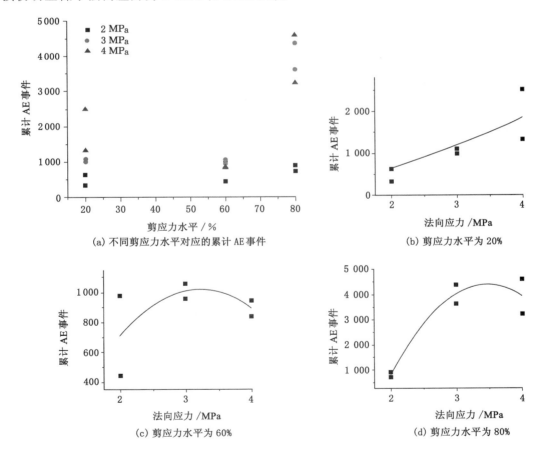

(a) 不同剪应力水平对应的累计 AE 事件

(b) 剪应力水平为 20%

(c) 剪应力水平为 60%

(d) 剪应力水平为 80%

图 5-21　不同法向应力条件下水力压裂过程累计 AE 事件分布曲线

5.2.3.3　不同阶段损伤参数对比分析

不同法向应力条件下全过程损伤随剪应力水平增加变化趋势与剪应力加载阶段和水力压裂阶段均较为一致，如图 5-22 所示。当剪应力水平较低时，累计 AE 事件增长相对缓慢；

当剪应力水平较高时，累计 AE 事件增长较快。随着法向应力的增加，当剪应力水平为 20%时，累计 AE 事件呈线性增加趋势；当剪应力水平为 60%时，累计 AE 事件在 4 MPa 时增长幅度较大；当剪应力水平达到 80%时，累计 AE 事件在 3 MPa 时呈较大的增长幅度。这些与试件所受压剪应力有关，当剪应力水平为 60%时，4 MPa 法向应力与剪应力综合作用应力场对注水孔附近的水压致裂扩展产生影响；当剪应力水平为 80%时，剪应力的增大，法向应力达到 3 MPa 时综合作用应力场将影响注水孔附近水压致裂扩展方式。

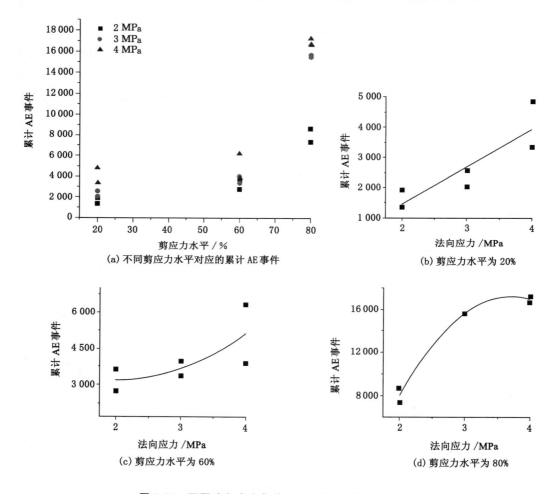

图 5-22 不同法向应力条件下总累计 AE 事件分布曲线

对各阶段损伤占整体损伤百分比进行分析，如图 5-23 和图 5-24 所示。

在不同法向应力作用下，随着剪应力水平增大，剪应力加载阶段损伤占比呈增大趋势 [图 5-23(a)]。

由于裂纹扩展萌生贯通主要发生在剪应力水平达到 60%以后，随着法向应力变化，不同剪应力水平下的变化趋势有所差别。当剪应力水平为 20%时[图 5-23(b)]，随着法向应力增加，剪应力加载段累计 AE 事件呈减小趋势，说明在较低剪应力作用下，剪应力加载造成的损伤主要为微裂纹萌生；而在水力压裂阶段，需要产生贯穿裂纹，受应力场影响部分更

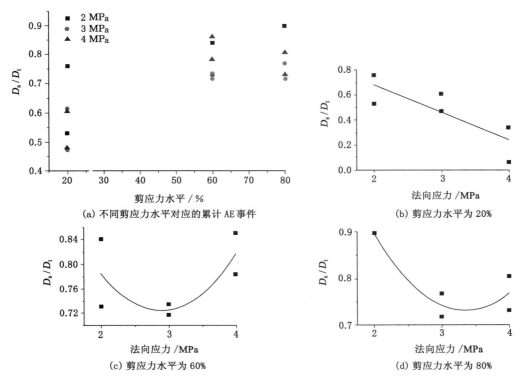

图 5-23　不同法向应力条件下剪应力加载段累计 AE 事件占比分布曲线

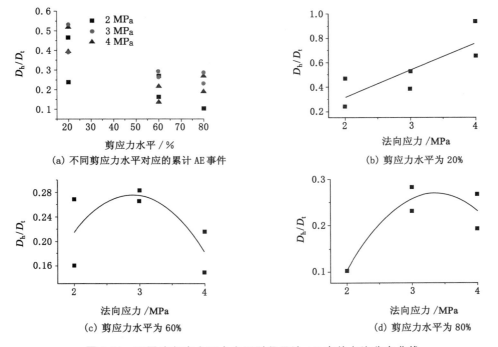

图 5-24　不同法向应力下水力压裂段累计 AE 事件占比分布曲线

大,因而水力压裂阶段与法向应力相关性更高。

图 5-23(c)所示,随着法向应力增加,剪应力加载阶段累计 AE 事件数呈"先减小、后上升"趋势。当法向应力为 2 MPa 时,砂岩试件的主要破坏方式沿压剪应力致裂隙继续扩展和沿注水孔产生劈裂破坏,产生损伤较少,AE 事件较少。当法向应力达到 3 MPa 时,在注入水压过程中,由于法向应力的限制,试件内部既有沿压剪应力致裂隙继续扩展和沿注水孔产生劈裂破坏,也促进了剪切裂纹的萌生扩展,在水力压裂段损伤较大,累计 AE 事件数较多。当法向应力为 4 MPa 时,沿压剪应力致裂隙继续扩展相对法向应力为 3 MPa 时变少,主要沿注水孔产生破裂破坏,损伤较少,从而剪应力加载段损伤占比再次上升。

如图 5-23(d)所示,当法向应力为 2 MPa 时,剪应力加载阶段累计 AE 事件占比最大(90%左右),说明在该法向应力条件下,水力压裂阶段产生的损伤主要来自沿已有压剪应力致裂隙继续扩展,损伤较少。当法向应力为 3～4 MPa 时,剪应力加载阶段损伤占比在50%,甚至低于 50%,说明水力压裂过程中产生的损伤较多。在高剪应力与高法向应力作用下,剪应力加载阶段裂纹的扩展方式主要为张拉裂纹和剪切裂纹,其中张拉裂纹占比较大,产生损伤较少,并且在注入水压过程中促进了剪切裂纹的萌生与扩展;同时,随着法向应力增大,其裂纹扩展略有增加,将导致剪应力加载阶段损伤占比较低。

5.2.3.4 宏观破坏方式对比分析

由图 5-25 可以看出,当剪应力水平为 20%时,法向应力与剪应力对水压致裂裂纹扩展方向与方式均影响较小,主要沿注水孔发生劈裂破坏;当剪应力水平为 80%时,法向应力与剪应力对水压致裂裂纹过程呈现较强的导向作用。由于高剪应力的作用,试件内部沿应力最弱面产生张拉与剪切裂纹,注水渗入裂隙中,促使已有裂隙继续扩展,直至压裂。虽然宏观破坏方式较为一致,但断裂结构面的倾角却随法向应力有所变化。随着法向应力增加,断裂结构面倾角呈降低趋势,这与压剪应力致裂纹扩展的最初倾角有关。由莫尔-库仑准则可知,法向应力越大,剪应力越大,强度包络线与莫尔圆切线与 x 轴夹角越小,破坏面与剪应力方向夹角越小。

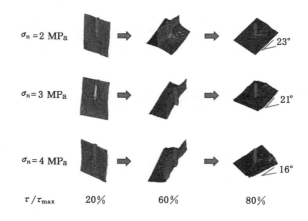

图 5-25　不同法向应力条件下试件宏观破坏方式随剪应力水平变化对比分析

当剪应力水平为 60%时,试件所受压剪应力与注水压力综合作用,并无某一影响因素呈现主导性。当法向应力较少时,注水渗入压剪应力致裂纹并促进其继续扩展,同时注水压力增加过程中也达到了沿注水孔致裂的压力,从而产生交错裂隙。当法向应力较大时,注水渗入压剪应力致裂纹并促进其继续扩展能力降低,但在注水压力增加过程中也达到了沿注水孔致裂的压力,因而在最终宏观破坏形态中压剪应力主要裂纹扩展只有部分,并未产生贯穿于整个预剪切破坏面的裂隙。

5.3　煤岩注气条件下剪切-渗流耦合特性

5.3.1　砂岩注气-压剪荷载耦合作用特性

致密砂岩气在我国主要有致密砂岩气和深盆气两种赋存形式。我国许多盆地具备形成深盆气的条件,也有较大的资源潜力,这些盆地包括:鄂尔多斯盆地、四川盆地、塔里木盆地、准噶尔盆地、吐哈盆地、南华北盆地等。本节针对砂岩在注气条件下的剪切破坏试验,探讨注气对砂岩剪切性质的劣化影响。

5.3.1.1　不同法向应力

（1）力学曲线对比分析

如图 5-26 所示,剪应力随剪应变变化趋势较为一致,在注气条件下,加载前期,剪应力随剪应变增加呈"先上凹形—线弹性—屈服贯穿—峰值、后陡降"趋势;由流量可知,注气剪切断裂过程中同样有贯穿应力点。还可以看出,法向变形变化趋势与剪应力变化趋势较为一致,呈"缓慢上凹形—近似线性—减速增长"趋势,当贯穿应力点后,法向应变增长坡度放缓。由于气的低黏度高渗透性,气的流量变化只能对贯通裂纹的产生与扩展定性表征,无法量化,随着法向应力增大,峰值前的流量呈降低趋势。需要说明的是,由于气的高渗透性,当法向应力较低、裂隙开度较大时,流量增加至 200 L/min,超过流量计量程,数据不再记录。

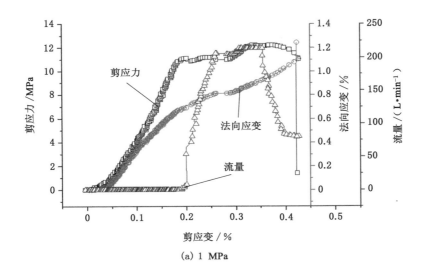

(a) 1 MPa

图 5-26　不同法向应力条件下剪应力、法向应变与流量随剪应变变化对比曲线

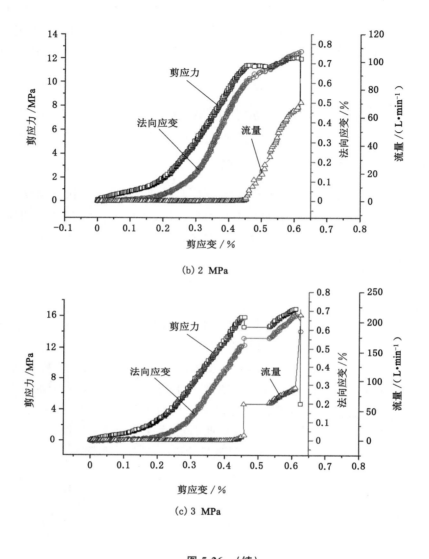

(b) 2 MPa

(c) 3 MPa

图 5-26　（续）

（2）力学参数统计分析

如图 5-27 所示，贯穿剪应力随着法向应力增加呈增大趋势，说明在注气压力较低时气对裂纹尖端扩展的应力强度因子作用较弱，贯穿裂纹的产生的主导因素仍为压剪应力，法向应力增大使法向应变受到约束，张拉裂纹扩展也受到约束。因此，在更高的剪应力作用下，剪应变增大，在泊松效应作用下煤岩才会发生贯穿裂纹，使气由内部扩散到试件外；同时，随着法向应力的增大，贯穿法向应变呈减小趋势。

如图 5-28 所示，当注气压力较低时，峰值应力点处各参数随法向应力增加，其变化趋势与完整砂岩较为一致：法向应力增大，峰值剪应力增大，峰值剪应变增大，峰值法向应变减小。这与压剪应力作用下的裂纹扩展方式有关，法向应力的增大，约束了法向应变，进而约束了张拉裂纹的扩展，试件发生剪切断裂中剪切裂纹的比例增加，剪应变增加。

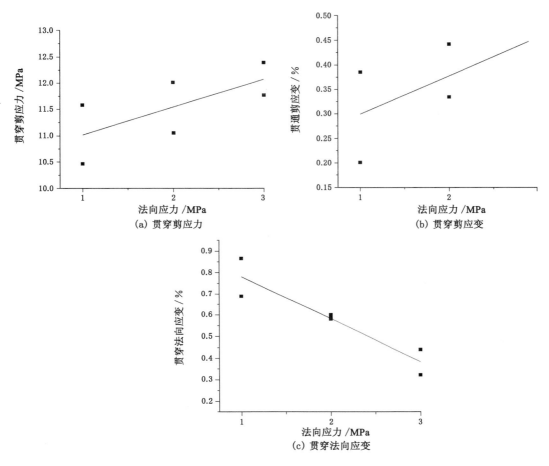

图 5-27 贯穿剪应力处特征参数随法向应力变化趋势曲线

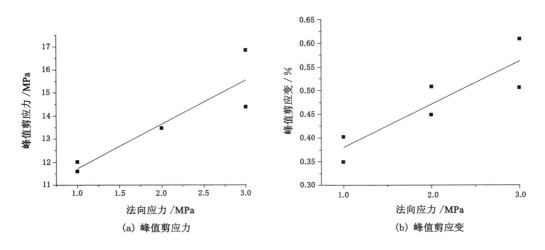

图 5-28 峰值剪应力处特征参数随法向应力变化趋势曲线

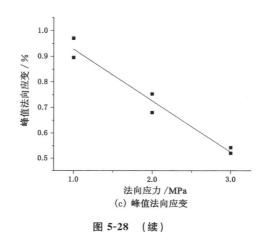

(c) 峰值法向应变

图 5-28　（续）

　　如图 5-29 所示,虽然贯穿剪应力与峰值剪应力均随法向应力增加呈上升趋势,但贯穿剪应力水平随法向应力增加呈减小趋势。这是由于贯穿裂纹主要为张拉裂纹,随法向应力增大,剪切裂纹扩展比例增加,当张拉裂纹贯穿后,仍然需要施加剪应力使得剪切裂纹接续扩展直至最终破坏,法向应力越大,贯穿后继续施加的剪应力也越大,需要的剪应变也越大,所以贯穿剪应力与峰值剪应力之比呈减少趋势。

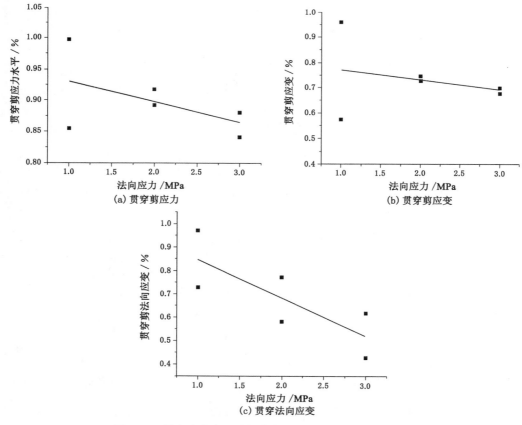

图 5-29　贯穿应力水平特征参数随法向应力变化趋势曲线

　　研究表明，峰值法向应变水平随法向应力增加，其变化趋势与贯穿法向应变与峰值法向应变变化趋势较为一致。这是由于法向应力增加，单条张拉裂纹扩展长度受到约束，张拉贯穿裂纹在剪切破坏中的占比减小，贯穿裂纹产生后继续发生的应变量呈增大趋势，从而使得贯穿法向应力水平随法向应力增加呈减小趋势。

　　（3）宏观破坏特征演化分析

　　如图 5-30 所示，当法向应力为 1 MPa 时，剪切断裂面较为平整，断裂面擦痕较少，主要为张拉裂纹扩展方式；当法向应力为 2 MPa 时，结构面擦痕较明显，剪切裂纹占比增加，结构面沿剪切方向主要出现一个起伏体，同时注气孔对裂纹扩展路径具有明显的影响；当法向应力达到 3 MPa 时，结构面更为平整，出现两个起伏体，同时注气孔对裂纹扩展的影响减弱。

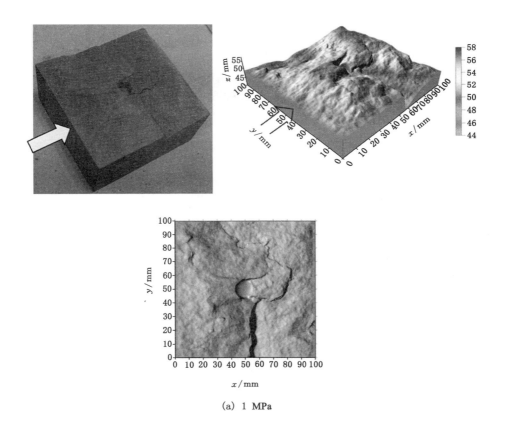

(a) 1 MPa

图 5-30　不同法向应力条件下剪切断裂结构面宏观对比分析

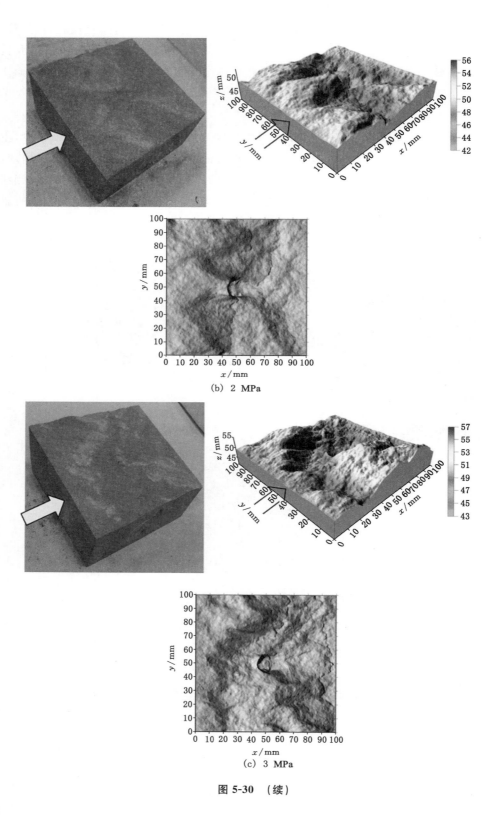

(b) 2 MPa

(c) 3 MPa

图 5-30 (续)

5.3.1.2 不同注气压力

（1）力学曲线对比分析

如图 5-31 所示，各参数随剪应变增加其变化趋势与前文较为一致，此处不再赘述。值得指出的是，在贯穿应力点之后，流量随注气压力的增大呈增大趋势；同时，随着注气压力增加，由贯穿应力点到峰值应力点需要的剪应变呈降低趋势。

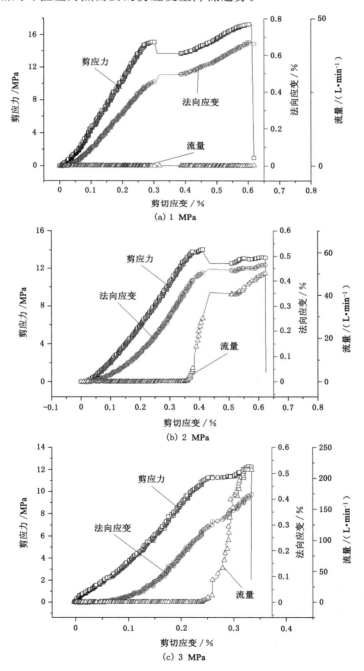

图 **5-31** 不同注气压力条件下剪应力、法向应变与流量随剪应变变化对比曲线

（2）力学参数统计分析

如图 5-32 所示，贯穿剪应力、贯穿剪应变与贯穿法向应变均随注气压力增加呈降低趋势。这是由于注气压力增加，虽然注气对岩石没有明显的软化作用，但注气增大了试件内部孔隙压力，降低了有效应力，同时也降低了裂纹尖端的应力强度因子，促进了张拉裂纹的扩展，从而使得贯穿剪应力的降低，贯穿剪应变与贯穿法向应变随之降低。

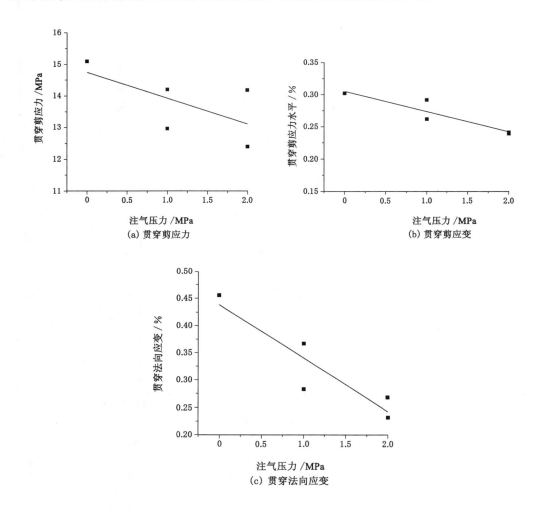

图 5-32　贯穿剪应力处特征参数随注气压力变化趋势曲线

如图 5-33 所示，峰值应力点处的各参数同样随注气压力的增加呈降低趋势。在法向应力保持不变的情况下，注气压力的升高，降低了试件内部的有效应力，促进了张拉裂纹的扩展，从而降低了峰值剪应力，试件发生剪切断裂过程中张拉裂纹所占比例增加；同时，有效应力的增加降低了裂纹尖端扩展应力强度因子，在张拉裂纹扩展同样长度条件下，注气压力较高条件下张拉裂纹所产生的膨胀变形低于注气压力较低时，从而使得峰值法向应变与峰值剪应变随注气压力增加呈降低趋势。

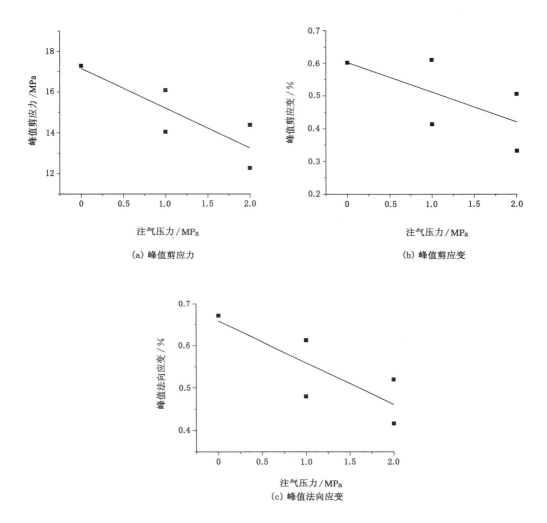

(a) 峰值剪应力

(b) 峰值剪应变

(c) 峰值法向应变

图 5-33 峰值剪应力处特征参数随注气压力变化趋势曲线

如图 5-34 所示,贯穿剪应力水平随注气压力增加呈降低趋势。研究表明,当注气压力较低时,有效应力较大,法向约束较大,剪应力较大时试件中张拉裂纹得以扩展;当注气压力较高时,有效应力降低,剪应力较小时试件中张拉裂纹便得以扩展贯穿。因此,在无贯穿裂纹产生前,注气压力对有效应力的降低具有明显效果。

另外,贯穿剪应变水平随注气压力增加而升高。研究表明,当贯穿裂纹产生以后,气对裂隙壁的静气压力作用,注气压力对张拉裂纹的进一步扩展具有促进作用;同时,贯穿法向应变水平随注气压力增加呈降低趋势,这与剪应力水平变化趋势一致。

(3)宏观破坏特征演化分析

如图 5-35 所示,随着注气压力增加,剪切断裂结构面演化趋势规律明显,注气压力越大,剪切断裂结构面越平整。当无注入气压时,结构面起伏较大,尤其是注气孔附近,由于注气孔将试件中心部分隔断,张拉裂纹在扩展过程中未通过剪切裂纹贯通,从而注气孔附近起伏最

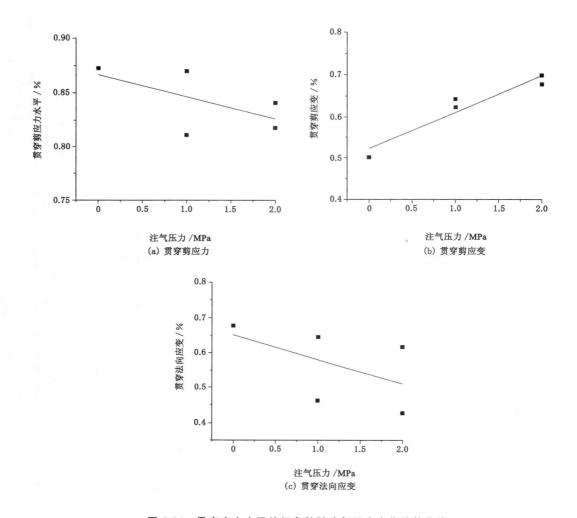

图 5-34　贯穿应力水平特征参数随注气压力变化趋势曲线

大。当注气压力为 1 MPa 时,注气孔附近孔隙压力增加,有效应力降低,结构面整体演化趋势与无气压条件下较为一致,但注气孔对结构面的起伏程度影响减弱。当注气压力升至 2 MPa 时,注气孔对断裂结构面已无明显影响。

5.3.2　页岩注气-压剪荷载耦合作用特性

页岩是一种连续的富含有机烃源的岩石,它既可以是石油(石油和天然气)生产的源岩,也可以是油气生产的储集岩。近年来,我国大力发展页岩气开采。由于页岩的致密低渗特性,往往需要辅助手段促进开采,如水力压裂;由于页岩相对于甲烷,其对与二氧化碳的吸附性较高,使得注入二氧化碳压裂与驱替页岩气成为新的研究方向。基于此,本章进行恒定注入气压 2 MPa、不同法向应力条件下的页岩剪切断裂试验,探讨注气压力对页岩剪切性质的劣化影响,为工程实践与灾害预防提供试验基础。

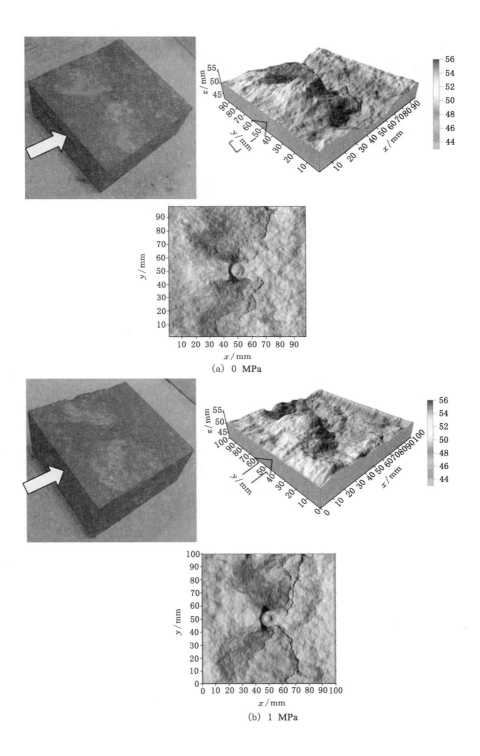

图 5-35　不同注气压力条件下剪切断裂结构面宏观对比分析

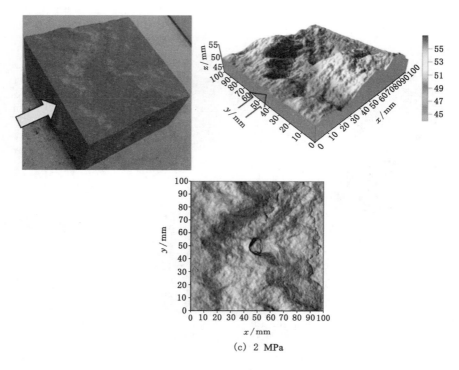

(c) 2 MPa

图 5-35 （续）

5.3.2.1　力学曲线对比分析

如图 5-36 所示，由页岩的层理发育可知，剪应力随剪应变增加，在贯穿应力点之后，剪应力呈阶梯状增加，这与砂岩不同。同时，当法向应力较低时，法向应变随剪应力的阶梯状变化呈阶梯状；当法向应力较高时，法向应变较为平稳，无明显阶梯状变化。研究表明，当法向应力较低时，试件内部发生破裂，剪应变突变，试件内部节理面发生错动，使得剪应变与法向应变突变；当法向应力较高时，节理面摩擦力较大，无法发生错动或错动较小，使得法向应变的变化趋势较为平稳。

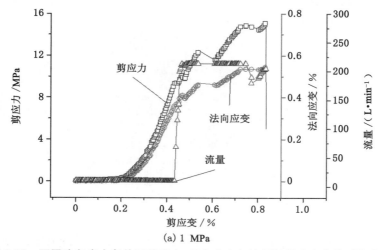

(a) 1 MPa

图 5-36　不同法向应力条件下剪应力、法向应变与流量随剪应变变化对比曲线

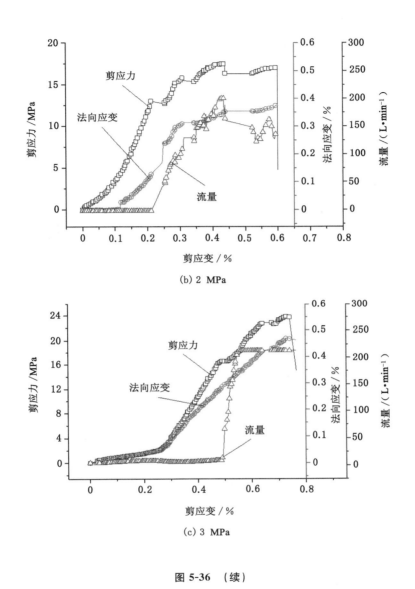

(b) 2 MPa

(c) 3 MPa

图 5-36 (续)

5.3.2.2 力学参数统计分析

如图 5-37 所示,贯穿剪应力随法向应力增加呈升高趋势,贯穿法向应变随法向应力增加呈降低趋势。与砂岩不同的是,贯穿剪应变随法向应力的增加呈降低趋势,这是由于在法向应力作用下,页岩中原生节理面被压实导致的。另外,页岩在高杨氏模量、法向应力较低时,当剪应力大于原生节理面剪切强度时,节理面开启发生错动;当法向应力较高时,节理面剪切强度增大,贯穿裂纹的产生由原生节理面错动转为产生张拉裂隙。

研究表明,图 5-38 的变化趋势与图 5-37 较为一致。随着法向应力和峰值剪应力的增大以及峰值法向应变的降低,峰值剪应变亦呈降低趋势,这与页岩内部的原生节理与破断方式有关。

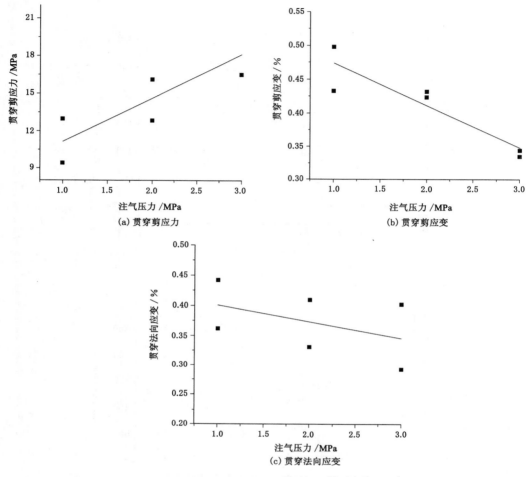

图 5-37　贯穿剪应力处特征参数随法向应力变化趋势曲线

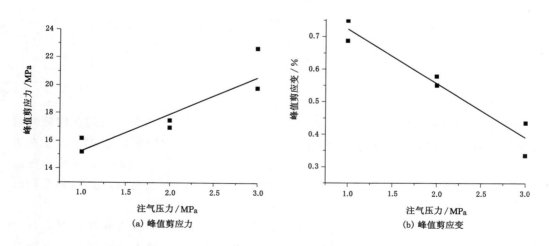

图 5-38　峰值剪应力处特征参数随法向应力变化趋势曲线

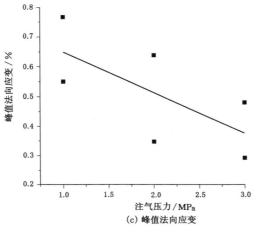

(c) 峰值法向应变

图 5-38 (续)

如图 5-39 所示，贯穿剪应力水平随法向应力增加呈降低趋势。当法向应力较低时，试件裂纹扩展主要沿原生节理面；当产生贯穿裂纹时，剪应力与峰值剪应力较为接近；当法向应力较高时，在压剪应力作用下产生贯穿张拉裂纹，而后剪应力继续增加，最终试件由剪切裂纹联结张拉裂纹致剪切断裂。沿原生结构面开裂需要的剪应变与法向应变相对于产生新的张拉裂纹均较低，导致贯穿剪应变水平与贯穿法向应变水平均随法向应力增加呈升高趋势。研究表明，原生结构面对岩体的力学性质具有很大影响。

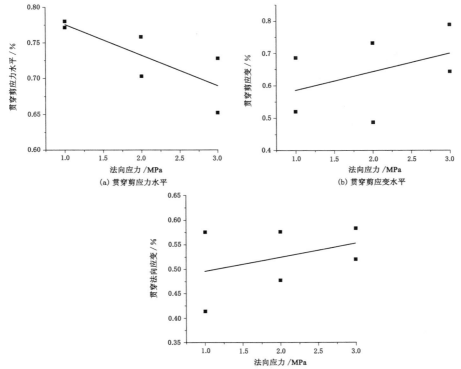

图 5-39 贯穿应力水平特征参数随法向应力变化趋势曲线

5.3.2.3 宏观破坏特征演化分析

下面对不同法向应力条件下剪切断裂结构面进行宏观对比分析(图 5-40)。

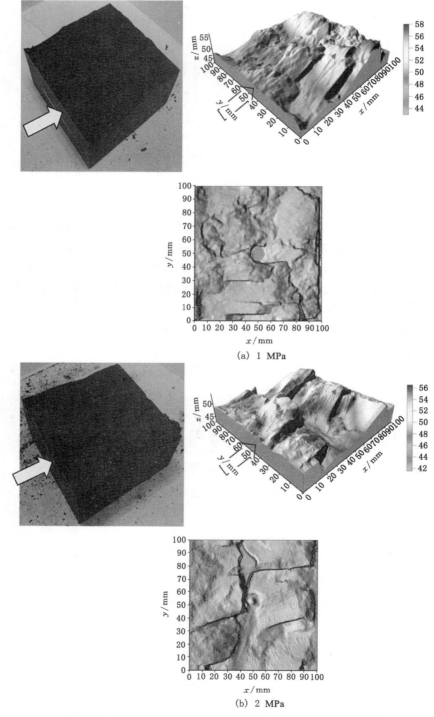

图 5-40 不同法向应力条件下剪切断裂结构面宏观对比分析

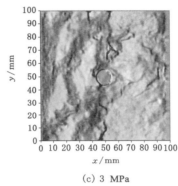

(c) 3 MPa

图 5-40 （续）

研究表明,当法向应力较低时,主要沿单条平整的原生结构面发生破裂,结构面沿剪切方向夹角较大;当法向应力增高时,剪切断裂结构面趋于平整,主要沿预剪切破裂面发生破裂,剪切断裂结构面连接着多条原生结构面,其剪切断裂结构面呈锯齿状,如图中"→"所示,随法向应力由 1 MPa 增至 3 MPa,剪切断裂结构面由只包含 1 条原生结构面到包含 3 条原生结构面。

5.3.3 型煤注气-压剪荷载耦合作用特性

据不完全统计资料显示,我国埋深在 1 000 m 以下的煤炭资源量占到了已探明 5.9 万亿 t 煤炭资源的 53%,并且开采深度以平均 $10\sim25$ m/a 的速度增加[112]。随着开采深度的增加,开采成本与危险系数也在增加。当煤层无法开采或开采价值不大时,可优先开采煤层气,而二氧化碳驱替煤层气以增加煤层气抽采率已成为近年来研究的热点。基于此,本小节针对二氧化碳注入煤层这一背景,探索注入气体压力对煤层剪切性质的影响与不同法向应力条件下注入气体过程中参数演化规律,为工程施工中的灾害辨识提供试验依据。

5.3.3.1 不同法向应力

（1）力学曲线对比分析

如图 5-41 所示,剪应力随剪应变变化曲线与砂（页）岩等硬岩不一样,无明显的峰值阶段,而是随剪应变增加缓慢增加,直至平稳;同时,由于型煤较软,塑性较大,剪切过程中预剪切破坏面均匀变形,无明显的较大裂纹扩展贯通,剪应力随剪应变增加无明显的屈服阶段,未发现明显的贯穿应力点。由于型煤近似均匀多孔介质,在剪切加载初期既有流量产生,又随剪应变增加呈减低趋势,这与型煤试件的受力有关。随着剪应力的增加,试件内部的压剪应力也在增大,注气孔附近的煤体被压实,渗透性降低,流量下降。

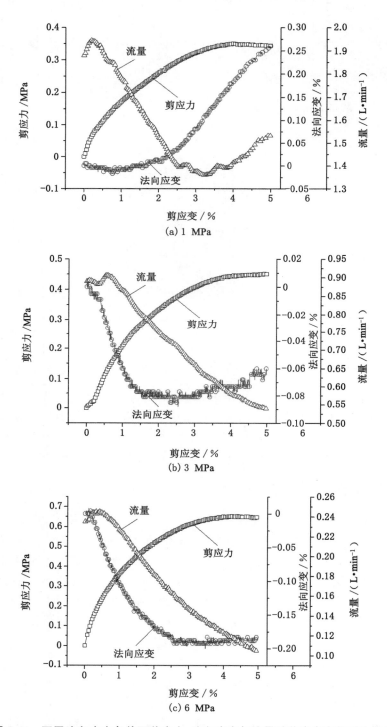

图 5-41 不同法向应力条件下剪应力、法向应变与流量随剪应变变化对比曲线

如图 5-42 所示,剪应力随法向应力增加呈增加趋势,因为型煤试件随法向应力增大,密实度也在增加。不同于硬岩在不同法向应力条件下法向应变的变化趋势较为一致,型煤试件随法向应力增加,法向应变的变化较大。当法向应力较低时,法向约束较小,剪切过程中法向应变出现增大趋势,这是由于剪切前期在压剪应力作用下,试件内部被压实,当剪应力继续加载,试件内部裂纹扩展,膨胀突破法向约束。当法向应力增大后,法向应变呈先减小后稳定趋势,剪应力加载初期,试件内部应力增大,型煤试件被压实,随剪应力继续增加,膨胀不足以克服法向应力,继而保持稳定。还可以看出,试验全过程流量随法向应力增加呈降低趋势。在剪应力加载初期,流量均因试件压实压密呈降低趋势,当法向应力较低时,试件发生膨胀,流量稍微有所增加;当法向应力较高时,流量随法向应变减小呈降低趋势,且初始法向应力越大,流量降低速率越慢。

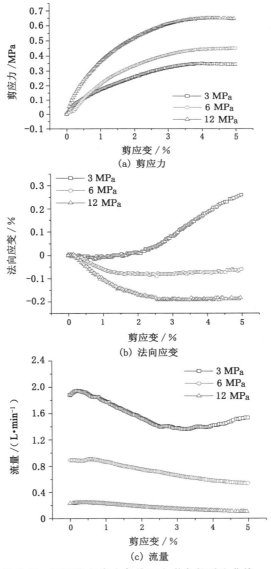

(a) 剪应力

(b) 法向应变

(c) 流量

图 5-42　不同法向应力条件下力学参数对比曲线

（2）宏观破坏特征演化分析

如图 5-43 所示,随着法向应力增加,型煤试件的剪切断裂结构面起伏度降低,趋于平整。由于型煤较软,注气孔并未对剪切断裂面的裂纹扩展方式造成直接影响。

(a) 3 MPa

(b) 6 MPa

图 5-43　不同法向应力条件下剪切断裂结构面宏观对比分析

(c) 12 MPa

图 5-43 （续）

5.3.3.2 不同注气压力

（1）力学曲线对比分析

如图 5-44 所示，不同注气压力条件下各力学参数随剪应变演化曲线与前文一致。剪应力随剪应变增加呈下凹形增长至稳定，法向应变随剪应变增加呈"先降低、后稳定"趋势，流量则在剪应变为 5% 范围内呈连续降低趋势。

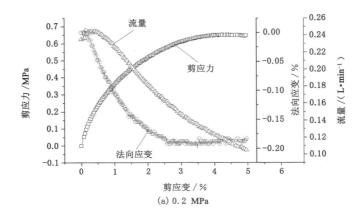

(a) 0.2 MPa

图 5-44　不同注气压力下剪应力、法向应变与流量随剪应变变化对比曲线

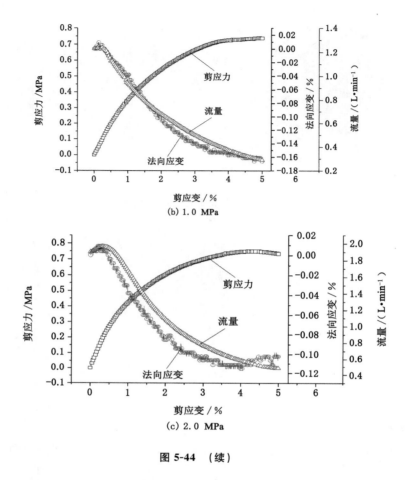

(b) 1.0 MPa

(c) 2.0 MPa

图 5-44 （续）

　　如图 5-45 所示，剪应力随注气压力增高呈略微增大趋势。型煤为均匀疏松多孔介质，随着注气压力增大，试件内部有效应力降低，试件中张拉裂纹增多，张拉裂纹走向与剪切方向夹角增大，法向应变增大，使得剪应力有所增大。同时，随着注气压力增大，流量呈增大趋势，但其差距随剪切应变增加呈减小趋势。

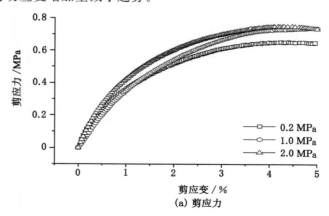

(a) 剪应力

图 5-45　不同注气压力条件下力学参数对比曲线

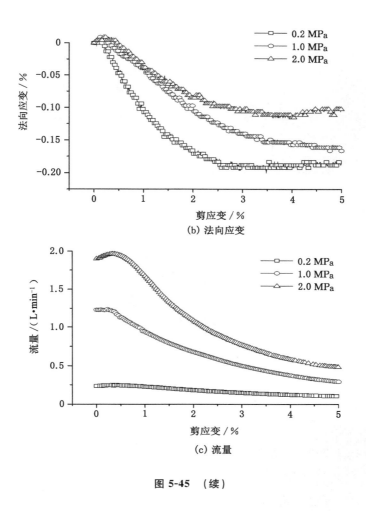

(b) 法向应变

(c) 流量

图 5-45 （续）

（2）宏观破坏特征演化分析

如图 5-46 所示,型煤试件剪切断裂特征与力学参数演化规律一致。当注气压力较低时,试件裂纹扩展方式主要为剪切裂纹,剪切断裂结构面较平整,起伏较小;随着注气压力增加,试件内部有效应力降低,张拉裂纹扩展,剪切断裂结构面起伏较大,其试件中心注气区域与周边区域区别明显。通过以上分析发现,致密硬砂岩与松软型煤受注气压力影响,其力学性质变化规律截然不同,在工程实践中要具体辨别,从而制定不同的施工方案。

5.3.4 不同岩样注气-压剪荷载耦合作用对比分析

通过上述分析发现,不同岩样在注气-剪切耦合作用下力学参数演化规律有所不同。因此,本小节针对不同原生裂隙发育程度的硬岩（砂岩、页岩）以及不同软硬程度的均匀各项同向岩样（砂岩、型煤）,对剪切过程中的力学参数演化规律与宏观剪切断裂结构面进行对比分析,为工程实践提供试验依据。下面分析中的法向应力均为 3 MPa,注气压力均为 2 MPa。

(a) 0.2 MPa

(b) 1.0 MPa

图 5-46 不同注气压力条件下剪切断裂结构面宏观对比分析

(c) 2.0 MPa

图 5-46 （续）

5.3.4.1 力学曲线

如图 5-47 所示,针对不同原生裂隙发育程度的砂岩与页岩,原生裂隙较为发育的页岩在剪应力加载前期,剪应力随剪应变变化曲线呈明显的上凸形,具有明显的孔裂隙压密阶段。不同于砂岩,页岩在进入屈服阶段后,原生裂隙张开,裂隙开度较大,流量迅速增长至最大值,且页岩进入屈服阶段后剪应力出现多次波动,均与原生裂隙的开启与新裂纹的萌生扩展有关。砂岩在进入屈服阶段后,伴随裂纹的继续萌生扩展贯通,法向应变仍呈明显的增加趋势;而页岩在进入屈服阶段后,伴随剪应力的波动而波动,但增加趋势不明显。

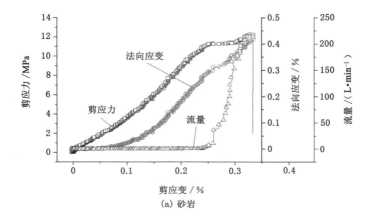

(a) 砂岩

图 5-47 不同岩样下剪应力、法向应变与流量随剪应变变化对比曲线

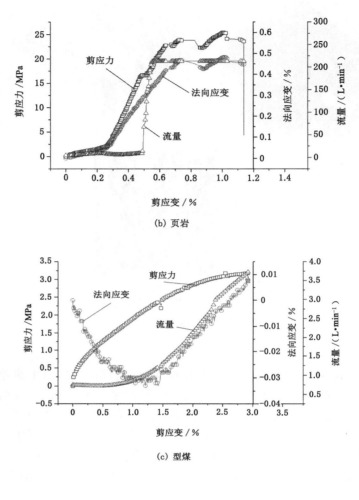

(b) 页岩

(c) 型煤

图 5-47 （续）

对比不同软硬疏密程度的砂岩与型煤,砂岩在剪切过程中具有明显的屈服阶段,并且试件存在高杨氏模量,裂纹扩展过程中法向应变不断增大,其流量在贯穿裂纹产生之后出现;型煤无明显屈服阶段与峰值阶段,且型煤质地松软,剪应力加载初期试件内部存在压实阶段,法向应变降低,当试件内部无法继续压实时,由于试件内部裂纹扩展膨胀,法向应变增加,流量随之增大。试验中,由于型煤试件具有高塑性,所以参数演化过程均呈渐变式,与脆性砂岩的突变式不同。

如图 5-48 所示,原生裂隙主要影响应力加载初期,存在明显的孔裂隙压密阶段,且页岩在初始阶段有流量产生;同时,页岩达到峰值剪应力的剪应变与法向应变均高于砂岩,由于页岩试样自身的强度较高,其峰值剪应力依然较高。对于型煤试件,由于塑性较大,其力学特性接近土,所以与脆性岩石差异较大。

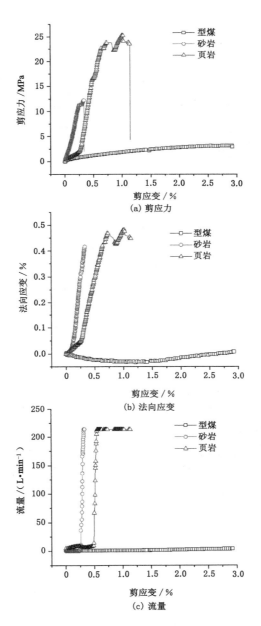

图 5-48　不同注气压力条件下力学参数对比曲线

5.3.4.2　宏观破坏方式

　　如图 5-49 所示,针对无原生裂隙的砂岩,其剪切断裂结构面呈波浪状起伏,且起伏连续,而页岩由于原生裂隙的存在,在压剪应力作用下,裂纹扩展方式为新的裂纹扩展贯通原生裂隙,结构面呈锯齿状;相对于砂岩,型煤由于质地松软,剪切断裂结构面裂纹扩展方式主要为滑动剪切裂纹,结构面较平整,无明显起伏,由于试件产生剪切错动,在剪应力加载端试件结构面出现张拉破坏。

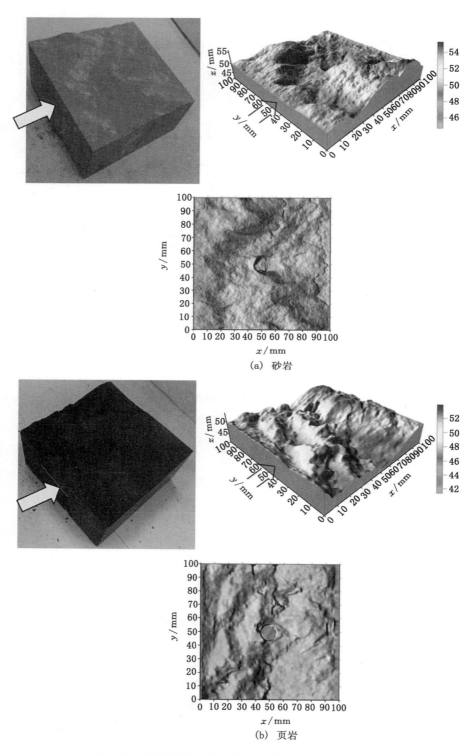

(a) 砂岩

(b) 页岩

图 5-49　不同岩样条件下剪切断裂结构面宏观对比分析

(c) 型煤

图 5-49　（续）

5.4　本章小结

本章对煤岩试件进行了不同试验条件下的剪切试验研究,并采用控制变量法分别开展了不同气体压力和不同法向应力条件下煤岩试件剪切-渗流耦合试验研究,得到以下主要结论:

(1) 岩石的剪切破坏过程分为 4 个阶段:孔裂隙压密阶段,微裂隙被压密闭合,剪应力增长速率较小;弹性变形阶段,剪应力增长较快,有少量裂隙萌生或形成;塑性变形阶段,微裂隙发展贯通形成局部裂隙,伴随有应力降的出现;破裂后阶段,裂纹进一步贯通形成宏观断裂面,最终导致砂岩试件失稳破坏。

(2) 法向应力越大,剪切面两侧颗粒间的摩擦阻力越大,砂岩抗剪强度越高,峰值剪切变形量越大,峰值法向变形量越小;随着法向应力的增大,主裂纹扩展更平直,次级裂纹发育更少,断裂面高度分布呈现更好的高斯特性,断裂面平整度更好。

(3) 相对含水率或孔隙水压越高,砂岩抗剪强度降低,峰值变形量也越小;随着相对含水率或孔隙水压的升高,主裂纹的扩展更容易,与预定剪切面的一致性更好,次级裂纹发育更少,断裂面粗糙度降低。

(4) 本书利用相关形状特征参数对各条件下的剪切断裂面形状特征进行定量对比分

析,发现随着法向应力的增大或相对含水率的升高,断裂面的起伏度和粗糙度均呈现降低趋势。

(5)法向应力越大,预定剪切面附近煤岩颗粒间的摩擦阻力也会随之越大,煤岩的峰值剪应力越高,型煤试件发生剪胀效应越不明显,煤岩剪断面的起伏度和粗糙度越小。

(6)型煤为多孔介质,气体在从注入渗出剪切腔体的过程中,会有部分气体压力起到增加法向应力的效果,从而增大试件的有效垂直应力;岩石试件较为致密,气体渗入剪切裂隙后,对裂隙面产生一定的张拉作用。因此,气体压力越大,张拉作用力也就越强,裂隙扩展速度就越快,岩石的峰值剪应力越低且岩石剪断面的起伏度和粗糙度随之增大。

(7)型煤与岩石试件剪切力学特性有诸多不同。型煤剪切破坏主要是塑性破坏,剪应力在达到峰值后,无大应力降,型煤试件更易观察到剪缩现象,且不同种材料剪断面形貌特征各有不同;页岩相对于砂岩和型煤试件,二维断面特征参数及三维断面特征参数更大,即页岩剪断面起伏度和粗糙度大于型煤和砂岩试件。

6 破断煤岩剪切-渗流耦合力学特性

含结构面煤岩体力学特性受诸如地应力、充填物性质以及工程扰动等因素的影响。由于风化或结构面剪切滑移,使得不连续岩体中充填细粒材料,其对岩体的力学行为产生较大影响[113]。基于此,本章开展不同充填厚度、不同充填材料、不同充填粒径条件下的结构面剪切-渗流耦合试验,探讨各影响因素条件下含充填结构面煤岩体的力学参数演化规律,为工程实践提供依据。

6.1 试验研究方法

6.1.1 试验方案

6.1.1.1 无充填结构面剪切-渗流耦合试验方案

下面针对剪切断裂与张拉断裂结构面开展不同法向应力条件下的对比试验。其中,针对剪切断裂结构面各向异性特征,开展不同剪切方向的对比试验;同时,针对张拉断裂结构面则开展了不同水头压力条件下的剪切-渗流耦合试验,如表 6-1 所列。

表 6-1 未充填结构面岩体剪切-渗流耦合试验方案

结构面类型	法向荷载 N/kN	剪切方向/(°)	水头压力 p_h/MPa
剪切断裂结构面	30	0	0
		30	
		60	
		90	
	60		
	90		
张拉断裂结构面	30	0	0/0.3
	60		
	90		

注:剪切方向为完整试件在剪切断裂时压剪荷载的加载方向与剪切断裂后复制结构面压剪荷载加载方向的夹角。

6.1.1.2 不同充填材料结构面剪切-渗流耦合试验方案

通过开展无水和注水条件下不同充填厚度、不同充填材料、不同充填粒径的结构面剪切-渗流耦合试验,探讨充填厚度、充填材料性质、充填粒径对含结构面岩体剪切失稳过程中力学参数的影响,如表 6-2 所列。

表 6-2　充填结构面岩体剪切-渗流耦合试验方案

充填物种类	充填厚度 h/mm	充填粒径 d/目	注入水压 p/MPa
黄泥	3	100~120	0/0.3
岩屑	3	20~40	0
		40~60	0/0.3
		100~120	0
石膏	1	100~120	0/0.3
	2		
	3		

注:法向荷载均为 30 kN。

6.1.2　试件制作

6.1.2.1　类岩石材料的选取与试件制作

为保证不同试验条件下含结构面岩体结构面的一致性,本书通过类岩石材料对同一结构面进行复制。基于此,本书试验所用岩样为砂岩,并且采用与砂岩力学参数相近的水泥砂浆作为类岩石材料,其中水泥:砂:水(质量比)=3:2:1。试样密度为 2.05 g/cm³,单轴抗压强度为 77.57 MPa,黏聚力为 14.37 MPa,内摩擦角为 62.39°,弹性模量为 5.95 GPa,泊松比为 0.18。

（1）砂岩结构面制备

本书采用张拉断裂与剪切断裂两种典型结构面作为研究对象,其中张拉断裂结构面采用巴西劈裂方式制备,剪切断裂结构面采用压剪试验制备,然后分别用水泥砂浆类岩石材料进行浇筑复制,如图 6-1 所示。

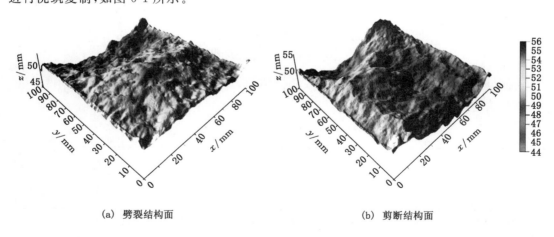

(a) 劈裂结构面　　　　　　　　　　　(b) 剪断结构面

图 6-1　不同成因结构面三维形貌图

（2）含结构面类岩石材料试件制备

含结构面试件为水泥砂浆浇筑,首先将砂岩上半部结构面朝上放入模具盒中浇筑类岩石材料试件下半部,模具盒与砂岩结构面涂抹一层矿物油,便于浇筑类岩石材料硬化后脱模。待类岩石材料硬化 24 h 后,进行脱模,并用浇筑硬化的下半部再次放入模具盒中通过相同的步骤浇筑上半部,待脱模之后放入标准混凝土养护箱养护 28 d,如图 6-2 所示。

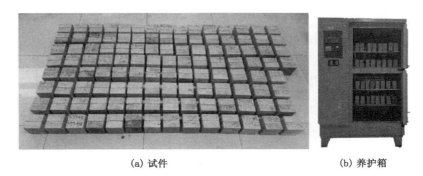

(a) 试件　　　　　　　　　　　　(b) 养护箱

图 6-2　类岩石材料浇筑试件

6.1.2.2　充填材料的选取及试件制作

裂隙岩体在周期扰动或滑移过程中,由于摩擦而产生断层泥。断层泥在地质构造应力与外部应力综合作用下,会进一步胶结或破碎,使断层充填物性质发生变化。为研究裂隙面充填物对其力学性质的影响,本书选用岩屑、黄泥和石膏[104] 3 种不同黏性材料作为充填材料。通过实验室球磨机对充填材料进行破碎研磨,并利用筛分机进行粒径筛分(图 6-3)。

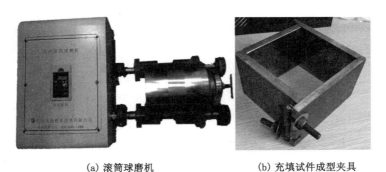

(a) 滚筒球磨机　　　　　　　　　　(b) 充填试件成型夹具

图 6-3　试验装置

对于不同充填粒径条件,依据土力学将土划分为粗砂、中砂与细砂[105],采用岩屑粒径分别为 20～40 目、40～60 目、100～120 目,对应的粒径为 0.42～0.82 mm、0.25～0.42 mm、0.12～0.15 mm。对于不同充填材料条件,分别采用 100～120 目的岩屑、黄泥和石膏(图 6-4)。对于不同充填厚度条件,分别采用石膏充填厚度为 1 mm、2 mm 和 3 mm。在充填材料充填之前,按充填材料质量的 30% 加水,与水混合后搅拌均匀,再进行压制成型(图 6-5),置于通风处阴干两天后进行剪切试验。

6.1.3　相关力学参数

本书在进行数据分析时,除对直接获得的剪切位移,压剪荷载,法向位移等数据进行分析,还将对以下参数进行分析:

图 6-4　粒径为 100～120 目的黄泥、石膏、岩屑

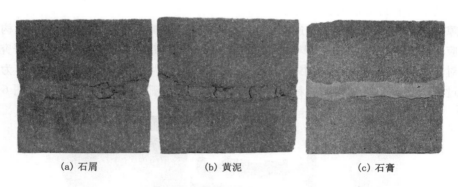

(a) 石屑　　　　　　　　　(b) 黄泥　　　　　　　　　(c) 石膏

图 6-5　不同充填材料试件成型实物图

（1）剪胀角[114]

$$\alpha = \tan^{-1} \frac{\mathrm{d}v}{\mathrm{d}u} \tag{6-1}$$

式中　α——剪胀角；

　　　u——剪切位移；

　　　v——法向位移。

（2）滑动摩擦角[114]

$$\varphi_{\mathrm{mob}} = \tan^{-1} \frac{\tau}{\sigma_{\mathrm{n}}} = \varphi_{\mathrm{b}} + \alpha \tag{6-2}$$

式中　τ——剪应力；

　　　σ_{n}——法向应力；

　　　φ_{b}——基本内摩擦角。

（3）裂隙力学开度

$$E \approx v \tag{6-3}$$

式中　v——法向位移。

（4）裂隙平均力学开度

$$\bar{E} = \frac{\sum \left[z_{up}(x,y) - z_{low}(x-dx,y) \right]}{A_{x-dx}} z_{up}(x,y) \geqslant z_{low}(x-dx,y) \tag{6-4}$$

式中，$z_{up}(x,y)$ 为上断面一点 i 的高度；$z_{low}(x-dx,y)$ 为下断面剪切位移为 dx 时，对应于上断面点 i 的投影点的高度；A_{x-dx} 为剪切位移为 dx 时上、下结构面投影重合面积（图 6-6）。

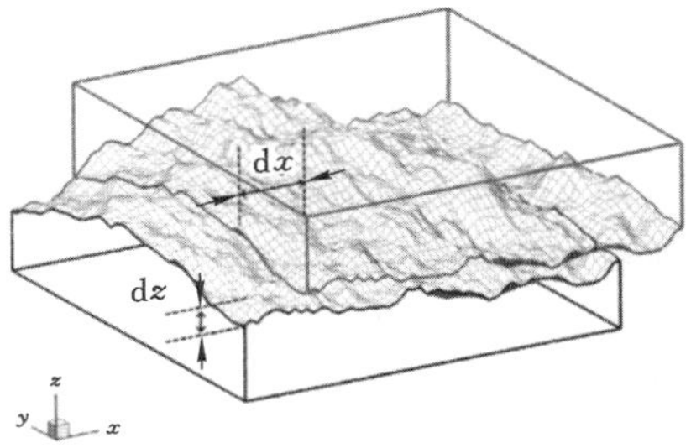

（5）裂隙水力等效开度[115-117]

$$e = \sqrt[3]{\frac{6Q\mu_w \ln(r_2/r_1)}{\pi g \rho_w \Delta H}} \tag{6-5}$$

图 6-6 剪切错动过程中裂隙开度示意图

（注：在计算裂隙开度时，未考虑剪切过程中由上、下结构面之间的磨损造成的误差）

式中 Q——流量；

     μ_w——水的动力黏度；

     r_2——裂隙的出水口等效半径；

     r_1——入水口半径；

     g——重力加速度；

     ρ_w——水的密度；

     ΔH——进水口与出水口之间的压力差。

对于矩形试件，出水口等效半径 r_2 计算公式如下[117-118]：

$$r_2 = \sqrt{\frac{L_1 \times L_2}{\pi}} \tag{6-6}$$

式中，L_1 与 L_2 分别为矩形试件渗流结构面的长与宽。

（6）接触面积率

$$c = \frac{\sum i_{[z_{up}(x,y) < z_{low}(x-dx,y)]}}{\sum i_{x-dx}} \tag{6-7}$$

式中 $\sum i_{[z_{up}(x,y) < z_{low}(x-dx,y)]}$——上、下结构面接触的点总数；

     $\sum i_{x-dx}$——剪切位移为 dx 时上、下结构面投影重合面上的点总数。

（7）有效裂隙开度

$$\tilde{e} = \frac{\sum \left[z_{up}(x,y) - z_{low}(x-dx,y) \right]}{A_{x-dx}(1-c)} z_{up}(x,y) \geqslant z_{low}(x-dx,y) \tag{6-8}$$

6.2 无充填结构面煤岩剪切-渗流耦合特性

6.2.1 不同成因结构面压剪力学特性

在压剪荷载作用下，岩体裂纹扩展方式主要为张拉裂纹与剪切裂纹，不同的裂纹扩展方式产生的断裂结构面不同。含结构面岩体在外荷载作用下发生二次滑移破坏时，其力学性质有所差异。基于此，本小节对剪切断裂结构面与张拉断裂结构面的剪切滑移力学性质进行研究，为工程实际提供试验依据。

6.2.1.1 剪切断裂结构面

岩体在构造应力与工程扰动过程中,往往会产生很多结构面,其中最为典型的是由地质构造作用产生的断层或剪切带,为剪切断裂结构面。为研究剪切断裂结构面的剪切破坏特性,本节开展不同法向荷载条件下的剪切断裂结构面压剪试验。

(1) 法向荷载为 30 kN

图 6-7 为法向荷载为 30 kN 条件下剪切断裂结构面力学变化曲线。如图 6-7(a)所示,压剪荷载加载初期(剪切位移位于点 a 与点 b 之间),压剪荷载呈快速上升阶段。由图 6-7(c)中滑动摩擦角变化可更加明显地看出,随着上、下结构面的接触面积达到最大[图 6-7(d)],有效开度也随之迅速增加。

在剪切位移加载初期,由于试件上、下两半部并未完全吻合[图 6-8(a)],随剪切位移加载,试件上、下两半部趋于吻合,呈明显的剪缩效应,图 6-7(c)中剪胀角变化尤为明显,呈迅速下降趋势,同时接触面积达到最大[图 6-7(d)与图 6-8(b)]。

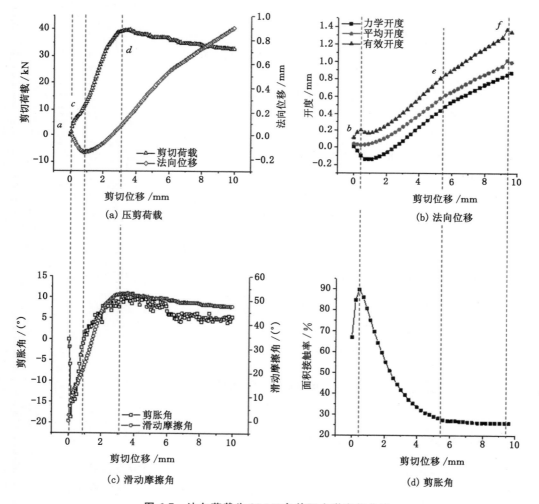

图 6-7　法向荷载为 30 kN 条件下力学变化曲线

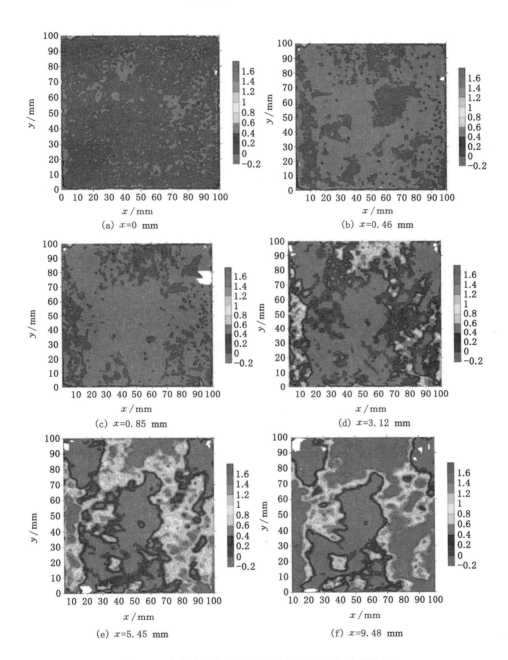

(a) $x=0$ mm

(b) $x=0.46$ mm

(c) $x=0.85$ mm

(d) $x=3.12$ mm

(e) $x=5.45$ mm

(f) $x=9.48$ mm

图 6-8　法向荷载为 30 kN 条件下开度演化等值线图

　　值得注意的是,当接触面积率达到最大值时,法向位移并未达到最低值,而是呈继续减小趋势,但法向位移减少的速度呈减缓趋势[图 6-7(c)],这是由于试件上、下两半部结构面在压剪荷载条件下,接触面发生磨损所致。

　　随剪切位移继续增加,法向位移达到最小值,剪胀角此时为 0°。结构面主要由起伏体(主要起伏)和粗糙体(次级起伏)组成,随剪切荷载达到峰值时,法向位移继续增大,接触面积率迅速减小,这是由于上、下两半部结构面吻合接触部分的粗糙体被剪断,磨损或被跨越。

由图 6-8(d)可以看出,上、下两半部之间已产生明显的裂隙开度,且有较多贯穿通道沿结构面内垂直于剪切方向产生,这与剪切断裂结构面的破断方式有关。当剪切荷载达到峰值后(图 6-7 中 d 点之后),其随剪切位移继续增加整体呈稳定的缓慢降低趋势。由图 6-7(a)压剪荷载与图 6-7(c)剪切胀角随剪切位移变化曲线可以看出,其具有跳跃式降低现象,这是由于在上、下结构面接触部分产生了黏滑现象。当剪切位移达到 5.45 mm 时,上、下结构面的接触面积趋于稳定,结构面内沿垂直于剪切方向呈现明显的贯通裂隙渗流通道,沿剪切方向亦产生较为曲折的贯通裂隙渗流通道。

由图 6-7(b)可以看出,不同方式计算得到的裂隙开度变化趋势较为一致,其计算结果为:有效开度>平均开度>力学开度。由图 6-8 可知,在剪切位移较低情况下,可辨别剪切位移加载过程中的主要裂隙渗流通道,随剪切位移增加,已辨别裂隙渗流通道的裂隙开度与裂隙宽度均随之增大,但不会发生明显的改变。

(2) 法向荷载为 60 kN

由图 6-9 可知,随剪切位移增加,其各力学参数变化曲线与法向荷载为 30 kN 条件下变化趋势较为一致。

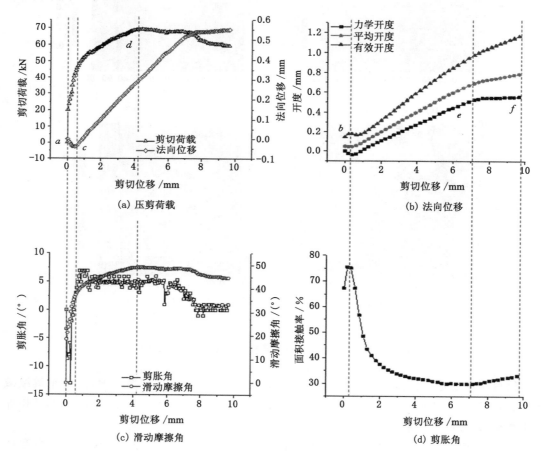

(a) 压剪荷载

(b) 法向位移

(c) 滑动摩擦角

(d) 剪胀角

图 6-9　法向荷载为 60 kN 条件下力学变化曲线

此时,粗糙体直接被磨损或剪断,无明显越过现象。不同的是,当剪切位移 $x =$ 7.08 mm时,法向位移基本趋于稳定[图 6-9(b)],说明此时上、下结构面相互接触的起伏体磨损较大或在相对较窄处被剪断,使得法向位移无法沿起伏体继续滑动而增大(图 6-10)。当法向位移趋于稳定后,上、下结构面之间的开度分布亦趋于稳定。

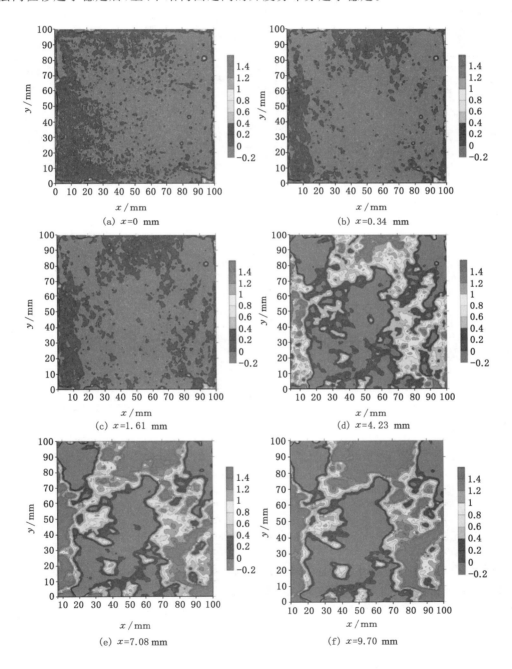

图 6-10 法向荷载为 60 kN 条件下开度演化等值线图

（3）法向荷载为 90 kN

由图 6-11 和图 6-12 可知，在法向荷载为 90 kN 条件下，剪切荷载随剪切位移增加迅速增加后趋于平稳变化。说明法向荷载较高时，粗糙体对剪切荷载随剪切位移变化曲线并无明显影响。在剪切位移增大过程中，粗糙体直接被剪断，当上、下结构面接触处起伏体宽度达到较小值时，起伏体被磨损剪断，使得剪切荷载无法继续上升，趋于稳定状态。

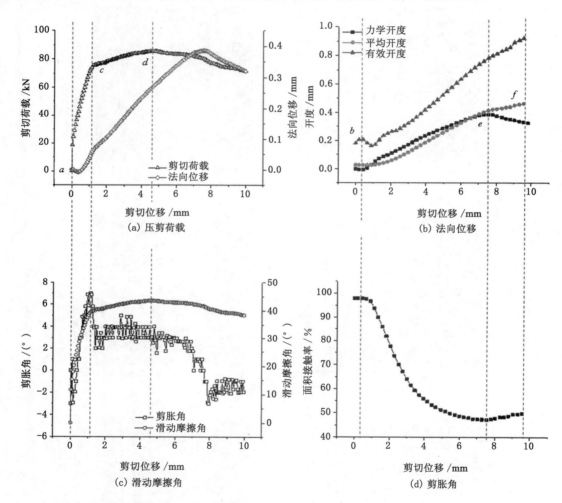

图 6-11　法向荷载为 90 kN 条件下力学变化曲线

当剪切位移超过 7 mm 时，法向位移呈现出与法向荷载为 30 kN 条件下类似的变化趋势，但其未能维持稳定，而是呈降低趋势，说明当上、下结构面接触起伏体之间发生错动导致其接触面积较小时，起伏体会在压剪荷载作用下再次发生破坏，同时上、下结构面之间的裂隙开度有所减小。

（4）结构面剪切力学模型

在现有文献报道中，凹凸不平的结构面往往被简化为具有一个凸台的受剪切结构面[119]。在压剪荷载作用下，模型上半部沿凸台斜面滑动；在剪切过程中，可使凸台被剪断

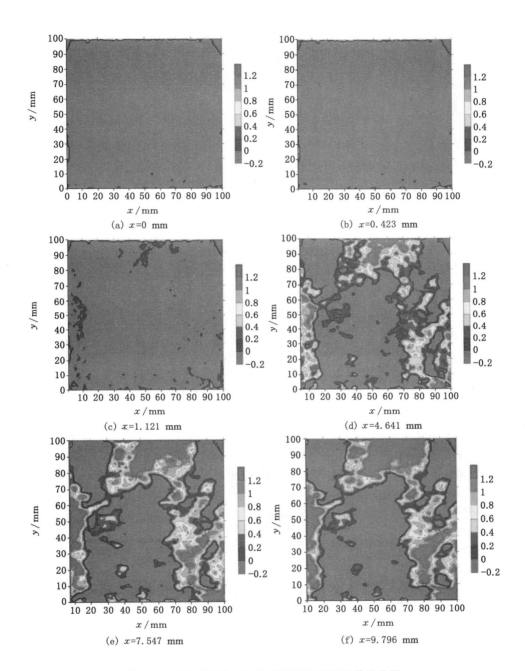

图 6-12　法向荷载为 90 kN 条件下开度演化等值线图

或拉破坏。当法向荷载较大或结构面强度较小时,剪切荷载持续增加,使凸台根部剪断或拉破坏。

已有结构面剪切力学模型只考虑了结构面主要起伏度的影响,将凸台失稳过程划分为3 个阶段。但结构面具有两级粗糙度,分别为粗糙体与起伏体,基于前述不同法向荷载条件下力学变化曲线,并考虑两级粗糙度对结构面剪切过程的影响,建立新的结构面剪切力学模型,如图 6-13 所示。

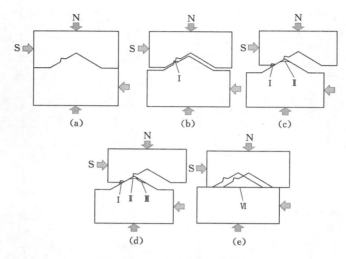

图 6-13　结构面剪切力学模型

在剪切过程中,当法向荷载较低时(如前述法向荷载为 30 kN 条件),粗糙体被剪断 [图 6-13(b)],然后沿起伏体继续滑动。随法向荷载增大(如前述法向荷载为 60 kN 条件), 在剪切初期,粗糙体即沿根部剪断或拉破坏,当剪切位移继续增加至某一值时,起伏体受力 宽度较窄,起伏体发生剪切断裂[图 6-13(c)]。当法向荷载较大时(如前述法向荷载为 90 kN 条件),在剪切初期,粗糙体同样沿根部剪断或拉破坏,随剪切位移继续增加,起伏体 受力宽度(较前一种情况更宽)达到峰值,起伏体发生剪切断裂,而后剪切位移继续增加,起 伏体右侧继而发生滑移剪切破坏[图 6-13(d)]。当法向荷载很大或结构面很软时,在剪切 荷载作用下,起伏体直接沿根部剪断或拉破坏[图 6-13(e)],此时结构面无明显的剪胀。

(5)不同法向荷载条件对比分析

图 6-14 为不同法向荷载条件下力学曲线。

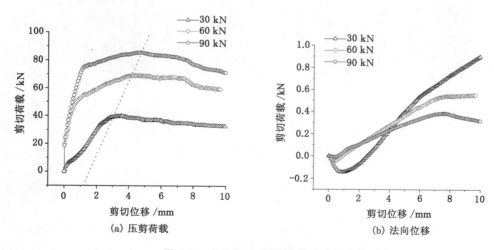

图 6-14　不同法向荷载条件下力学曲线对比

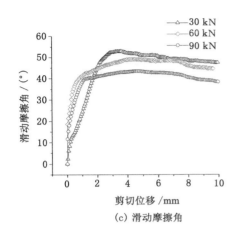

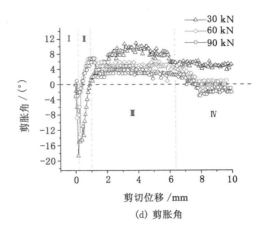

(c) 滑动摩擦角　　　　　　　　　(d) 剪胀角

图 6-14　（续）

由图 6-14(a)可知，峰值剪切荷载随法向荷载增大呈明显增大趋势，同时在加载初期，剪切荷载增加速率明显增大。当剪切荷载达到峰值点时，需要达到的剪切位移随法向荷载增大呈增大趋势，这主要与上、下结构面在剪切错动过程中，结构面的损伤方式有关。由滑动摩擦角的定义可知，其随剪切位移增加，变化趋势与规律与压剪荷载较为一致（图 6-11），但随法向荷载增加，其峰值滑动摩擦角呈降低趋势[图 6-14(c)]，说明随法向荷载增加，剪切荷载峰值增加幅度呈降低趋势，这是由于随法向荷载增加，结构面上的粗糙度逐级被剪断，其对峰值剪切荷载的增加贡献度降低，峰值剪切荷载更倾向于由基本摩擦角导致的增大。

在剪切位移加载初期，法向位移均减小，产生剪缩现象，而随法向荷载增加，剪缩现象趋于弱化，这是由于法向荷载越大，对结构面的初始状态压得越密，上、下结构面的吻合度越高。随剪切位移继续增加，法向位移与剪切位移的变化曲线近似呈线性变化，说明在该阶段上、下结构面处于沿起伏体滑动状态，但其斜率呈减低趋势，说明法向荷载越大，对结构面的基本摩擦损伤也越大。当剪切位移达到 7.5 mm 左右时，在法向荷载为 60 kN 和 90 kN 条件下，结构面法向位移均呈降低趋势。

上述仅对不同法向荷载条件下的不同力学变化曲线进行了趋势介绍与机理分析，由图 6-14(d)可以看出，剪胀角随剪切位移增加呈现明显的阶段性，具体划分如下：

Ⅰ阶段（迅速降低阶段）：剪切位移加载初期，在压剪荷载综合作用下，上、下结构面较快啮合，法向位移迅速减小；

Ⅱ阶段（缓慢上升阶段）：随剪切位移继续增大，剪胀角由最低值上升到 0°，法向位移达到最低值，而后剪胀角继续增大至平稳阶段，此时上、下结构面发生压缩磨损，粗糙体被磨损或剪断；

Ⅲ阶段（平稳变化-降低阶段）：随剪切位移增大，剪胀角呈相对平稳变化趋势，后期呈降低趋势，粗糙体被越过；

Ⅳ阶段（降低后稳定阶段）：剪切位移较大时，剪胀角随剪切位移增大呈现降低趋势，该阶段上、下结构面主要沿起伏体呈稳定滑移状态。

图 6-15 和图 6-16 为不同法向荷载条件下裂隙开度对比图。图 6-15(b)至图 6-15(c)中的裂隙开度变化趋势与力学开度[力学开度(法向位移)在前文中已进行描述]较为一致,均随法向荷载增大,呈降低趋势。

不同的是,在法向荷载为 60 kN 与 30 kN 条件下,开度变化较为接近,当法向荷载达到 90 kN 时,开度明显降低,这是由于法向荷载为 90 kN 时,起伏体磨损较大,上、下结构面的接触面积率更高[图 6-15(d)]。

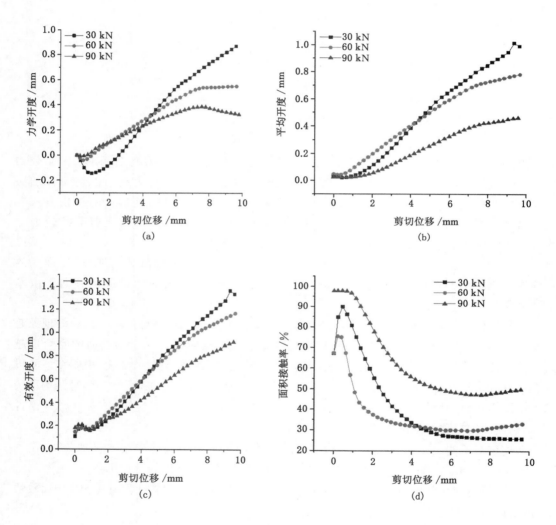

图 6-15   不同法向荷载条件下裂隙开度曲线对比

6.2.1.2   张拉断裂结构面

在流体注入过程中(如水库蓄水、水力压裂、储气库注气等),在诱发工程岩体发生剪切破坏之前,流体对岩体最直接的破坏即为张拉劈裂破坏,当岩体在沿最小主应力方向发生张拉劈裂破坏之后,在集中剪应力的作用下会发生滑移,可能会造成地质灾害。因此,研究压剪荷载作用下张拉断裂结构面力学特性同样具有重要意义。

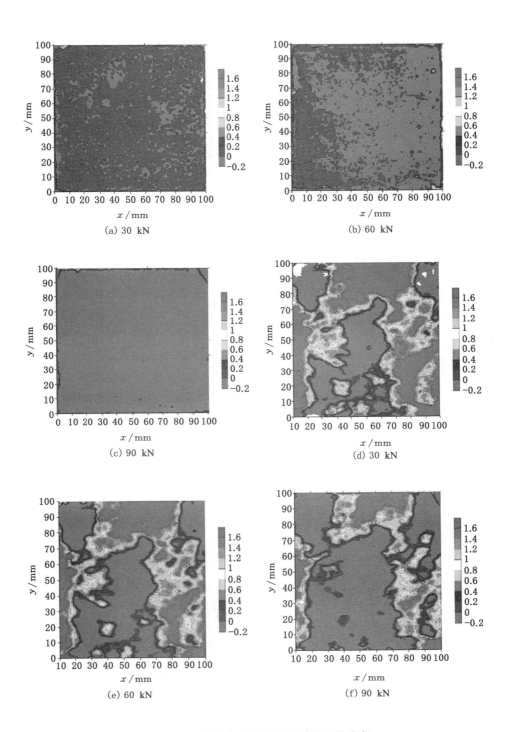

图 6-16　不同法向荷载条件下裂隙开度分布

[注：(a)～(c)为剪切初期，(d)～(f)为剪切结束]

法向荷载为 30 kN 条件下力学变化曲线如图 6-17 所示。由图可知,当剪切荷载达到峰值之后,呈平稳缓慢降低趋势,与剪切断裂结构面沿垂直于剪断方向进行剪切的变化趋势一致,这是由于张拉断裂结构面无明显的波浪状起伏,相对平整,粗糙体均匀分布于整个结构面。如图 6-18 所示,接触面与裂隙相对整个结构面分布较为均匀。

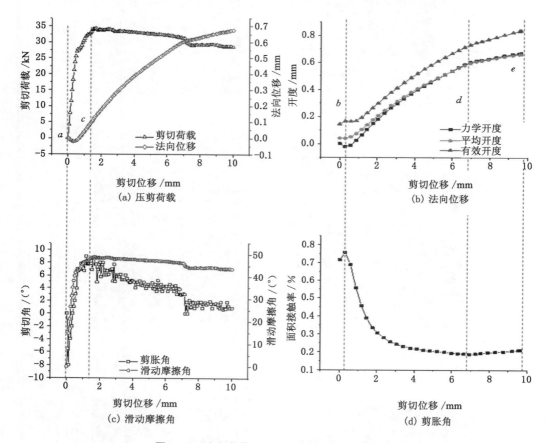

图 6-17　法向荷载为 30 kN 条件下力学变化曲线

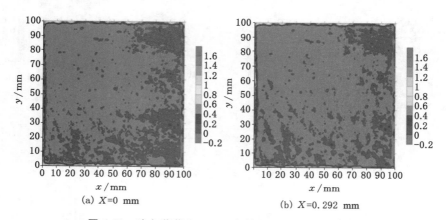

图 6-18　法向荷载为 30 kN 条件下开度演化等值线图

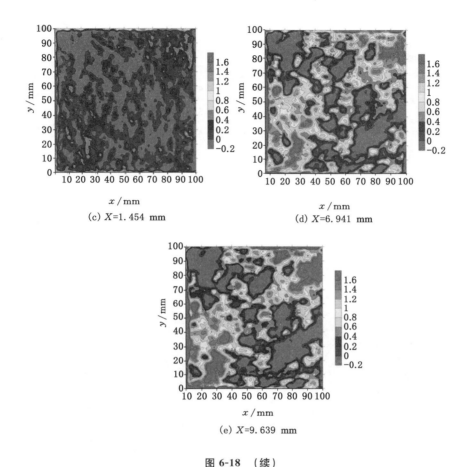

(c) X=1.454 mm (d) X=6.941 mm

(e) X=9.639 mm

图 6-18 (续)

对比不同法向荷载条件下力学变化曲线(图 6-19 至图 6-22)可知,各力学特征参数变化趋势较为一致。值得指出的是,随法向荷载增加,有效开度与力学开度之差在剪切位移加载初期,其变化趋势较为一致,但随着剪切位移继续增大,其差值呈增大趋势,说明法向荷载越大,较小的裂隙闭合,裂隙空隙更为集中。

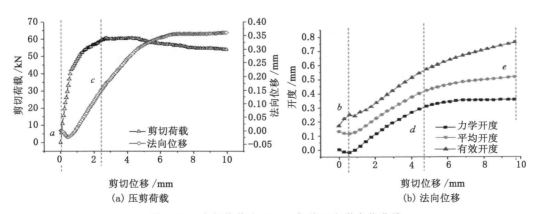

(a) 压剪荷载 (b) 法向位移

图 6-19 法向荷载为 60 kN 条件下力学变化曲线

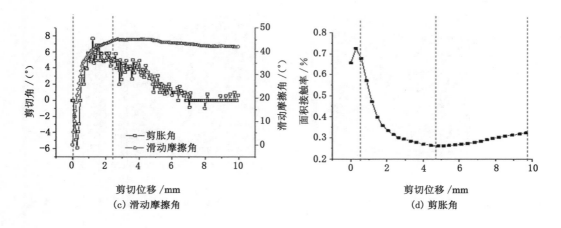

(c) 滑动摩擦角 (d) 剪胀角

图 6-19 （续）

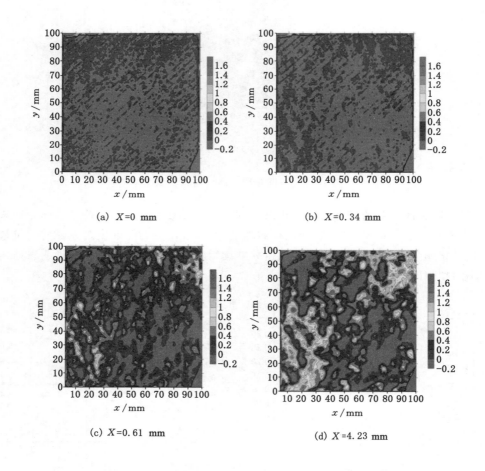

(a) $X=0$ mm (b) $X=0.34$ mm

(c) $X=0.61$ mm (d) $X=4.23$ mm

图 6-20 法向荷载为 60 kN 条件下开度演化等值线图

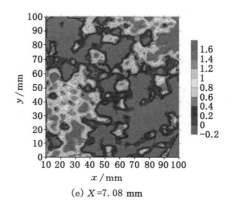

(e) X =7.08 mm

图 6-20 （续）

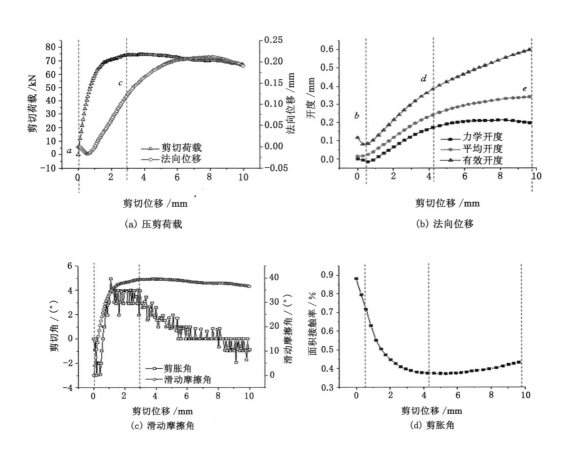

(a) 压剪荷载

(b) 法向位移

(c) 滑动摩擦角

(d) 剪胀角

图 6-21 法向荷载为 90 kN 条件下力学变化曲线

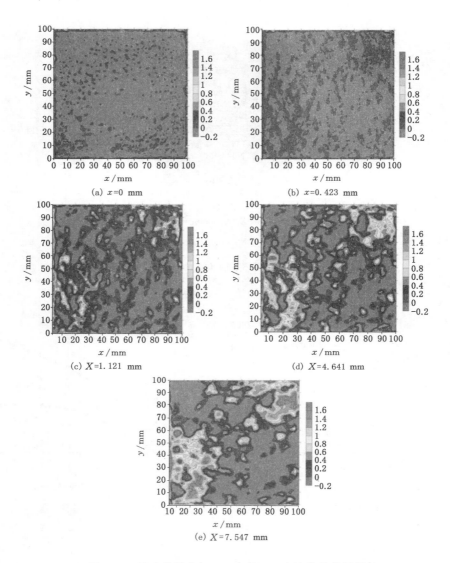

图 6-22　法向荷载为 90 kN 条件下开度演化等值线图

　　图 6-23 为不同法向荷载条件下力学曲线。由图 6-23 (a)可知,随法向荷载增大,峰值剪切荷载及其对应的剪切位移量均呈增大趋势,说明法向荷载越大,结构面粗糙体发生破坏需要的剪切变形就越大,同时在基本摩擦角与剪胀角的共同影响下,峰值剪切荷载呈增大趋势。

　　当法向荷载由 30 kN 增至 60 kN,峰值剪切荷载增加约 30 kN,而当法向荷载由60 kN增加至 90 kN,峰值剪切荷载增加约 15 kN,远低于 30 kN,这是由于随法向荷载增加,结构面上的粗糙体在高法向荷载约束下,剪胀量降低,上、下结构面接触的粗糙体磨损或剪断或拉破坏趋势增加,降低了剪胀角对峰值剪切荷载的影响;同样地,可由图 6-23(b)中得到,随法向荷载由 30 kN 增至 60 kN 的法向位移之差明显大于法向荷载由 60 kN 增加至90 kN的法向位移之差,说明剪胀角随法向荷载增大呈现衰减现象[图 6-23(d)]。

通过以上分析,说明了剪切荷载随法向荷载的增大,其与法向荷载的敏感性降低,这一点可由图 6-23(d)证实,法向荷载较低时,滑动摩擦角上升较快,当法向荷载增大后,滑动摩擦角呈降低趋势。

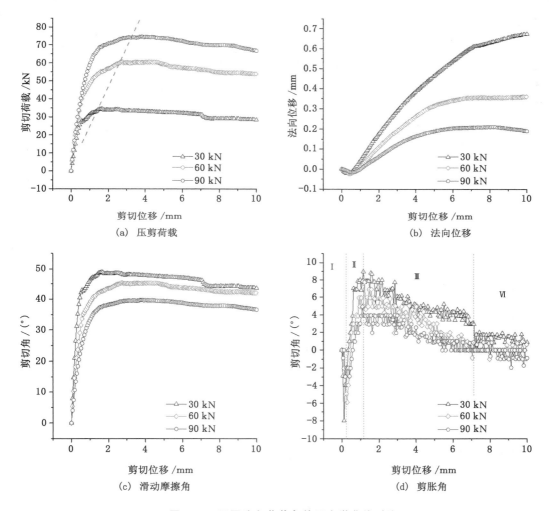

(a) 压剪荷载

(b) 法向位移

(c) 滑动摩擦角

(d) 剪胀角

图 6-23 不同法向荷载条件下力学曲线对比

由图 6-24 可知,随法向荷载增大,不同计算方式裂隙开度均呈减少趋势,但平均开度[图 6-24(b)]与有效开度[图 6-24(c)]变化趋势与力学开度[图 6-24(a)]相差较大。需要指出的是,裂隙开度的大小主要影响因素为:弹性变形和结构面磨损。

当法向荷载由 30 kN 增至 60 kN 时,力学开度虽然明显降低,但其主要影响因素来自于试件自身与结构面的弹性变形,结构面磨损较低,仅仅降低了力学开度,但上、下结构面的接触面积率变化相对较小[图 6-24(d)]。

当法向荷载由 60 kN 增至 90 kN 时,进一步发生的弹性变形相对较小,而由于高法向荷载造成的结构面磨损较大,使上、下结构面的面接触率增长较大。同时,由图 6-24(d)可知,当法向荷载较低时,张拉断裂结构面在剪切位移加载初期,接触面积率呈先增大后减小的趋势,但其增加幅度小于剪切断裂结构面在相同条件下的增加幅度,这是由于剪切断裂结构面在剪切错动过程初始阶段,受力面积较张拉断裂结构面小,应力较大,对结构面的压缩与磨损更大,增加的接触面积率更大。

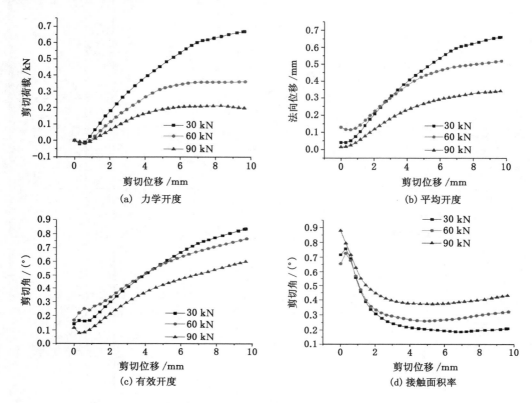

图 6-24　不同法向荷载条件下裂隙开度曲线

当法向荷载超过 90 kN 时,在加载初期,接触面积率最大,此时上、下结构面也被压实,啮合度达到最高,这也与剪切断裂结构面的变化趋势一致。

图 6-25 为不同法向荷载条件下裂隙开度分布。研究发现,当剪切位移为 3 mm 时,不同法向荷载条件下的裂隙分布已产生明显差别,30 kN 条件下与 60 kN 条件下裂隙分布与开度分布相差较小。当法向荷载为 90 kN 时,裂隙空隙区域面积明显减小,且开度为 0~0.2 mm 区域面积占比较大,拉低了开度的平均值,因而产生了图 6-25(b)~图 6-25(c)的结果。当剪切位移达到 9.7 mm 时,裂隙宽度(分布区域)与裂隙开度随法向荷载增大呈减小趋势。

6.2.1.3　不同断裂方式结构面力学性质对比分析

(1) 力学曲线对比分析

由于应力加载方式不同导致试件断裂方式不同,结构面特征参数也会不一致,基于此,本节将对张拉断裂结构面和剪切断裂结构面进行对比分析。图 6-26 为不同断裂方式条件下力学曲线在不同法向荷载条件下的对比。可以看出,剪切断裂结构面的峰值剪切荷载明显高于张拉断裂结构面[图 6-26(a)],这是由于剪切断裂结构面的起伏度较大,滑动摩擦角

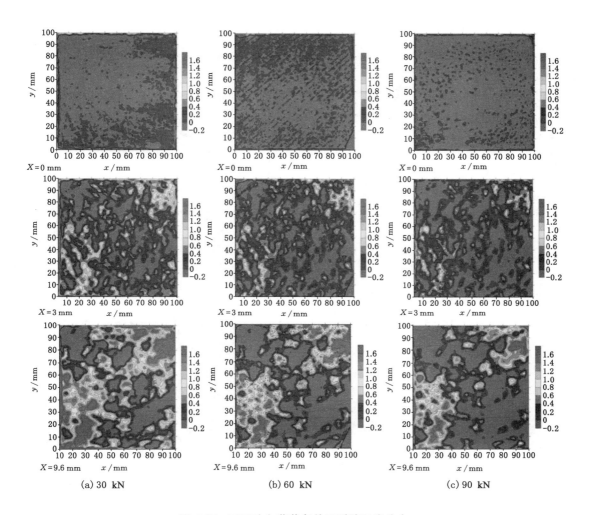

(a) 30 kN　　　　　　　　(b) 60 kN　　　　　　　　(c) 90 kN

图 6-25　不同法向荷载条件下裂隙开度分布

大于张拉结构面[图 6-26(c)];剪切断裂结构面在峰值剪切荷载之后相对张拉结构面具有明显的降低趋势,这是由于剪切断裂结构面随剪切位移增大,具有明显的越过起伏体现象,而张拉结构面起伏较小,剪切荷载达到峰值之后呈缓慢降低趋势。由图 6-26(b)可知,剪切断裂结构面的法向位移明显大于张拉断裂结构面,这仍与剪切断裂结构面的较大起伏度有关。

由图 6-26(d)可以看出,剪胀角随剪切位移变化趋势仍呈大致 4 个阶段,在第 Ⅰ 阶段,剪切断裂结构面的剪胀角低于张拉结构面,说明初始状态的剪切断裂结构面吻合度较低;在第 Ⅱ～Ⅳ 阶段,剪切断裂结构面的剪胀角相对大于张拉结构面,这是由于随剪切位移增加,剪切断裂结构面的起伏度更大,使得剪胀角更大。值得注意的是,无论是剪切断裂结构面还是张拉断裂结构面,剪胀角峰值(第 Ⅱ 阶段与第 Ⅲ 阶段的界线)处,均分布在剪切位移为 1～1.5 mm,这是由于剪切膨胀过程中,既有粗糙体的影响,也有起伏体的影响,在粗糙体与起伏体的复合作用下,剪胀角最大,当剪切位移错动越过粗糙体最高值时,剪胀角保持稳定或有所下降,说明不同断裂方式形成的结构面的粗糙体宽度均在 1～1.5 mm,这种粗糙体也是在断裂过程中由张拉应力产生的。

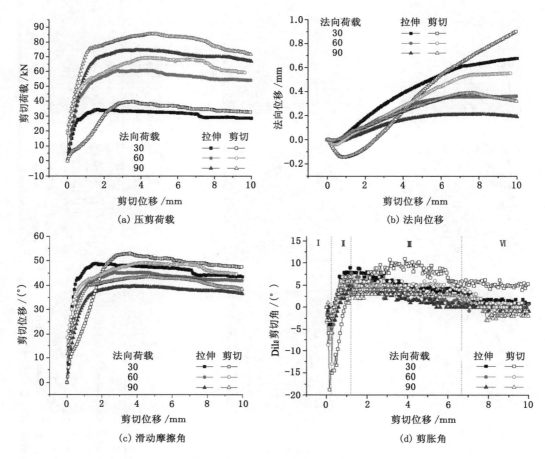

图 6-26 不同断裂方式条件下力学曲线

图 6-27 为不同断裂方式条件下剪切结束后裂隙开度分布。可以看出,剪切断裂结构面的开度分布较为集中,且开度普遍较大,大部分在 1.4 mm 以上;而张拉断裂结构面开度分布区域较为分散,且开度为 0.4~1.2 mm 的开度占据区域较大。当剪切断裂结构面发生二次滑移时,易形成较大渗流通道,其渗流通道相对集中,流量较大;当张拉断裂结构面发生二次滑移时,裂隙开度较小,且连通性较差,但其更为分散。

6.2.2 基于结构面空间变异函数的剪切峰值强度准则

岩体结构面分布特征具有明显的各向异性,尤其剪切断裂结构面,在地震或爆破等扰动应力作用下,岩体可能会沿结构面剪切强度最弱方向滑移失稳。基于此,本小节针对剪切断裂结构面明显的参数各向异性,进行了不同剪切方向条件下的含结构面岩体压剪试验,并基于结构面特征参数,建立无充填结构面岩体峰值强度准则。

6.2.2.1 不同剪切方向

岩体剪切破坏时,可能沿着真倾向滑动,也可能沿着视倾向滑动,在不同情况下,滑动方

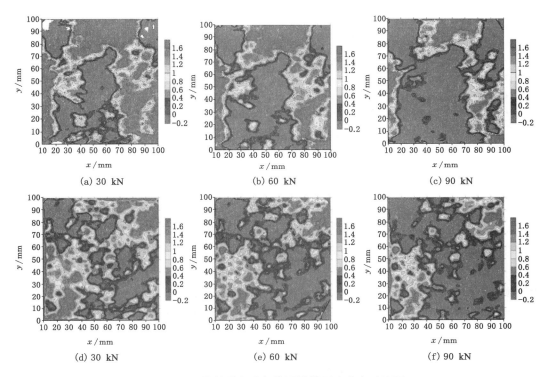

(a) 30 kN　　　　　　　　(b) 60 kN　　　　　　　　(c) 90 kN

(d) 30 kN　　　　　　　　(e) 60 kN　　　　　　　　(f) 90 kN

图 6-27　不同断裂方式条件下裂隙开度分布对比图

向是不一致的,全方位掌握岩体结构面各个方向的粗糙程度显得非常必要[102]。由于不同剪切方向条件下,各力学参数变化趋势较为一致,本节仅对剪切方向为0°条件进行分析。

图 6-28 为剪切方向为0°条件下力学变化曲线,剪切荷载随剪切位移增加呈先增加后减小趋势,当剪切位移达到 9 mm 时,剪切荷载进入平稳变化阶段。由图 6-28(c)中剪胀角变化曲线可以看出,试件法向位移变化依然呈明显的 4 个阶段,由于剪切断裂结构面之间的差异,Ⅲ阶段与Ⅵ阶段略有差异。上、下结构面的接触面积率随法向位移的增大呈迅速降低趋势,面积接触率降低接近 40%~50%[图 6-28(d)]。

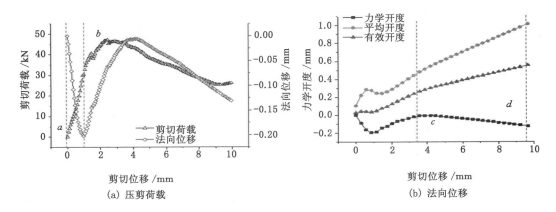

(a) 压剪荷载　　　　　　　　　　　　(b) 法向位移

图 6-28　剪切方向为0°条件下力学变化曲线

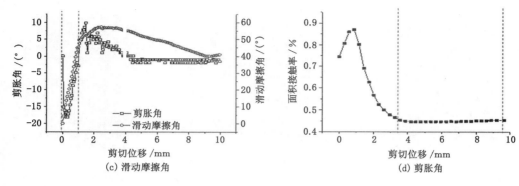

(c) 滑动摩擦角　　　　　　　　　　　　(d) 剪胀角

图 6-28　（续）

　　对比不同剪切方向（图 6-29 至图 6-35）力学参数变化曲线可以发现，法向位移峰值与剪切荷载峰值出现的剪切位移点不一致，但剪胀角与滑动摩擦角的峰值点处剪切位移相差较小，说明当剪胀角达到峰值点时，法向位移并未达到峰值，而是继续呈减速增加趋势，同时由于剪胀角的降低，剪切荷载增加速度降低至峰值，此时剪胀角继续减小，但仍为正值，在结构面粗糙体或起伏体被剪断或拉破坏或被翻越时，法向位移降低，剪胀角呈负值，剪切荷载随之降低。

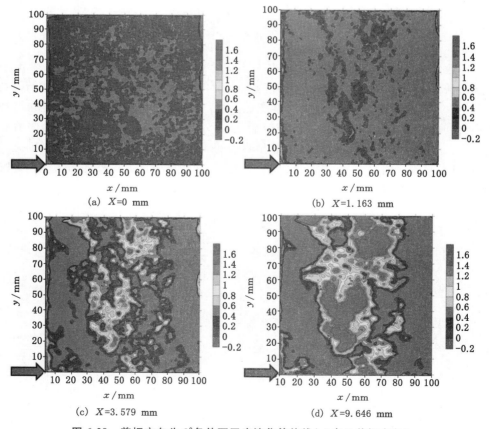

图 6-29　剪切方向为 0°条件下开度演化等值线（➡表示剪切方向）

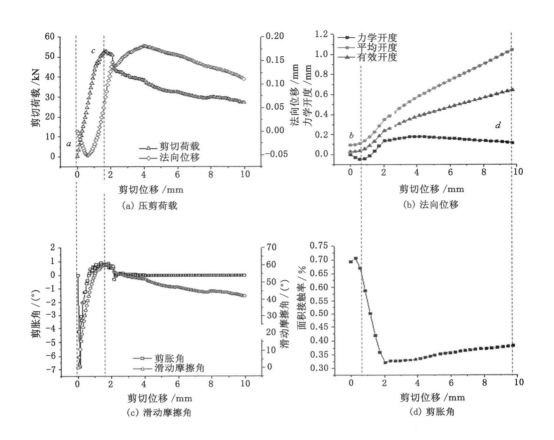

(a) 压剪荷载

(b) 法向位移

(c) 滑动摩擦角

(d) 剪胀角

图 6-30　剪切方向为 30°条件下力学变化曲线

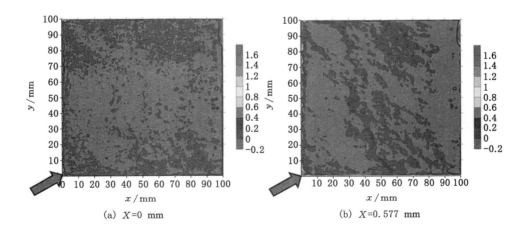

(a) X=0 mm

(b) X=0.577 mm

图 6-31　剪切方向为 30°条件下开度演化等值线

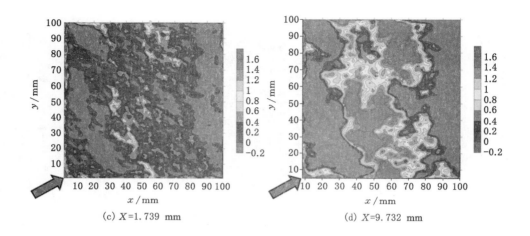

(c) X=1.739 mm   (d) X=9.732 mm

图 6-31   （续）

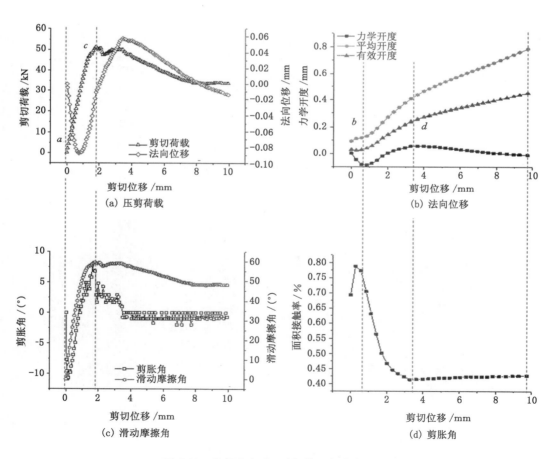

(a) 压剪荷载   (b) 法向位移

(c) 滑动摩擦角   (d) 剪胀角

图 6-32   剪切方向为 60°条件下力学变化曲线

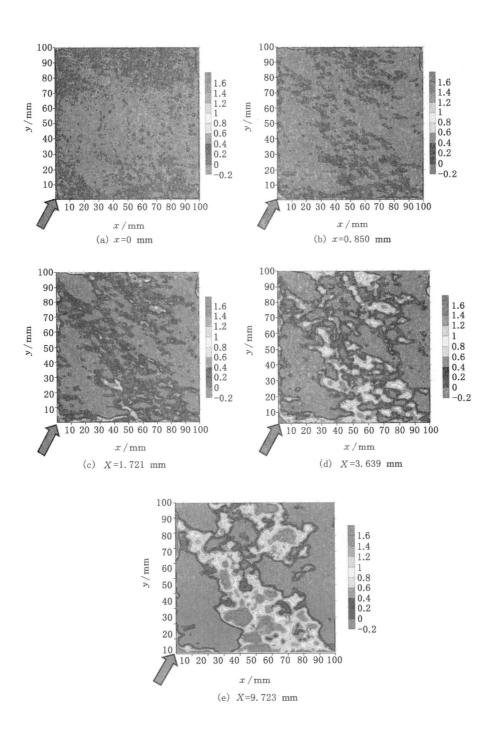

图 6-33　剪切方向为 60°条件下开度演化等值线

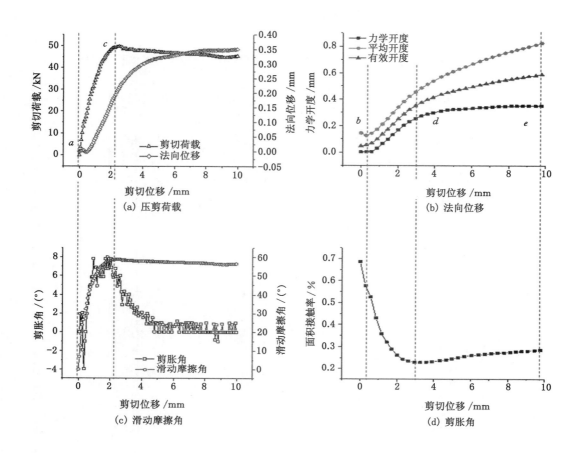

(a) 压剪荷载   (b) 法向位移

(c) 滑动摩擦角   (d) 剪胀角

图 6-34 剪切方向为 90°条件下力学变化曲线

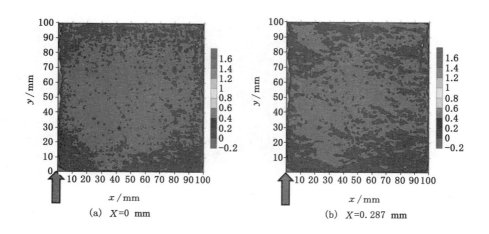

(a) X=0 mm   (b) X=0.287 mm

图 6-35 剪切方向为 90°条件下开度演化等值线

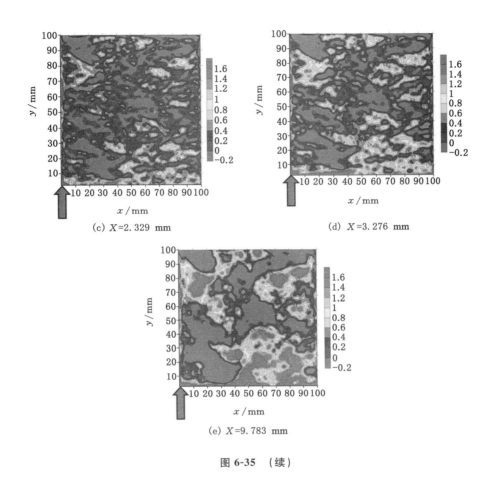

(c) $X=2.329$ mm

(d) $X=3.276$ mm

(e) $X=9.783$ mm

图 6-35 （续）

6.2.2.2 不同剪切方向条件对比分析

（1）力学变化曲线

图 6-36 为不同剪切方向条件下力学变化曲线。由图可以看出,虽然剪切方向不一致,但其剪应力峰值较为接近,波动范围在 10 kN 之内,而在峰值剪切荷载之后,各剪切方向条件下的剪切荷载均呈降低趋势,其中剪切方向为 90°条件下,剪切荷载降低速率较低,趋于平稳。研究表明,在剪切位移加载过程中,当法向荷载较低且对剪胀约束较小时,结构面峰值剪切荷载大小主要取决于粗糙体,由于粗糙体较整个结构面分布较为均匀,使得峰值剪切荷载相差较小。

在峰值剪切荷载之后,粗糙体已被磨损剪断或翻越,对剪切荷载影响较大即为结构面的起伏体,剪切断裂结构面沿剪切方向呈波浪状起伏,而垂直于剪切方向起伏度则相对小很多,所以当剪切方向为 90°时,剪切荷载在峰值之后无明显下降。因为沿 90°方向,结构面起伏较小,使法向位移在增长之后亦呈相对稳定阶段。由图 6-36(d)可知,结构面剪胀角随剪切位移增大亦呈较明显的 4 个阶段,分别为迅速降低阶段（第 I 阶段）,缓慢增加阶段（第 II 阶段）,稳定-降低阶段（第 III 阶段）和降低后稳定阶段（第 IV 阶段）。

（2）开度变化曲线对比分析

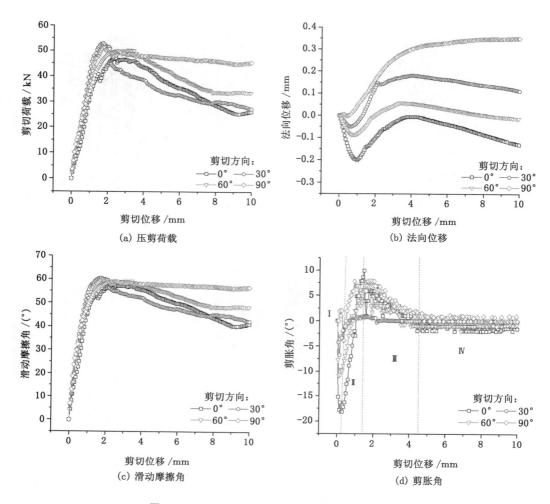

图 6-36　不同剪切方向条件下力学变化曲线对比

图 6-37 为不同剪切方向条件下裂隙开度曲线。可以看出,虽然力学开度[图 6-41(a)]随剪切方向具有明显的差异性,均呈"先减小、后增大"趋势,但平均开度[图 6-37(b)]和有效开度[图 6-37(c)]与之差别较大,剪切位移增加全过程均呈增大趋势,这是由于力学开度与结构面的起伏程度有关,当上、下结构面接触处起伏体沿剪切方向呈升高趋势时,力学开度随之增大。而平均开度与有效开度不仅与法向位移有关,还与接触面积有关,由不同剪切条件下裂隙开度分布随剪切位移变化等值线图可知,随剪切位移增大,形成明显的裂隙渗流通道,裂隙开度与宽度均呈增大趋势,虽然法向位移有降低趋势,但剪切错动造成的裂隙开度变化仍为主要影响因素。

由图 6-37(d)可知,不同剪切方向接触面积率均随剪切位移增加呈先迅速减小后相对稳定变化趋势,其中剪切方向为 0°条件下稳定阶段接触面积率最大,剪切方向为 90°条件下稳定阶段接触面积率最小,这是由于在剪切位移加载前期,剪切方向为 0°条件下,上、下结构面起伏体接触点主要位于起伏体沿剪切方向面对的一侧,其受力面积也主要集中在这一侧,分布集中且受力面积较大,对粗糙体的磨损与剪断效果更明显,从而使得接触面积率较大,而当剪切方向为 90°时,由于粗糙体相对整个结构面分布较为均匀,沿 90°剪切方向亦明显起伏,当发生剪切位移时,整个断面上的粗糙体与 90°方向相对的一面均受力发生法向位移,其接触面积率较小。

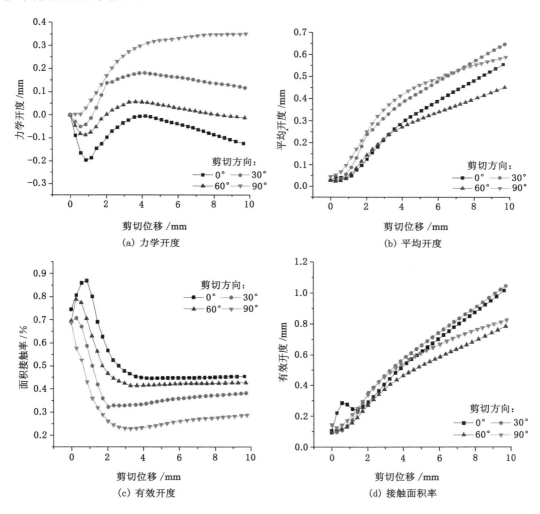

图 6-37 不同剪切方向条件下裂隙开度曲线

(3) 开度分布对比分析

在对不同剪切方向条件下开度分布对比分析之前,首先给出下结构面的不同方向地貌晕染图(图 6-38),其用地学统计软件 Surfer 绘制,为与剪切方向与剪切加载方向一致,不同方向的地貌晕染图光源位置角高度角均为 0°,水平角则与剪切方向对应选取。

图 6-39 为不同剪切方向条件下开度分布随剪切位移增加变化图,由图可知,在未施加剪切荷载时,开度分布由于浇注试件的细微差别,无明显较大开度出现。当剪切位移较小时(1.73 mm±0.15 mm),不同剪切方向裂隙开度分布与不同法向的结构面地貌晕渲图呈明显的相关性,被光源正面直接照射到的部位(图 6-38)即为剪切过程中上、下结构面直接接触位置,未被光源照射到的部位(图 6-38),即为剪切过程中上、下结构面非接触位置。

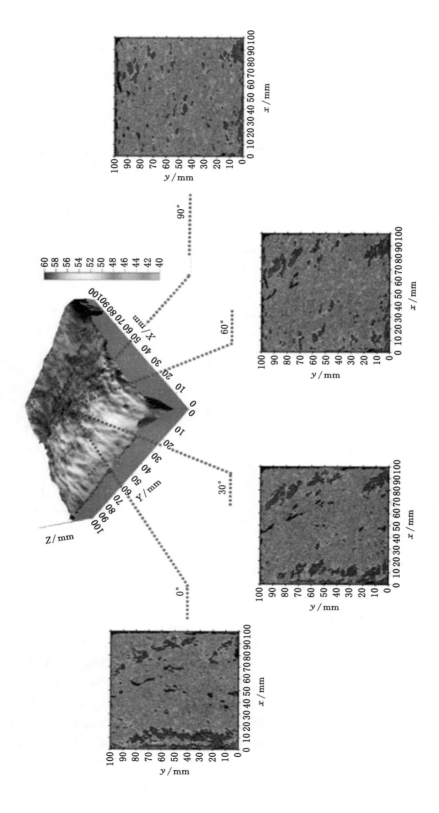

图 6-38

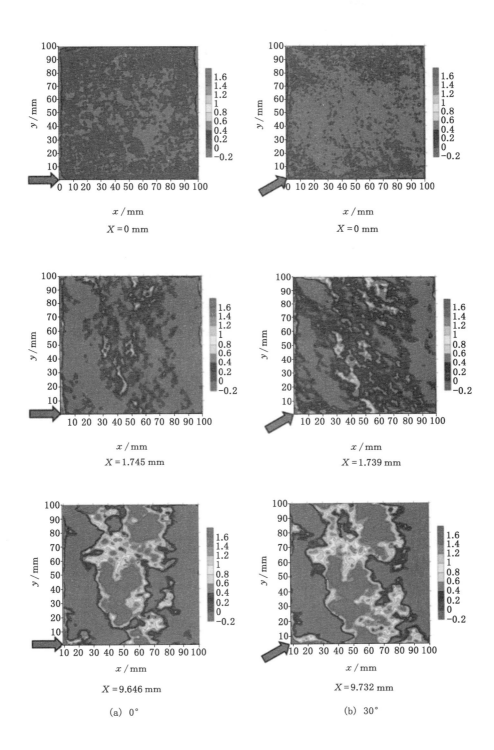

图 6-39 不同剪切方向条件下开度分布图

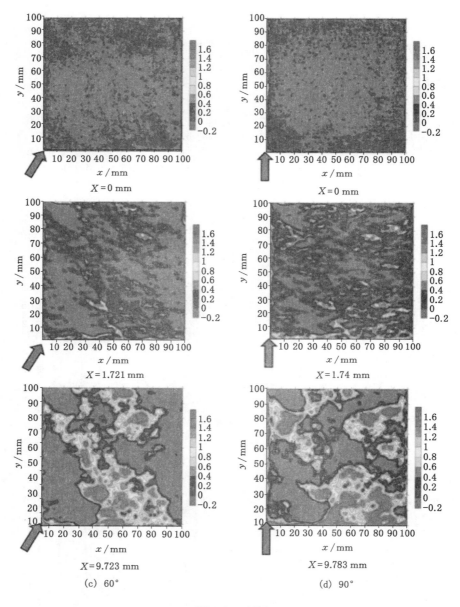

图 6-39 （续）

在剪切位移施加过程中，直接接触区域被压实，裂隙开度为 0，非接触区域在剪切位移
与法向膨胀的作用下，裂隙开度增大。可以看到，裂隙开度最先出现的位置与结构面上未被
光源照射到的位置最先增大，且裂隙开度延伸走向均与剪切方向呈近似垂直。随剪切位移
增加，裂隙的宽度与开度均呈增大趋势，且逐渐形成贯穿于裂隙面两侧的贯穿渗流通道，尤
其在剪切方向为 0° 条件下，由于结构面较明显的起伏特征，随着剪切位移增大，其渗流通
道方向垂直于剪切方向。通过以上分析可知，在对结构面进行初步分析之后，可对结构面剪切
过程中的力学参数演化，渗流通道走向进行初步判断，为工程实践提供依据。

6.2.2.3 无充填结构面岩体剪切峰值强度准则

自巴顿(Barton)等[120]首次提出关于结构面的峰值强度准则[式 6-9]之后,国内外学者在该领域已有较多研究成果,选取的结构面参数各异,主要有二维参数,如 JRC;以及不同的计算方式和三维参数,如分形维数和轮廓面积比等。然而,二维参数通过一条剖面线代表断面具有较大的局限性,三维参数则无方向性。因此,选取合适的参数既能代表断面整体特征,又具有明显的方向性则显得尤为重要。

$$\tau_p = \sigma_n \tan \left[\varphi_b + JRC \cdot \lg\left(\frac{JCS_n}{\sigma_n}\right) \right] \tag{6-9}$$

式中,τ_p 为节理抗剪强度;σ_n 为作用于节理的法向应力;φ_b 为节理基本内摩擦角;JRC,JCS_n 分别为取样长度为 L_n 的节理粗糙度系数和壁岩强度。其中:

$$JRC = 32.2 + 32.47 \lg_{10} Z_2 \tag{6-10}$$

$$Z_2 = \sqrt{\frac{1}{L} \int_{x=0}^{x=L} \left[\frac{dz(x)}{dx}\right]^2} = \left[\frac{1}{m(\Delta x)^2} \sum_{i=1}^{m} (y_{i+1} - y_i)^2 \right]^{1/2} \tag{6-11}$$

式中,L 为结构面剖面线长度;Δx 为取样点间距;$\Delta y = y_{i+1} - y_i$ 为两相邻两点高度差;m 为采样间隔数[110]。

空间变异函数介于二维线性与三维平面之间,对断裂面各向异性特征具有更好的代表性。因此,本节选取 4 个不同的剪切强度各向异性特征更为明显的剪切断裂结构面(结构面参数见表 6-3),进行不同法向应力(分别为 1 MPa、2 MPa 和 3 MPa)与不同剪切方向条件下(分别为 0°、30°、45°、60°和 90°)的压剪试验,并进行统计分析,提出新的峰值强度准则。

表 6-3 不同结构面在不同角度条件下的特征参数

试件编号	角度/(°)	粗糙度系数 JRC	基台值 C/cm	变程值 a/cm
4#	0	11.4	3.410 57	39.492 47
	30	8.7	3.398 186	43.410 66
	45	19.2	3.128 238	45.850 66
	60	9.7	2.779 977	47.897 6
	90	5.4	2.438 595	52.608 84
8#	0	13.4	7.730 65	64.734 97
	30	7.5	6.980 242	60.987 67
	45	9.8	6.273 124	65.051 4
	60	11.7	5.170 409	66.956 87
	90	10	4.379 855	90.830 66
12#	0	8.8	4.814 2	54.810 63
	30	9.7	3.714 253	50.274 13
	45	16.9	3.218 332	53.800 27
	60	7.5	2.898 118	57.954 64
	90	11.2	3.043 343	66.438 86

表 6-3(续)

试件编号	角度/(°)	粗糙度系数 JRC	基台值 C/cm	变程值 a/cm
26#	0	9.5	3.717 244	55.195 66
	30	5.5	3.394 4	52.740 83
	45	12.9	2.930 073	51.308 77
	60	10.2	2.482 25	53.054 64
	90	10.8	2.468 891	87.590 74

注:不同方向的 JRC 值为过结构面中心点剖面线的 JRC 计算值。

图 6-40 为不同结构面在不同法向应力作用下的峰值剪应力分布图,由图可知,峰值剪应力随法向应力增加呈明显的增大趋势,但根据 Barton 模型拟合计算结果可以发现,Barton 模型拟合值明显低于试验值,尤其随法向应力增大,试验值与拟合值差距增大,这与孙辅庭等[121]结论一致,这就是由于 Barton 模型中,选取的结构面参数 JRC 为二维参数,在代表整个结构面特征方面具有明显的局限性。

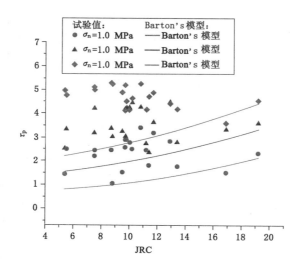

图 6-40　不同法向应力条件下峰值剪应力分布

各个案例下的峰值强度物理模拟试验结果见表 6-4。

表 6-4　不同剪切方向和法向应力下的峰值抗剪强度试验结果　　单位:MPa

试件编号	法向应力/MPa	剪切方向				
		0°	30°	45°	60°	90°
4#	1	1.794 2	2.452 9	2.312 5	2.908 6	1.447 1
	2	2.339 5	3.393 4	3.596 6	4.175 5	2.520 1
	3	4.707	5.288 5	4.536	5.171 5	4.966 9

表 6-4(续)

试件编号	法向应力/MPa	剪切方向				
		0°	30°	45°	60°	90°
8#	1	1.764 3	2.445	2.895 2	3.191 2	2.789 6
	2	2.780 4	4.212 3	4.213 5	3.634 6	4.240 3
	3	4.159 5	5.115 2	4.494 6	4.865 5	4.121 9
12#	1	1.044 2	2.574 2	1.499 6	2.193 8	2.452 2
	2	3.043 1	3.044 8	3.334 8	3.184	2.742 9
	3	5.243 7	4.106 9	3.585 6	4.992 5	4.148 5
26#	1	1.505 7	2.492 8	2.834 6	2.502	3.416 7
	2	3.265 2	3.340 9	4.456 7	4.453 9	4.250 3
	3	4.881	4.750 8	4.391 3	4.625 7	5.263 9

注：$\varphi_b = 28.58°$，$JCS_n = 28.58$ MPa。

基于空间变异函数介于二维线性与三维平面之间，即能相对涵盖结构面完整信息，又对各向异性特征具有更好的代表性。相对于所研究结构面区域，在分析方向上变程 a 较大，说明沿该方向结构面起伏的频率相对较小，单个起伏体越大；而基台 C 反映了结构面起伏度大小的变化：其值大，说明起伏体越高；其值小，说明起伏体越低。结构面的峰值剪切强度主要取决于粗糙体，当起伏体宽度越大，起伏体高度越低，起伏体的作用弱化，上、下结构面的粗糙体均匀接触时，峰值剪切强度越大。因此，本小节基于结构面的三维形貌空间变异特征参数与试验成果，在 Barton 模型的基础上进行改进，提出一个新的描述结构面剪切峰值强度准则，该准则的数学表达式如下：

$$\tau_p = \sigma_n \tan\left[\varphi_b + \frac{0.5a}{C^{0.25}}\lg\left(\frac{JCS_n}{\sigma_n}\right)\right] \tag{6-12}$$

式中，τ_p 为节理抗剪强度；σ_n 为作用于节理的法向应力；φ_b 为节理基本内摩擦角；a 与 C 分别为取样长度为 L_n 的变异函数拟合所得变程值和基台值，JCS_n 为取样长度为 L_n 的壁岩强度。

新的峰值剪切强度准则基于三维形貌参数建立，是一个三维剪切强度准则。依据新的强度准则，只要得到结构面材料的相关力学参数和表面形貌参数，即可方便地计算结构面峰值抗剪强度。为了验证新准则的正确性，采用新的峰值剪切强度准则进行 60 组结构面剪切试验，计算不同结构面在不同法向应力条件下的含结构面试件的峰值抗剪强度，同时采用 Barton 模型计算，并将两种准则的计算结果与试验值进行对比，如图 6-41 所示(其中较大异常点已被剔除)。

图 6-41 为结构面峰值剪切强度计算值与试验值的对应关系。由图可知，采用变异函数特征参数的新准则计算得到的结构面峰值剪切强度与试验值更为接近。其中，采用新准则计算的峰值强度与试验值之间的误差均方根为 0.98，而采用 Barton 模型计算的误差平方和为 1.66，新准则计算结果仍与试验值更为接近。

从图 6-41 中还可以看出，采用新准则计算的结构面峰值剪切强度分布在试验值的两侧，在选取的 52 对结构面试件中，有 27 对结构面的峰值剪切强度计算值高于试验值，25 对

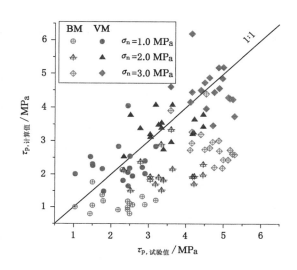

BM—Bartons's 模型；VM—Variogram 模型。

图 6-41　峰值剪切强度

结构面的峰值剪切强度计算值低于试验值；而采用 Barton 模型计算，仅有 2 对结构面的峰值剪切强度计算值高于试验值，50 对结构面的峰值剪切强度计算值低于试验值。由此可见，采用新准则计算岩石节理的峰值剪切强度与试验值更为接近，Barton 公式在一定程度上低估了节理的峰值抗剪强度，尤其在法向应力较高（在本书研究的范围内）的情况下 Barton 公式计算值相对试验值偏小，采用新准则计算节理峰值剪切强度明显优于 Barton 公式。

本节提出的基于结构面空间变异函数特征参数的峰值剪切强度准则，具有明确的物理意义，在对结构面三维形貌特征进行表达的同时，具有明显的方向性，通过对结构面形貌参数和基本力学参数，即可对结构面的峰值剪切强度进行估计，为进一步开展含结构面岩体的力学特性研究与工程实践奠定了基础。

6.2.3　流体对无充填结构面煤岩体剪切特性影响分析

近些年，随着各种深部地下工程的发展，如化学和放射性废物的地质隔离，引起了岩土工程领域学者们的极大兴趣。在岩石基质渗透性可以忽略不计的结晶岩石中，流体主要在连通的裂缝或裂缝网络中流动。要准备判断地下工程的稳定性与风险，必须了解岩体中包含的结构面的耦合作用性质。耦合作用是指在各种物理和化学环境下，结构面变形、水力传导性以及岩石结构面的热和化学性质之间的相互作用。其中结构面的水力特性受应力、变形和结构面的几何因素的影响。基于以上背景，本节针对注水条件下，研究结构面的剪切-渗流耦合作用，探讨含结构面岩体剪切过程中力学性质与渗流性质，为工程岩体施工设计提供试验基础。

6.2.3.1　不同法向荷载条件下剪切-渗流耦合试验

（1）法向荷载为 30 kN

图 6-42 为法向荷载为 30 kN 条件下力学变化曲线，相对无水条件下的力学变化曲线，

本节中的力学变化曲线增加了水力开度,注水压力与流量随剪切位移变化曲线。其他力学变化曲线趋势与无水条件下较为一致,值得注意的是,水力开度在剪切位移加载初期则呈现出与计算值较大的差异,随剪切位移继续增大,差异缩小,且水力开度与有效开度的差异最小。这是由于加载初期,上、下结构面被压密,裂隙开度很小,两结构面不可能完全吻合,结构面的接触面积率未达到100%;同时,在计算裂隙开度时,均计算的相对平均值,实际上裂隙开度分布并不均匀,具有不同的连通度,而且流体流动具有明显的向裂隙开度较大的渗流通道流动,因此造成了在剪切位移加载初期,水力开度与有效裂隙开度相差较大。

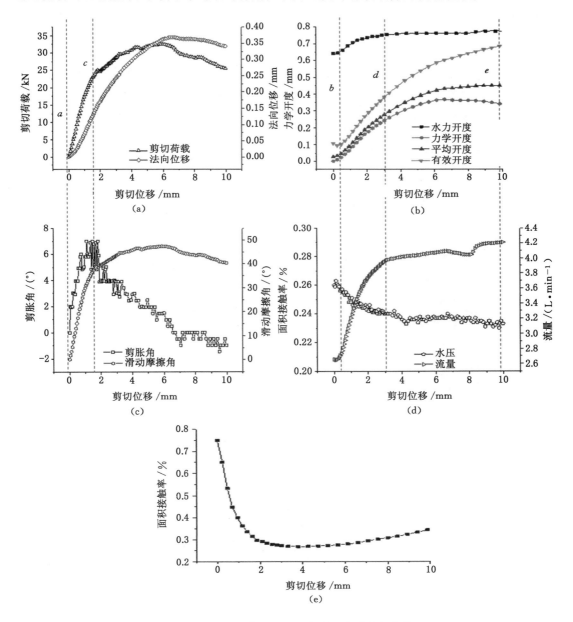

图 6-42 法向荷载为 30 kN 条件下力学变化曲线

　　当剪切位移较大时,裂隙开度分布逐渐形成较明显的流体渗流通道(图 6-43),此时流体通过这些主要的渗流通道流动,且随主要渗流通道的开度越大,流体越容易由该通道流动,即通过试验统计分析后得到的渗流通道与流体实际的流动通道较为一致,使得其结果更加接近。由于采用恒定水压方式加载,裂隙开度越大,流量越大,水阻力越小,实测水压越低。由图 6-42(d)可知,随剪切位移增加,流量迅速增加,实测水压值则呈减少趋势,当接触面积率达到相对稳定后[图 6-42(e)中剪切位移为 3 mm 处],流量亦趋于稳定,这是由于本书采用的中心孔注水-径向流方式[图 6-43 中"○"表示注水孔位置),当剪切位移为 3 mm 时,由注水孔到结构面外部的主要渗流通道形成[图 6-43(d)],随剪切位移继续增大,裂隙开度的主要增加部分在注水孔外,与注水孔直接相连的渗流通道开度增加较少,所以流量趋于稳定。

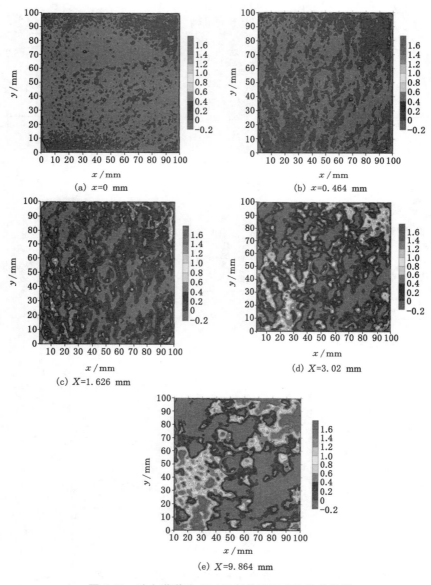

(a) $x=0$ mm

(b) $x=0.464$ mm

(c) $X=1.626$ mm

(d) $X=3.02$ mm

(e) $X=9.864$ mm

图 6-43　法向荷载为 30 kN 条件下开度演化等值线

基于以上结论,在无法查明断层在岩体内部较大结构面的形貌特征时,可通过压水试验法,即通过示踪剂观察水的流动路径,进而可对结构面的起伏情况进行估计,从而有助于制定相应的措施与方案。

(2)法向荷载为 60 kN

由图 6-44 所示,当裂隙开度随剪切位移增加、变化趋势放缓时,水力开度与有效开度最为接近。但在剪切位移加载初期,水力开度的变化整体趋势与力学开度变化趋势较为一致,随剪缩现象的出现,水力开度也呈现明显的下降趋势,这是由于注水孔处裂隙开度在压剪荷

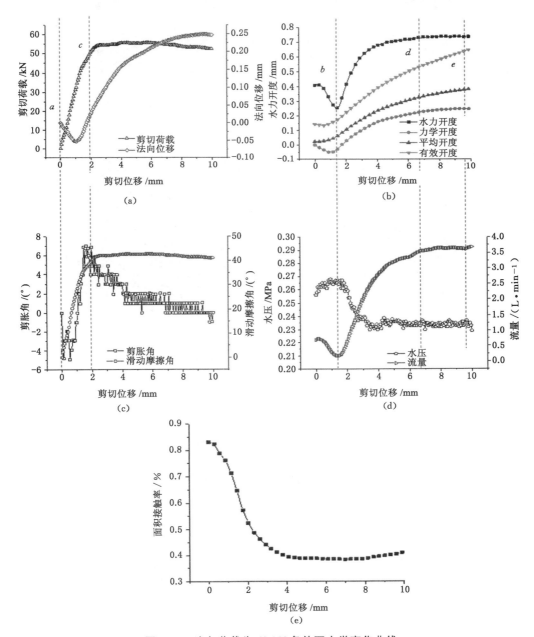

图 6-44　法向荷载为 60 kN 条件下力学变化曲线

载作用下被压缩，且注水孔未能与较大贯穿渗流通道连通，阻力增大，从而使得流量下降、水压上升。当剪切位移达到 4 mm 时，接触面积率趋于稳定，流量变化逐渐稳定。在剪切位移后期，与注水孔连通的渗流通道保持稳定，流量趋于平稳（图 6-45）。

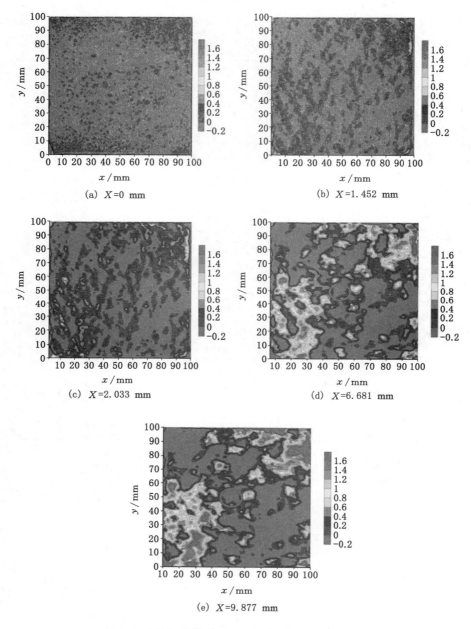

(a) $X=0$ mm

(b) $X=1.452$ mm

(c) $X=2.033$ mm

(d) $X=6.681$ mm

(e) $X=9.877$ mm

图 6-45　法向荷载为 60 kN 条件下开度演化等值线

（3）法向荷载为 90 kN

当法向荷载为 90 kN 时，法向位移呈"先上升、后下降"趋势（图 6-46），这是由于在法向荷载为 90 kN 作用下水的软化作用，对结构面的磨损造成的。随着法向位移降低，流量呈明显降低趋势,如图 6-47 所示。当剪切位移为 3.97 mm 时,注水孔与结构面间的连通渗流通道有 3 条,而随剪切位移继续增大至 9.781 mm 时,注水孔与结构面间的主要渗流通道变为 2 条,右侧的 1 条在剪切错动过程中被压闭合。因此,针对无剪切错动裂隙岩体,在裂隙开度分布较为均匀的情况下,水压试验相对有效;针对有剪切错动裂隙岩体,打孔位移影响较大,水压试验具有一定的局限性。

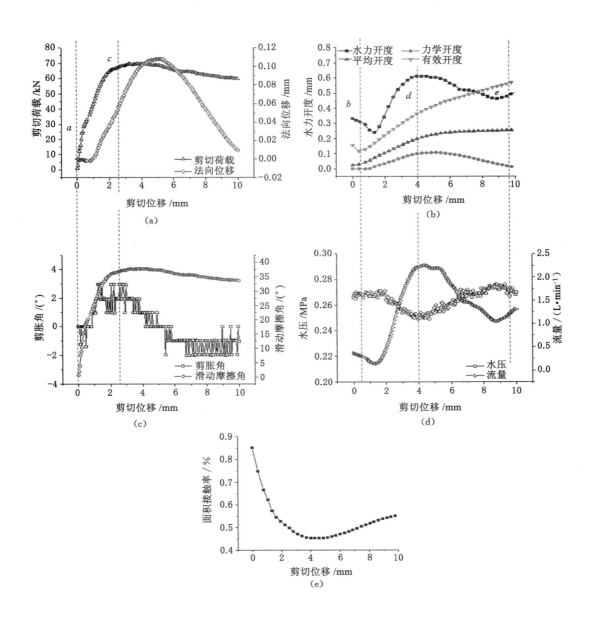

图 6-46　法向荷载为 90 kN 条件下力学变化曲线

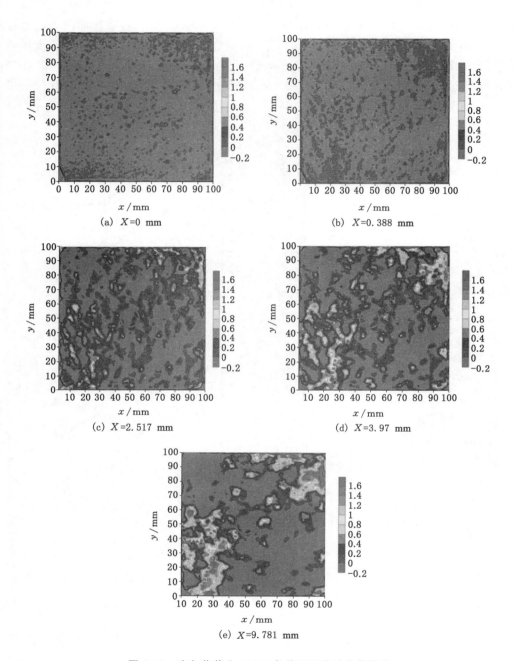

(a) X=0 mm

(b) X=0.388 mm

(c) X=2.517 mm

(d) X=3.97 mm

(e) X=9.781 mm

图 6-47 法向荷载为 30 kN 条件下开度演化等值线

6.2.3.2 不同注水条件下法向荷载对比分析

（1）力学变化曲线

图 6-48 为注水条件下不同法向荷载的力学参数变化对比曲线。可以看出，在有水的情况下，各参数变化曲线随法向荷载增大，其变化趋势与无水条件下类似。峰值剪切荷载随法向荷载增大呈增大趋势［图 6-48（a）］，且峰值剪切荷载与所施加法向荷载呈非线

性关系,法向荷载越大,峰值剪切荷载增幅越小。由图可知,峰值剪切荷载对法向荷载的敏感性随法向荷载增大呈降低趋势。当无明显剪缩现象出现时,剪胀角随剪切位移增加未出现第Ⅰ阶段(迅速下降阶段)其中第Ⅰ阶段与第Ⅱ阶段合并为一个阶段。

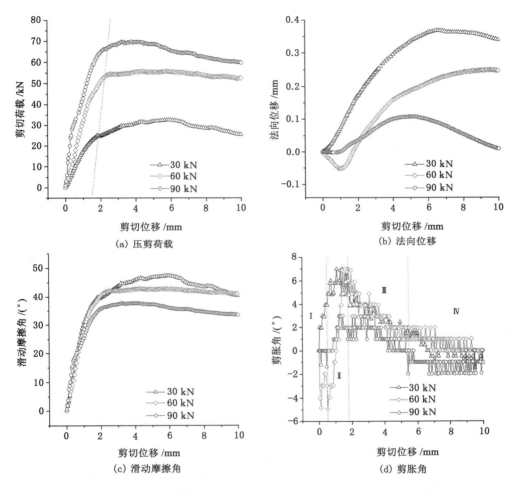

(a) 压剪荷载

(b) 法向位移

(c) 滑动摩擦角

(d) 剪胀角

图 6-48   不同法向荷载条件下力学曲线对比

6.2.3.3   开度曲线对比分析

由图 6-49 可知,不同计算方式获得裂隙开度均明显受法向荷载的影响,随法向荷载增大呈减小趋势,其中平均开度随法向荷载增加的降低幅度大于有效开度随法向荷载增加的降低幅度。而水力开度随法向荷载增大的变化趋势规律性较差,这是由于受渗流通道注水孔的渗出路径和渗出路径与试件外的连通性影响。

如图 6-50 所示,当法向荷载由 30 kN 增大至 60 kN 后,注水孔的主要渗出路径由 3 条变为 2 条;当法向荷载由 60 kN 增大至 90 kN 后,注水孔的主要渗出路径进一步减少,且渗出路径与试件外的连通性有所降低,导致流量产生较大的降低。另外,面积接触率随法向荷载增大而增大趋势。

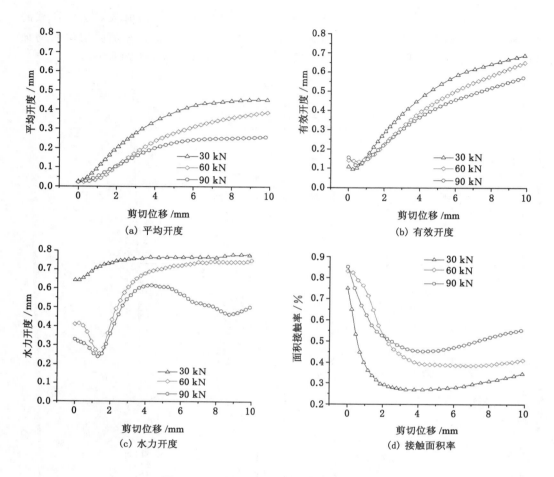

(a) 平均开度

(b) 有效开度

(c) 水力开度

(d) 接触面积率

图 6-49 不同法向荷载条件下裂隙开度曲线对比

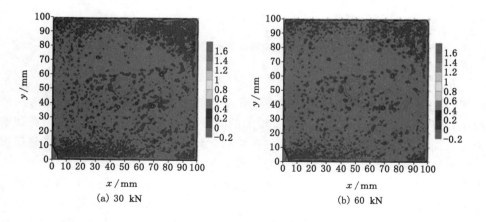

(a) 30 kN

(b) 60 kN

图 6-50 不同法向荷载条件下裂隙开度分布

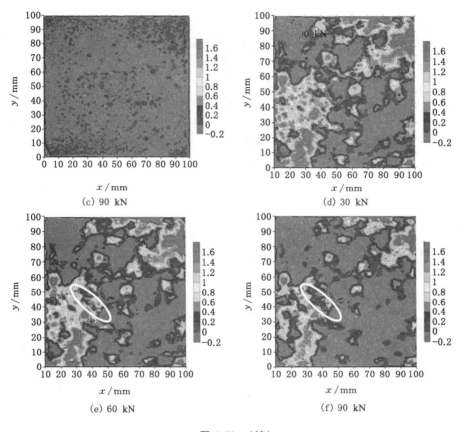

(c) 90 kN

(d) 30 kN

(e) 60 kN

(f) 90 kN

图 6-50　(续)

6.2.3.4　不同注水状态对比分析

（1）力学曲线分析

图 6-51 为无水和注水条件下力学曲线。由图 6-51(a)可知，注水条件下剪切荷载到达峰值前的增长速率明显低于无水条件下，这是由于剪切位移加载初期，水存在于上、下结构面之间，具有明显的润滑作用，随着剪切荷载增加，上、下结构面接触面应力增大，上、下结构面之间出现擦痕与磨损，水逐渐被挤出，此时上、下结构面之间的错动已跨越粗糙体，从而未出现明显的剪切荷载峰值。随剪切位移继续增大（达到残余剪切强度时），发现有水和无水条件下的残余剪切强度并无明显变化，这是由于试验之前试件为干燥状态，在较短的试验周期内水对结构面的渗透深度有限，当结构面磨损后，上、下结构面之间均为干燥状态，所以剪切荷载无明显变化。

由图 6-51(c)可知，滑动摩擦角增长趋势随法向荷载增大而降低，在法向荷载相同条件下，滑动摩擦角增长趋势因水的存在而降低，说明水对粗糙体的劣化效果更明显。

由图 6-51(b)可知，在注水条件下法向位移明显小于无水条件下，其差值随剪切位移增大而增大，这是由于水对结构面的渗透软化作用，在剪切初期水对结构面的渗透深度较小，而随着剪切位移增加，水对结构面的渗透深度逐渐增加，使结构面软化，在法向荷载作用下，上、下结构面滑动过程中被水软化的部分首先被磨损，其后为渗透层之下的干燥部分磨损。

因此,从法向位移的变化趋势可以间接了解到剪切过程中水对结构面渗透深度及其劣化性质。

由图 6-51(d)可知,剪胀角均随剪切位移增加,呈现主要的 4 个阶段变化。在第 I 阶段,注水条件下的剪胀角最低值大于无水条件,剪胀角迅速降低阶段的主要影响因素为上、下结构面的吻合度。当结构面注入水后,在水的直接润滑与法向荷载压缩的作用下,上、下结构面会沿吻合度更高的方向产生轻微的滑动,从而增加其吻合度,使得剪胀角在初始加载时其值有所增大。当剪胀角达到最低值后,在后 3 个阶段中,注水状态下的剪胀角均低于无水状态,这是由于水对结构面具有软化作用,在发生相同滑动剪切位移条件下,结构面表层被软化,使得法向位移变小,从而导致剪胀角减小。

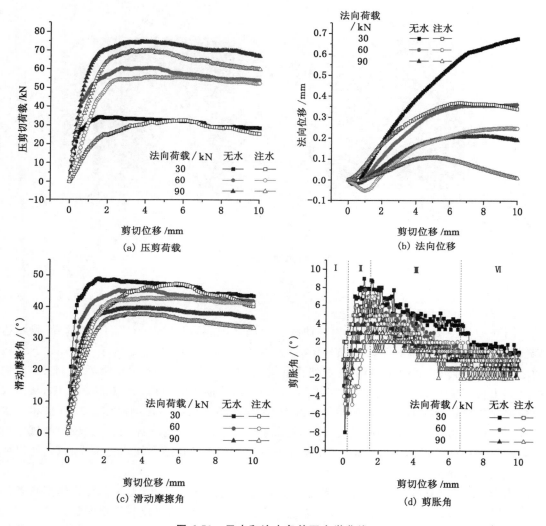

图 6-51　无水和注水条件下力学曲线

通过以上对比分析发现,结构面在注水条件下的各力学参数均有明显的劣化现象,其峰值剪切荷载降低,并且其剪胀量降低。在地下工程中,裂隙岩体往往处于常法向刚度应力状态,在其剪切失稳过程中,剪胀使得法向荷载增加,从而增加峰值剪切荷载,而通过水的软化作用降低了剪胀量,也间接地降低了法向荷载;同时,通过润滑作用降低了峰值剪切荷载,对于裂隙岩体的力学性质劣化具有双重作用。

(2)开度分布演化规律

图 6-52 为无水和注水条件下裂隙开度分布。可以看出,注水条件下的面积接触率明显大于无水条件,裂隙分布区域与开度也成减少趋势,说明在注水条件下水的润滑、软化作用增大了接触面积,降低了渗流通道。

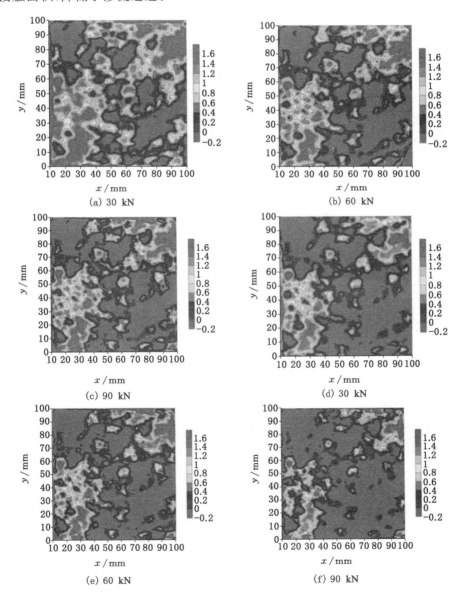

图 6-52 无水和注水条件下裂隙开度分布

6.3 充填结构面煤岩剪切-渗流耦合特性

6.3.1 不同充填厚度

岩体在外荷载作用下发生断裂破坏后,其峰值剪切强度大大降低。在外荷载作用下,岩体结构面继续发生张拉或剪切滑移,使得结构面的裂隙开度发生变化。然而,结构面在滑移过程中,由于磨损与二次破坏易产生细粒状断层泥,当断层带有地表露头时,风化作用也会使张开裂隙中形成充填。随着结构面裂隙开度不同,充填物的厚度不同,其对结构面的力学性质也会产生不同的影响。基于此,本小节采用石膏作为充填物,分析充填结构面的力学参数随充填厚度增大的变化规律,为工程实际提供依据。

6.3.1.1 充填厚度 1 mm

图 6-53 为充填厚度 1 mm 条件下力学变化曲线。可以看出,剪切荷载随剪切位移增加呈"迅速增加-缓慢上升-峰值-缓慢降低"的趋势,这是由于充填石膏强度相对黄泥与岩石较高,对上、下结构面具有较好的黏聚力,因而在剪切位移增量较小时,剪切荷载迅速上升。

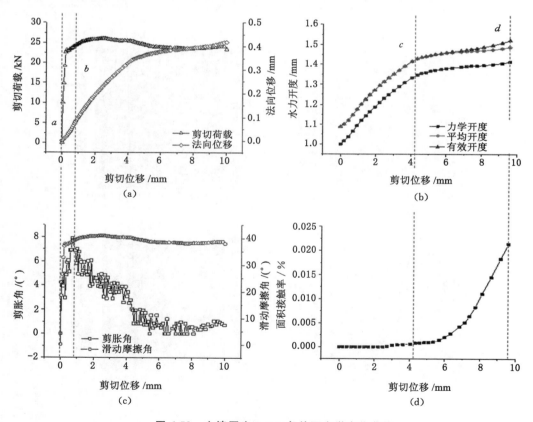

图 6-53　充填厚度 1 mm 条件下力学变化曲线

当剪切位移达到 b 点位置时[图 6-53(a)],剪胀角达到最大值[图 6-53(c)],这与无充填结构面的变化趋势较为相似,说明在充填厚度 1 mm 时充填物的存在并没有完全取代粗糙体的作用。但从剪切位移小于 1 mm 来看,与无充填结构面的峰值剪胀角出现在剪切位移 1~1.5 mm 处相比,充填物对结构面的粗糙体具有一定的弱化作用。

当剪切位移增加至 c 点处[图 6-53(b)],发现法向位移增长速率减缓,剪胀角主要在 0°~1°波动,说明此时已经达到了起伏体影响作用下的峰值。相对无充填结构面[图 6-53(a)],法向位移增长速率的变化点发生在剪切位移约为 7 mm,法向位移约为 0.6 mm 处,充填厚度 1 mm 条件下的法向位移增长速率变化点发生在剪切位移约为 4 mm、法向位移约为 0.35 mm 处,这是由于充填物的存在,大大降低了起伏体对剪胀效应的影响,且上、下结构面之间出现了接触点[图 6-54(c)],接触面积率有所上升[图 6-57(d)],接触点处充填物被剪断,受力区域减小,剪切荷载呈较小的下降。

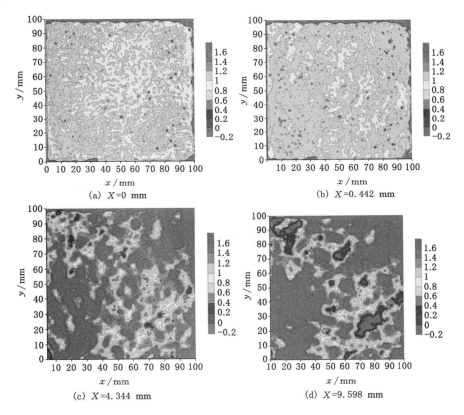

(a) X=0 mm

(b) X=0.442 mm

(c) X=4.344 mm

(d) X=9.598 mm

图 6-54 充填厚度 1 mm 条件下开度演化等值线

随着剪切位移继续增加,面积接触率继续增大,有效开度大于平均开度,但结构面的残余剪切强度低于未充填结构面的残余强度,这是由于虽然上、下结构面接触,但结构面并非新鲜结构面,其表面沾有由于石膏破碎或摩擦产生的细颗粒,细颗粒存在于上、下结构面的接触界面,使滑动摩擦中存在部分滚动摩擦,从而降低了残余剪切荷载。

6.3.1.2 充填厚度 2 mm

图 6-55 为充填厚度 2 mm 条件下力学变化曲线。可以看出,剪切荷载随剪切位移增加呈"迅速上升-缓慢下降"趋势,这是由于充填厚度 2 mm 时上、下结构面并未接触,但沿剪切荷载合力方向,上、下结构面起伏体相对应,在受力区域内将石膏孔裂隙压实,其剪切荷载迅速上

升。随着剪切位移继续增大,结构面与石膏界面发生滑动且石膏内部在压剪应力作用下产生张拉裂纹,法向位移增大。当剪切位移继续增加至4.228 mm时,上、下结构面的相对受力面积减小,应力增大,石膏发生剪切破坏,法向位移下降。当剪切位移达到8 mm以后,上、下结构面之间出现接触点[图6-55(d)],但由于接触面积过小,对剪切荷载曲线并无影响。

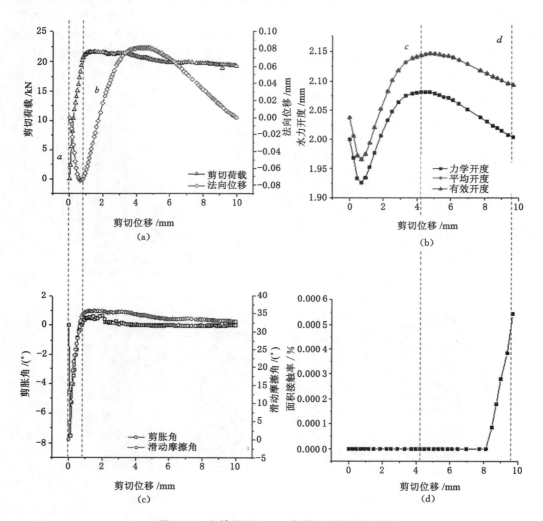

图 6-55　充填厚度 2 mm 条件下力学变化曲线

　　通过以上分析可知,在试验全过程中,充填石膏的受力面积仅为上、下结构面沿剪切方向相对部分,剪切过程主要发生滑动摩擦,在剪切位移为 4 mm 处时,出现剪切破坏,但主要受力面积变化较小(图6-56)剪切荷载略微下降,但峰值后相对稳定。

6.3.1.3　充填厚度 3 mm

　　图 6-57 为充填厚度 3 mm 条件下力学变化曲线。可以看出,剪切荷载随剪切位移呈"迅速增长-缓慢增长-缓慢下降"趋势,在加载初期,充填材料石膏被压密,法向位移减小。随着剪切位移继续增加,剪切荷载增长速率放缓,且有波动特征,说明该阶段处于微裂纹稳定发展阶段(图6-57 中 b 点与 c 点之间),由于石膏材料较软,呈塑性变形。因为剪切荷载

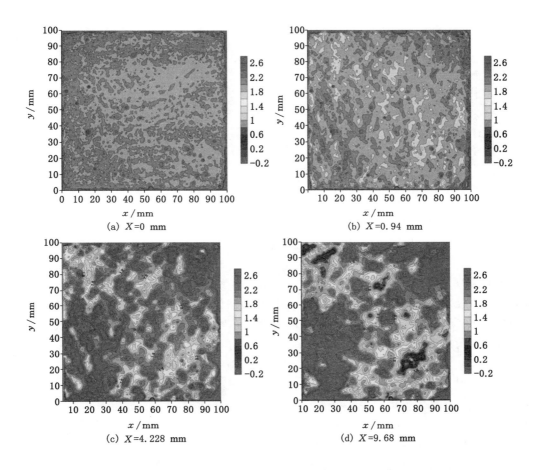

(a) $X=0$ mm

(b) $X=0.94$ mm

(c) $X=4.228$ mm

(d) $X=9.68$ mm

图 6-56　充填厚度 2 mm 条件下开度演化等值线

波动较小且微裂纹的萌生,使得法向应力呈增大趋势。随着剪切位移继续增大,石膏发生部分剪切破坏,剪切荷载降低,法向位移减小(图 6-57 中 c 点与 d 点之间)。

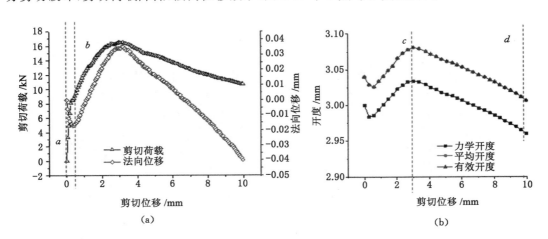

(a)

(b)

图 6-57　充填厚度 3 mm 条件下力学变化曲线

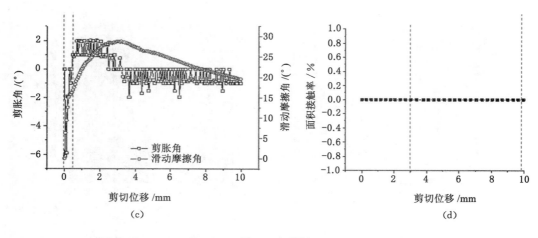

(c)　　　　　　　　　　　　　　　(d)

图 6-57　（续）

　　在充填厚度 3 mm 条件下，试验中上、下结构面无接触点（图 6-58），此时结构面的剪切力学性质主要取决于充填物性质。由剪切荷载-剪切位移变化曲线可以看出，其变化趋势近似于全应力-应变曲线，由于作为充填物的石膏塑性较大，因此并无本书第 4 章中砂岩剪切破坏后剪切荷载迅速下降现象。

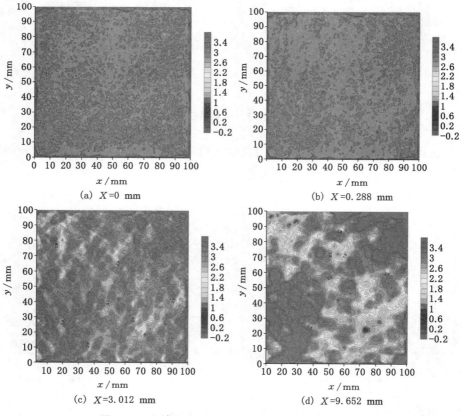

(a)　$X=0$ mm　　　　　　　　　(b)　$X=0.288$ mm

(c)　$X=3.012$ mm　　　　　　　(d)　$X=9.652$ mm

图 6-58　充填厚度 3 mm 条件下开度演化等值线

6.3.1.4 不同充填厚度对比分析

（1）力学变化曲线

图 6-59 为不同充填厚度条件下力学变化曲线。可以看出，随充填厚度的增大，峰值剪切荷载降低[图 6-59(a)]。在剪切位移加载初期，剪切荷载均有一个快速上升阶段，其增长

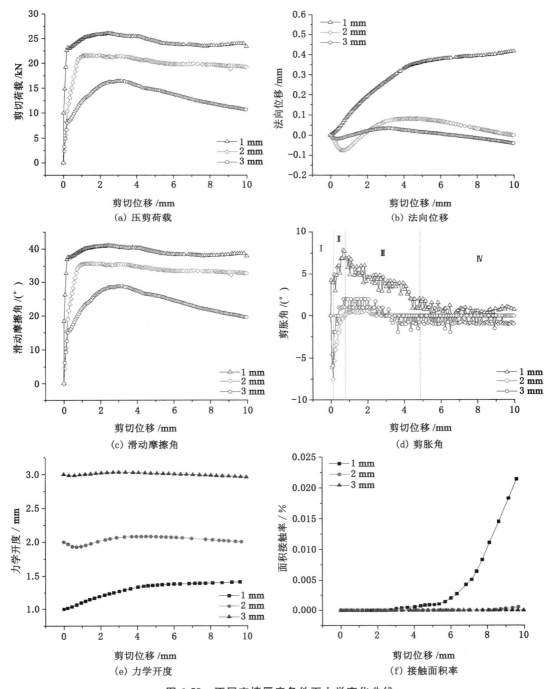

图 6-59 不同充填厚度条件下力学变化曲线

速率随充填厚度增大而放缓。由于试件结构面的影响,当充填厚度 1 mm 时,上、下结构面间受力面积较大,结构面上起伏体对剪切位移继续增加具有阻碍作用,而随着充填厚度增加,结构面上的起伏体的阻碍作用变弱;当充填厚度为 3 mm 时,试验中上、下结构面没有直接接触,结构面上起伏体对剪切位移的阻碍作用基本没有,导致其剪切过程的力学性质更趋近于充填物的压剪性质。

由图 6-59(c)可以看出,滑动摩擦角的变化趋势与剪切荷载的变化趋势较为一致。由图 6-59(b)可以看出,随着充填厚度增大,法向位移呈明显减小趋势,其中充填厚度 1 mm 条件下明显大于充填厚度 2 mm 和 3 mm。在充填厚度 1 mm 条件下,结构面对其法向位移影响较大,当充填厚度超过 2 mm 时,剪切过程中的法向位移主要为充填物的法向变形。

由图 6-59(d)可以看出,充填厚度超过 2 mm 时,第Ⅲ阶段的剪胀角明显低于充填厚度为 1 mm。另外,对比力学开度与接触面积率[图 6-59(e)至图 6-59(f)]可以发现,当剪切过程中上、下结构面存在接触的情况,在接触之前,结构面对力学开度的影响较大。

通过以上分析可知,当充填物流动性较差,强度较高时(如本节中的充填物石膏),随充填厚度的增大,充填物在剪切荷载作用下的裂纹扩展方式主要有 3 种(图 6-60):

① 当充填厚度较低时,随上下两结构面的错动,法向位移增大,充填物剪切裂纹呈向上扩展方式[图 6-60(a)]。

② 当充填厚度继续增加,结构面对法向位移影响较小时,充填物剪切裂纹沿应力集中方向呈向下扩展[图 6-60(b)]。

③ 当充填厚度明显大于结构面起伏高度时,结构面对试件的剪切力学行为影响可以忽略,并且可以等效为充填物的剪切试验,其裂纹扩展方式为充填物在剪切荷载作用下的裂纹扩展。

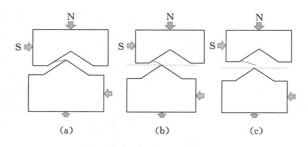

图 6-60　充填物剪切破坏形式示意图

6.3.2　不同充填材料

当岩体裂隙中充满充填物时,充填物的性质直接决定了充填结构面的力学性质。在充填物形成初期,因充填物的矿物成分不同,会影响充填物的抗风化能力与物理性质,如基性和超基性岩石主要是由易风化的橄榄石、辉石及基性斜长石组成,酸性岩石主要由较难风化的石英、钾长石、酸性斜长石等组成[119]。另外,由于充填物的沉积变质过程不同,充填物的胶结程度与性质也不相同。基于此,本节选取岩屑、黄泥和石膏 3 种不同胶结状态的材料作为充填物,探讨不同充填物性质对充填结构面在剪切荷载作用下的力学性质影响,为研究岩体的稳定性提供试验依据。

6.3.2.1 充填材料为岩屑

　　图 6-61 为充填岩屑条件下力学变化曲线。可以看出,剪切荷载随剪切位移呈迅速增加-峰值-缓慢降低趋势[图 6-61(a)],当剪切位移达到 8.5 mm 时,剪切荷载趋于平稳;法向位移在剪切位移为 0.879 mm 处达到峰值,随剪切位移继续增大,法向位移呈连续下降趋势。图 6-62 为充填岩屑条件下开度演化等值线。

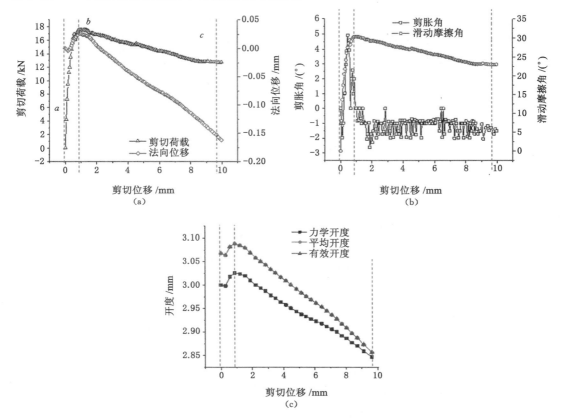

图 6-61　充填岩屑条件下力学变化曲线

　　研究表明,在剪切加载初期,岩屑作为充填物,成型过程中由于其粒径较细,已经达到较好的密实度,其强度较高,压缩性差,导致剪切初期呈现略微剪胀趋势。但随着剪切位移继续增加,由于岩屑的低胶结性,岩屑颗粒之间发生滚动,且在剪切荷载的复合作用下受挤压而趋向于受力较小区域迁移,使得法向位移持续降低。由图 6-61(b)可知,其随剪切位移呈4 个阶段分布,但相对无充填结构面剪切,其中第Ⅲ阶段较窄,第Ⅵ阶段所占比例大大增加。由图 6-61(c)可以看出,有效开度与力学开度之差随剪切位移增大呈减小趋势。

6.3.2.2　黄泥

　　图 6-63 为充填黄泥条件下力学变化曲线。可以看出,剪切荷载随剪切位移增加达到峰值后有所波动[图 6-63(a)],在剪切位移约 6.187 mm 处,剪切荷载再次呈上升趋势,这是由于黄泥比较软,压缩性大,剪切位移加载初期法向位移迅速降低。图 6-64 为充填典泥条件下开度演化等值线。

　　当剪切位移达到6 mm 左右时,在剪切错动与法向压缩的复合作用下,上、下结构面出现

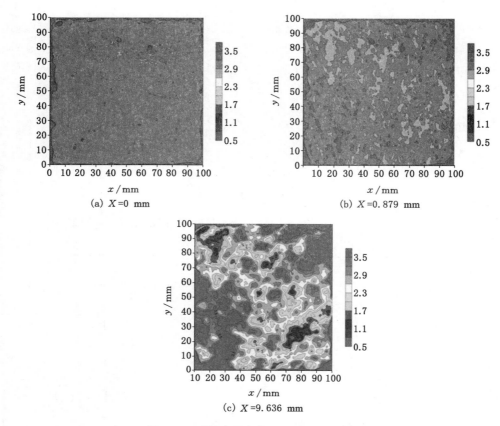

(a) X=0 mm

(b) X=0.879 mm

(c) X=9.636 mm

图 6-62　充填岩屑条件下开度演化等值线

部分区域裂隙开度较小(色度值在 0.8~1.6),该区域黄泥被压缩密实,强度增大,从而增大了剪切荷载这是由于黄泥强度较低,法向位移继续减小,随着黄泥密实度增加,其压缩位移降低速率减缓。当剪切位移继续增大,黄泥发生张拉破裂与剪切破裂,剪切荷载再次下降。

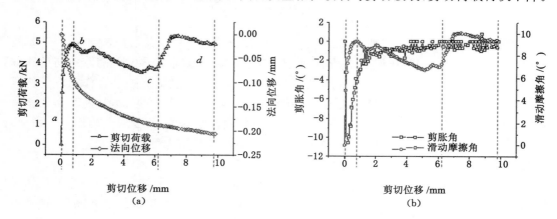

图 6-63　充填黄泥条件下力学变化曲线

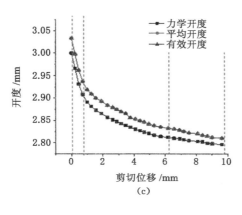

图 6-63 （续）

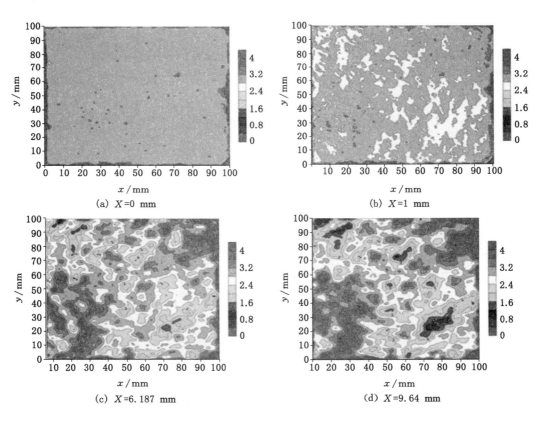

(a) $X=0$ mm

(b) $X=1$ mm

(c) $X=6.187$ mm

(d) $X=9.64$ mm

图 6-64   充填黄泥条件下开度演化等值线

6.3.2.3   石膏

图 6-65 为充填石膏条件下力学变化曲线。可以看出，剪切荷载随剪切位移呈"迅速增长-缓慢增长-缓慢下降"趋势[图 6-65(a)]。在加载初期，充填石膏被压密，法向位移减小。随剪切位移继续增加，剪切荷载增长速率放缓，且有波动特征，说明该阶段处于微裂纹稳定发展阶段（图 6-65 中 b 点与 c 点之间），由于石膏材料较软，呈塑性变形，以及微裂纹的萌

生,使得法向位移呈增大趋势。

　　随着剪切位移继续增大,石膏发生部分剪切破坏,剪切荷载降低,法向位移减小(图 6-65 中 c 点与 d 点之间)。试验中,上、下结构面无接触点(图 6-66),此时结构面的剪切力学性质主要取决于充填物性质,其变化趋势近似于全应力-应变曲线。由于作为充填物的石膏塑性较大,因此并无第 4 章中砂岩剪切破坏后剪切荷载迅速下降现象。

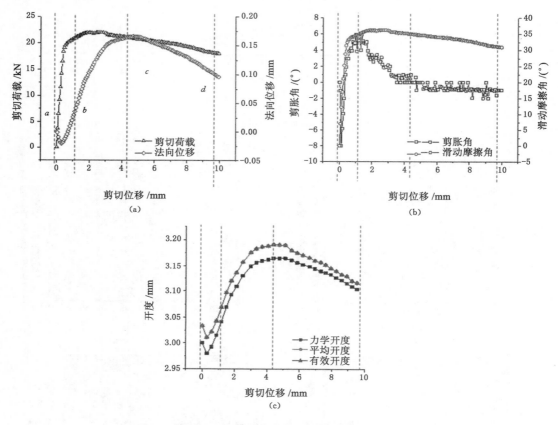

图 6-65　充填石膏条件下力学变化曲线

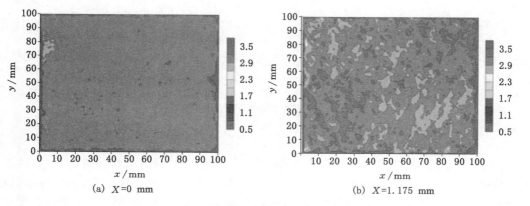

图 6-66　充填石膏条件下开度演化等值线

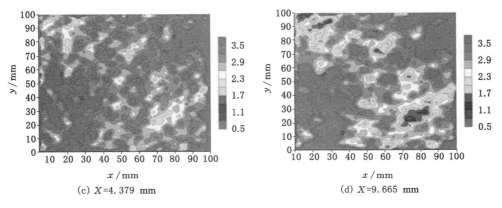

(c) X=4.379 mm   (d) X=9.665 mm

图 6-66 （续）

6.3.2.4 不同充填材料对比分析

（1）力学变化曲线

图 6-67 为不同充填材料条件下力学变化曲线对比分析。可以发现,黄泥的剪切荷载最低,石膏的剪切荷载最高[图 6-67（a）]。通过对比胶结能力均较差的黄泥与岩屑发现,矿物成分越稳定的岩石在相同粒径条件下,其充填剪切强度更高;通过与石膏进行对比发现,胶结程度越高,其强度越大,充填剪切荷载越大。

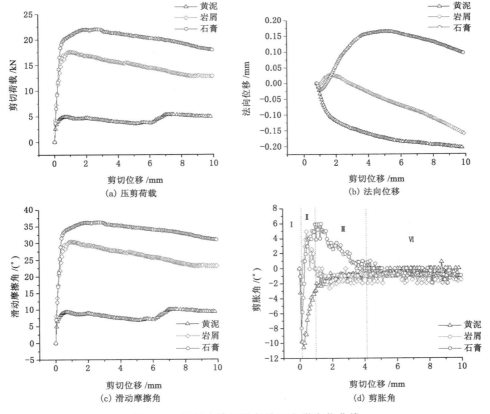

(a) 压剪荷载   (b) 法向位移

(c) 滑动摩擦角   (d) 剪胀角

图 6-67 不同充填材料条件下力学变化曲线

　　此外,当充填物的胶结能力较差时[图 6-67(b)中的岩屑与黄泥],其流动性较大,在剪切荷载作用下,法向位移明显低于胶结能力较好,流动性差的充填物[图 6-67(b)中的石膏]。同样地,矿物成分相对稳定的岩屑,其强度较高,在剪切荷载作用下变形较小,法向位移小于矿物成分相对不稳定、强度较低的黄泥。由图 6-67(c)可知,其变化趋势与剪切荷载随剪切位移变化趋势一致,说明剪切荷载变化的敏感性随充填物的强度与胶结程度变化一致。由图 6-67(d)可知,剪胀角的变化趋势仍可分为 4 个阶段,随充填物性质的变化,第Ⅲ阶段与第Ⅵ阶段融合成为一段。

　　(2) 力学开度分布对比分析

　　图 6-68 为不同充填材料条件下裂隙开度分布对比图。可以看出,开度分布与法向位移变化直接相关,当充填材料流动性较大,法向位移下降较大时,上、下结构面之间出现开度较小分布区间。但由于黄泥的法向位移更小,其开度较低区域面积更大[图 6-68(e)];而胶结强度较高的充填材料石膏,其法向位移较大,因而裂隙开度整体较大。

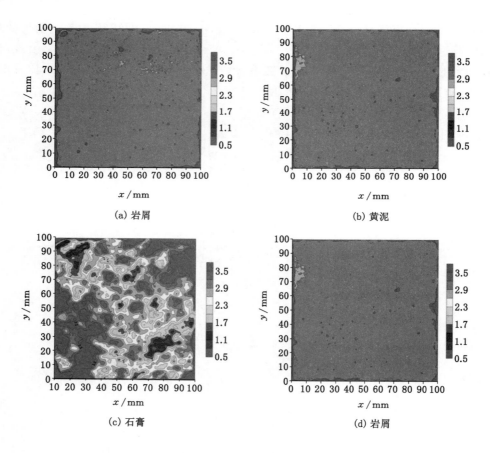

(a) 岩屑　　　　　　　　　　　　　　(b) 黄泥

(c) 石膏　　　　　　　　　　　　　　(d) 岩屑

图 6-68　不同充填材料条件下裂隙开度分布

[(a)～(c)为剪切初期,(d)～(f)为剪切结束]

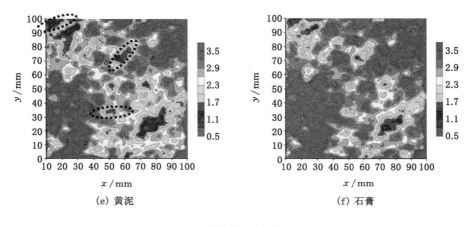

(e) 黄泥   (f) 石膏

图 6-68 （续）

6.3.3 不同充填粒径

当剪切带或断层带在剪切荷载作用下发生错动或滑动时,剪切破裂结构面的起伏体与粗糙体在剪切荷载作用下被磨损、剪断或拉破坏,产生断层泥或碎屑状充填物,在应力作用或风化作用下,断层碎屑粒径在胶结作用下变大,或者在风化作用下变小。不同粒径的充填物的力学性质不一,直接影响剪切带或断层带的稳定性。基于此,本小节采用不同粒径条件下的岩屑作为充填物,并对充填有不同粒径的试件施加剪切荷载,探讨粒径对充填结构面的剪切力学性质劣化影响,为研究地质体或岩体的稳定性奠定试验基础。

6.3.3.1 20～40 目

图 6-69 为充填粒径 20～40 目条件下力学变化曲线。可以看出,剪切荷载随剪切位移呈先增加后稳定下降变化趋势。在加载初期,剪应力迅速上升,同时法向位移呈现较大的下降趋势[图 6-69(a)],这是由于在充填粒径较大时,充填压实后孔隙加大,在上、下结构面剪切错动过程中充填颗粒滚动,部分孔隙被填入颗粒,充填物进一步密实。

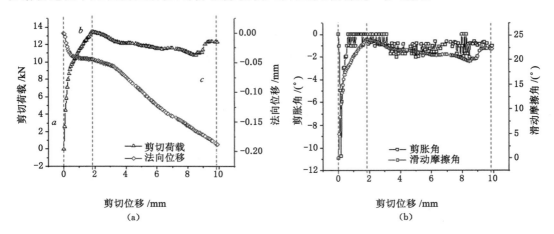

（a）   （b）

图 6-69 充填粒径 20～40 目条件下力学变化曲线

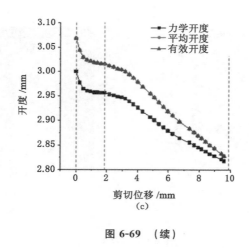

图 6-69　（续）

　　随着剪切位移继续增加（$X=1\sim3$ mm），法向位移放缓，剪切荷载达到峰值。该阶段充填物被进一步压实，上、下结构面对其作用力分布相对均匀，法向位移变化较小，如图 6-70 所示。

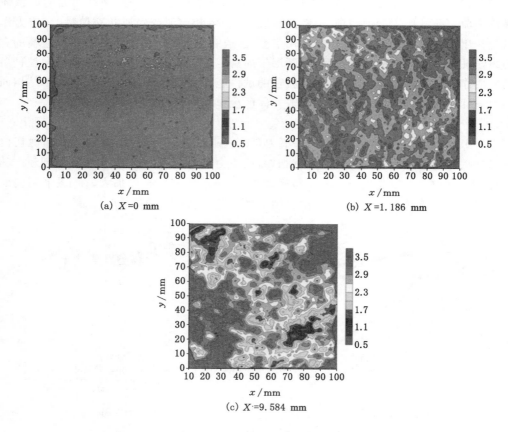

(a) $X=0$ mm

(b) $X=1.186$ mm

(c) $X=9.584$ mm

图 6-70　充填粒径 20～40 目条件下开度演化等值线

随着剪切位移进一步增加,法向位移下降速度加快,这是由于上、下结构面剪切错动越大,充填物受力越不均匀,开度分布较小区域充填物受挤压力更为集中,充填颗粒在剪切荷载作用下滚动;同时,剪切荷载呈较小的波动现象,这是由于充填颗粒在滚动过程中发生剪断或张拉破坏。

6.3.3.2　40～60 目

图 6-71 为充填粒径 40～60 目条件下力学变化曲线。可以看出,各参数变化趋势与充填粒径为 20～40 目条件下较一致,剪切荷载随剪切位移增加呈"先增加、后稳定下降"趋势,但法向位移在迅速降低后有一个较小的增大阶段[图 6-71(a)]。这一现象在剪胀角随剪切位移变化曲线中更为明显[图 6-71(b)],剪切位移在 1～2 mm,剪胀角大于 0°,这与充填物的密实度有关,充填粒径 40～60 目条件下的密实度较 20～40 目的大。

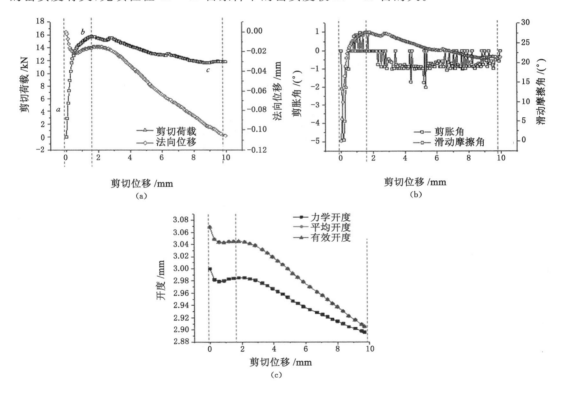

图 6-71　充填粒径 40～60 目条件下力学变化曲线

在剪切位移加载初期,充填物由于滚动进一步密实。随剪切位移继续增加,由于充填颗粒并非规则圆形,因此充填颗粒在滚动过程中发生膨胀。当上、下结构面剪切位错大约达到 3 mm 时,裂隙开度分布不均匀性增大,充填物受挤压力增大,向开度较大区域滚动与流动,法向位移继续下降,如图 6-72 所示。

6.3.3.3　100～120 目

图 6-73 为充填粒径 100～120 目条件下力学变化曲线。可以看出,剪切荷载随剪切位移呈"迅速增加-峰值-缓慢降低"趋势[图 6-73(a)],当剪切位移达到 8.5 mm 时,剪切荷载趋于平稳,法向位移在剪切位移为 0.879 mm 处达到峰值。随着剪切位移继续增大,法向位移

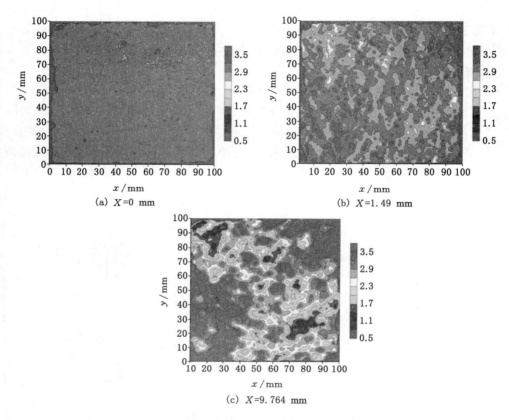

(a) $X=0$ mm

(b) $X=1.49$ mm

(c) $X=9.764$ mm

图 6-72　充填粒径 40～60 目条件下开度演化等值线

呈连续下降趋势,这是由于其粒径较细,已经达好较好的密实度,其强度较高,压缩性差,导致剪切初期呈现略微剪胀趋势。如图 6-74 所示,随剪切位移继续增加,岩屑颗粒之间发生滚动,且在剪切荷载的复合作用下,受挤压而趋向于受力较小区域迁移,使得法向位移持续降低。

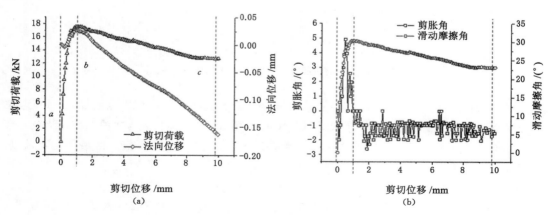

(a)

(b)

图 6-73　充填粒径 100～120 目条件下力学变化曲线

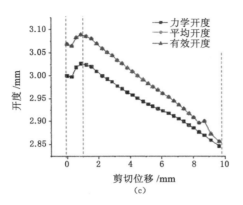

图 6-73 （续）

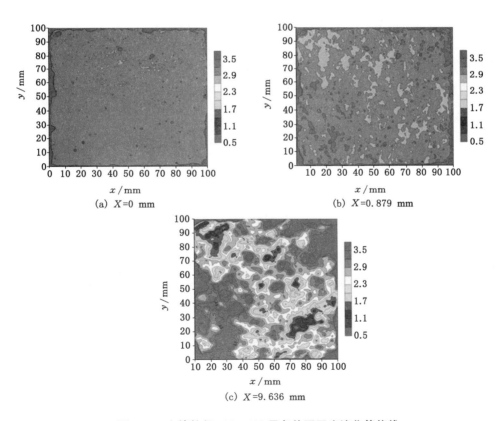

图 6-74 充填粒径 100～120 目条件下开度演化等值线

6.3.3.4 不同充填粒径对比分析

图 6-75 为不同充填粒径条件下力学变化曲线。可以看出，峰值剪切荷载随充填粒径增大呈降低趋势［图 6-75(a)］，在剪切位移加载初期，剪切荷载增长趋势较为一致。随剪切位移继续增加，剪切荷载增加速率均有减小趋势，且充填粒径越大，减速效果越明显，这是由于充填粒径越大，试件压制过程中形成的孔隙越大，在剪切位移增大过程中，其压缩性更大。

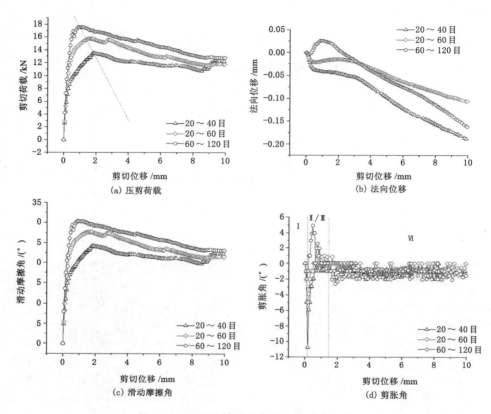

图 6-75 不同充填粒径条件下力学变化曲线

由图 6-75(b)中可知,在剪切位移加载初期,充填粒径越大,法向位移降低越快,充填粒径 20~40 目条件下降低约 0.05 mm,充填粒径 40~60 目条件下降低约0.025 mm,而当充填粒径 100~120 目条件下降低约 0.001 mm。

随着剪切位移继续增加,充填粒径 20~40 目条件下法向位移继续下降。当充填粒径为 40~60 目时,法向位移呈略微上升趋势;当充填粒径为 100~120 目时,法向位移呈明显上升趋势,这除了与不同充填粒径的初始压密程度有关外,还与充填物的胶结性有关,充填粒径越小,充填物越密实,胶结性越好。

通过上述分析可知,峰值剪切荷载随充填粒径增大而降低,且达到峰值剪切荷载的剪切位移随充填粒径增大而增大;滑动摩擦角随充填粒径的变化趋势与剪切荷载随充填粒径的变化趋势一致[图 6-75(c)]。

由图 6-75(d)可知,不同充填粒径条件下剪胀角随剪切位移变化趋势同样呈 4 个阶段,其中第 Ⅱ 阶段与第 Ⅲ 阶段随不同充填粒径合为一段,随着充填粒径增大,剪胀角直接由第 Ⅱ 阶段进入第 Ⅵ 阶段,无明显的第 Ⅲ 阶段。

6.3.4 充填结构面剪切-渗流耦合特性分析

由于天然岩体裂隙中一般都有充填介质,且裂隙中的充填物多为孔隙介质,虽然对孔隙介质的研究已经形成了系统的理论,但充填裂隙渗流与多孔介质渗流有很大的差异,因而对充填裂隙进行研究具有重要的实际意义[77]。本小节针对不同胶结状态的充填材料（岩屑、黄泥和石膏）进行剪切-渗流耦合试验，探讨不同充填物性质对注水条件下充填试件的剪切力学性质与渗流特性的影响，为工程实际提供试验依据。

6.3.4.1 充填岩屑剪切-渗流

图 6-76 为充填岩屑条件下力学变化曲线。可以看出，剪切荷载随剪切位移增加，其增长阶段可分为迅速增长阶段和缓慢增长阶段[图 6-76(a)]。当剪切荷载达到峰值后，曲线呈陡降趋势，同时法向位移也有一个较小幅度的突然降低[图 6-76(b)]。

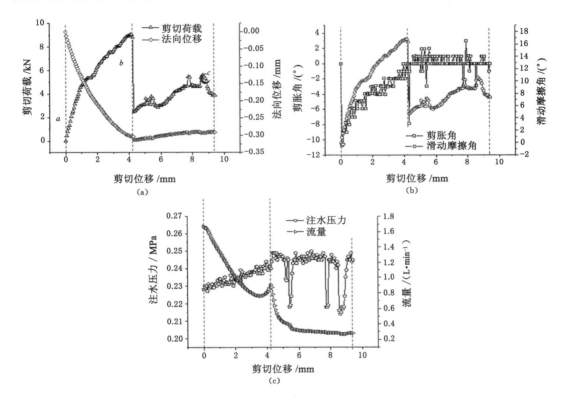

图 6-76　充填岩屑条件下力学变化曲线

伴随剪切荷载的陡降，流量也有一个上升趋势，这是由于岩屑在水流的冲刷携带作用下向四周流动，在裂隙开度较小的地方被卡住进一步堆积，在剪切荷载作用下被破坏后，剪切荷载骤降，法向位移陡降，同时岩屑被水流带走，流量上升。由图 6-77 可以看出，部分区域的开度低于 1 mm。

随着剪切位移继续增加，法向位移呈略微上升趋势，流量比较稳定，但剪切荷载还有所波动，这是由于粒径 40～60 目条件下岩屑的直径为 0.25～0.42 mm，部分区域的裂隙开度较小[图 6-77(c)中部分开度低于 0.5 mm]，在上、下结构面剪切错动过程中，岩屑除了发生滚动摩擦，还会发生进一步破碎。随剪切位移增加，注水孔附近的渗流通道变小[图 6-77(b)与图 6-77(c)的对比，"○"为中心孔位置]，流量也呈下降趋势。

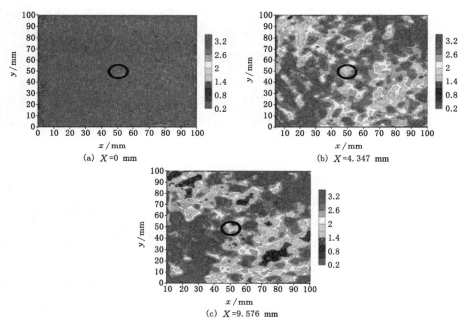

(a) $X = 0$ mm

(b) $X = 4.347$ mm

(c) $X = 9.576$ mm

图 6-77　充填岩屑条件下开度演化等值线

6.3.4.2　充填黄泥剪切-渗流

图 6-78 为充填黄泥条件下力学变化曲线。可以看出,剪切荷载随剪切位移增大上升至峰值后较为平稳[图 6-78(a)],而法向位移在初期下降较大,随后呈上升趋势,这是由于黄泥的流动性较大,在剪切位移加载前期黄泥较软,法向位移降低较快,在剪切荷载的复合作用下黄泥被逐渐压密,压缩性变小,结构面的起伏度使得法向位移呈略微上升趋势。值得注意的是,加载初期并没有流量[图 6-78(c)],这是由于黄泥吸水性好,且吸水膨胀,渗流通道的密闭性较好。当剪切位移达到 8.426 mm(图 6-79)时,中心注水孔与外部开度较大渗流通道形成通路,水沿该通道流出(图 6-80),这是由于黄泥吸水膨胀,胶结强度降低,在水的冲刷携带作用下渗流通道宽度迅速增大,流量随之增大。

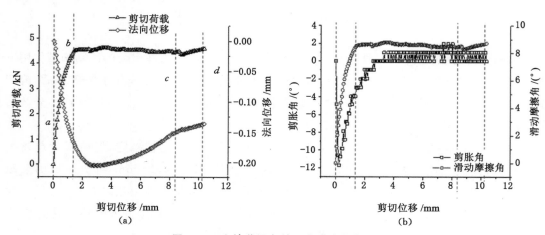

(a)

(b)

图 6-78　充填黄泥条件下力学变化曲线

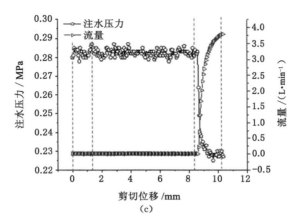

(c)

图 6-78 （续）

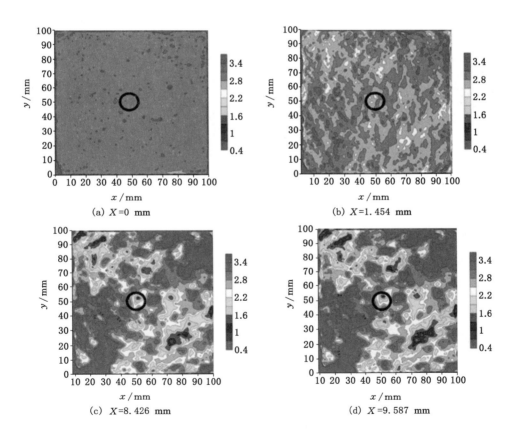

图 6-79 充填黄泥条件下开度演化等值线

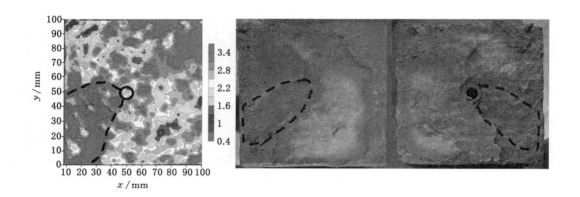

图 6-80　渗流通道示意图

6.3.4.3　充填石膏剪切-渗流

图 6-81 为充填石膏条件下力学变化曲线。可以看出，剪切荷载随剪切位移增加迅速增加至峰值后呈缓慢下降后趋于平稳[图 6-81(a)]，这是由于石膏的胶结性较强，强度较高，流动性差，使得法向位移在剪切位移加载初期有剪胀现象。

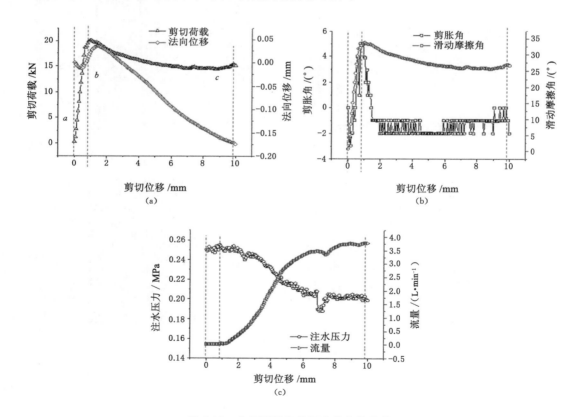

图 6-81　充填石膏条件下力学变化曲线

当法向位移达到最大值后,有流量产生[图 6-81(c)],这是由于此时在注水孔附近,法向位移增大产生了贯通渗流通道。随着剪切位移继续增加,流量随之增大,这是由于剪切位移错动越大,注水孔处的出水通道开度越大。需要指出的是,流量与法向位移并非呈线性关系,虽然法向位移继续增加,但流量趋于稳定,这是由于水对石膏的冲蚀强度较低,流量大小取决于注水孔处的渗流通道。图 6-82 为充填石膏条件下开度演化等值线。

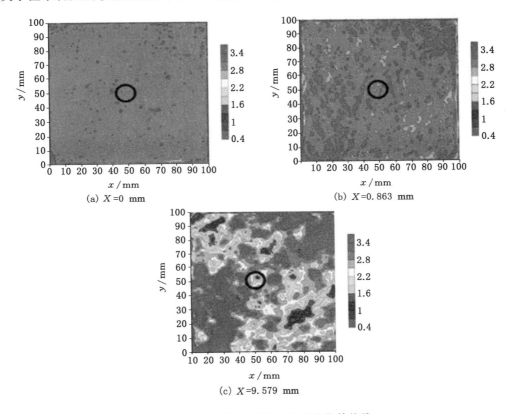

(a) $X=0$ mm

(b) $X=0.863$ mm

(c) $X=9.579$ mm

图 6-82　充填石膏条件下开度演化等值线

6.3.5　注入流体对充填结构面煤岩剪切特性影响分析

图 6-83 为无水和注水条件下充填结构面力学曲线。可以看出,在注水条件下充填结构面的剪切强度明显低于无水条件[图 6-83(a)]。对于胶结性好的石膏作为充填物,在剪切位移加载初期,水对其剪切力学性质影响较小,在峰值之后,注水状态下的残余剪切强度相对无水条件下降低约 25%,这是由于水对充填石膏的软化与润滑作用。

对于胶结性差的充填岩屑,注水条件下峰值剪切荷载降低 40%~50%,且剪切荷载随剪切位移增长速率大大降低,这是由于水大大增大了岩屑的流动性;对于密实度较好的充填黄泥,注水对其剪切荷载影响相对较小,但注水条件下,剪切荷载随剪切位移增长至峰值速率降低,这是由于黄泥吸水膨胀,只对黄泥局部起到了软化作用,并未影响整体力学性质。

滑动摩擦角[图 6-83(b)]变化趋势与剪切荷载变化曲线较为一致,此处不再赘述。由图 6-83(c)可知,注水条件下充填石膏法向位移在前期无流量时与无水条件下变化趋势一致,当有流量产生时,水对充填物的软化作用,使法向位移明显降低。同样地,由于水的携带作用,大大增加了岩屑的流动性,使得法向位移明显降低。不同于石膏与岩屑,剪切初期充填黄泥试件无流量产生,此时黄泥吸水软化,法向位移低于无水条件。当剪切位移为3 mm左右时,注水条件下充填黄泥试件法向位移呈缓慢上升趋势,这是由于在未形成渗流通道之前,充填黄泥吸水膨胀区域在增大,法向位移呈增大趋势。由图 6-83(d)可以看出,剪胀角虽然在注水和无水条件下变化趋势有所差异,但其阶段特征仍然与充填物的固有性质有关。

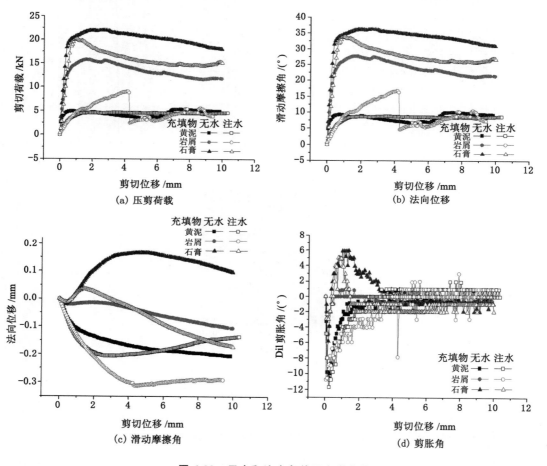

图 6-83　无水和注水条件下力学曲线

6.4　本章小结

本章从研究无充填结构面岩体在干燥状态下的剪切特性出发,考虑了不同法向荷载、不同断裂方式(剪切、张拉)、不同剪切方向等条件下的无充填结构面岩体滑移演化过程;同时,开展了不同充填厚度、不同充填粒径、不同充填材料等影响因素条件下的充填结构面岩石剪切-渗注耦合试验。主要研究结论如下:

(1)当法向荷载较低时,剪切荷载随剪切位移的增加呈快速上升,上、下结构面的接触面积率达到最大,有效开度也随之迅速增加。随着剪切位移增大,试件上、下两半部趋于吻合,呈明显的剪缩效应,接触面积率达到最大。剪切位移增加至剪切荷载峰值时,法向位移继续增大,接触面积率迅速减小,剪切荷载达到峰值后,剪切荷载随剪切位移继续增加整体呈稳定的缓慢降低趋势。不同方式计算得到裂隙开度变化趋势较为一致,其计算结果为:有效开度>平均开度>力学开度。当法向荷载较高时,粗糙体对剪切荷载随剪切位移变化曲线并无明显影响,在剪切位移增大过程中,粗糙体直接被剪断。当上、下结构面接触处起伏体宽度达到较小值时,起伏体被磨损剪断,剪切荷载趋于稳定状态。

(2) 剪切断裂结构面的峰值剪切荷载明显高于张拉断裂结构面,剪切断裂结构面的法向位移明显大于张拉断裂结构面。剪切断裂结构面与张拉断裂结构面的剪胀角达到峰值处的剪切位移相近,这与粗糙体与起伏体的复合作用有关。当剪切位移错动越过粗糙体最高值时,剪胀角保持稳定或有所下降,说明不同断裂方式形成的结构面的粗糙体宽度较为一致,这是由于剪切断裂结构面中的粗糙体在断裂过程中由张拉应力产生。另外,剪切断裂结构面的开度分布较为明显集中,且开度普遍较大,张拉断裂结构面开度分布区域较为分散。

(3) 剪胀角随剪切位移增加呈现明显的阶段性,具体划分如下:第 I 阶段(迅速降低阶段):该阶段上、下结构面较快啮合,法向位移迅速减小;第 II 阶段(缓慢上升阶段):该阶段剪胀角由最低值上升到 0°,法向位移达到最低值,而后剪胀角继续增大至平稳阶段,此时上、下结构面发生压缩磨损,粗糙体被磨损或断;第 III 阶段(平稳变化-降低阶段):该阶段剪胀角呈相对平稳变化趋势,后期呈降低趋势,粗糙体被越过;第 VI 阶段(降低后稳定阶段):该阶段剪胀角随剪切位移增大呈现降低趋势,上、下结构面主要沿起伏体呈稳定滑移状态。

(4) 基于含两级粗糙度结构面剪切过程中的变化曲线力学,建立了新的结构面剪切力学模型。当法向荷载较大时,在剪切位移加载初期,粗糙体即沿根部剪断或拉破坏;当剪切位移继续增加至某一值时,起伏体宽度达到峰值剪切荷载,起伏体发生剪切断裂,而后随剪切位移继续增加,起伏体右侧继而发生滑移剪切破坏;当法向荷载足够大或结构面较软时,在剪切荷载作用下,起伏体直接沿根部剪断或拉破坏,此时结构面无明显的剪胀。

(5) 在低法向荷载条件下,裂隙开度分布并不均匀,具有不同的连通度,而且流体流动具有明显的向裂隙开度较大的渗流通道流动,水力开度在剪切位移加载初期则呈现出与计算值较大的差异,随剪切位移继续增大,其差异缩小,且水力开度与有效开度的差异最小。当法向荷载较高时,注水流量变化趋势与法向位移一致。

(6) 注水条件下剪切荷载到达峰值前的增长速率明显低于无水条件,残余剪切强度并无明显变化,滑动摩擦角增长趋势亦因水的存在而降低。由于水对结构面的渗透软化作用,注水条件下的法向位移明显小于无水条件,且其差随剪切位移增大而增大。注水条件下的接触面积率明显大于无水条件,裂隙分布区域与开度也呈减少趋势。

(7) 随相对充填度的增大,峰值剪切荷载降低。当相对充填度较薄时,上、下结构面的受力面积较大,结构面上的起伏体对剪切位移继续增加具有阻碍作用。相对充填度增加,结构面上的起伏体的阻碍作用变弱,当相对充填度较厚时,试验全过程中上、下结构面直接没有接触,结构面上的起伏体的对剪切位移的阻碍作用基本没有,其剪切过程的力学性质趋近于充填物的压剪性质。随相对充填度增大,法向位移呈明显减小趋势。

(8) 随充填厚度的增大,充填物在剪切荷载作用下的裂纹扩展方式主要有:① 当充填厚度较低时,随着上、下结构面错动,法向位移增大,充填物剪切裂纹呈向上扩展方式;② 当充填厚度继续增加,结构面对法向位移影响较小时,充填物剪切裂纹沿应力集中方向呈向下扩展;③ 当充填厚度明显大于结构面起伏高度时,结构面对试件的剪切力学行为影响可以忽略,可等效为充填物的剪切试验,其裂纹扩展方式即为充填物在剪切荷载作用下的裂纹扩展。

（9）充填结构面剪切-渗流耦合试验:充填岩屑时,岩屑在水流的冲刷携带作用下向四周流动,在裂隙开度较小的地方被卡住进一步堆积,在压剪切破坏后可引起剪切荷载骤降,法向位移陡降,同时岩屑被水流带走,流量上升。充填黄泥时,黄泥的流动性较大,在剪切荷载的复合作用下,黄泥被逐渐压密,压缩性变小,结构面的起伏度使得法向位移呈略微上升趋势,在加载初期,黄泥吸水性好,且吸水膨胀,渗流通道的密闭性较好,无流量产生,随剪切位移增加产生渗流通道后,在水的冲刷携带作用下,渗流通道宽度迅速增大,流量随之增大。充填石膏时,剪切荷载随剪切位移增加迅速增加至峰值后呈缓慢下降趋势,石膏的胶结性较强,强度较高,流动性差,使得法向位移在加载初期有剪胀现象。

7　煤岩剪切-渗流耦合作用机制

7.1　煤岩剪切-渗流耦合作用机理分析模型

　　根据试验研究结果的综合分析以及已有的相关研究,结合工程岩石力学、岩石断裂力学与地下水动力学,对岩体在剪切荷载作用下流体注入致岩体结构劣化与渗透性耦合作用机理进行分析探讨。

　　图7-1为流体注入致岩体结构劣化与渗透性耦合作用机理分析模型。本书不仅对完整岩石与含结构面岩体进行了流体注入岩体结构劣化,而且对渗透性演化耦合作用机制进行了阐释。

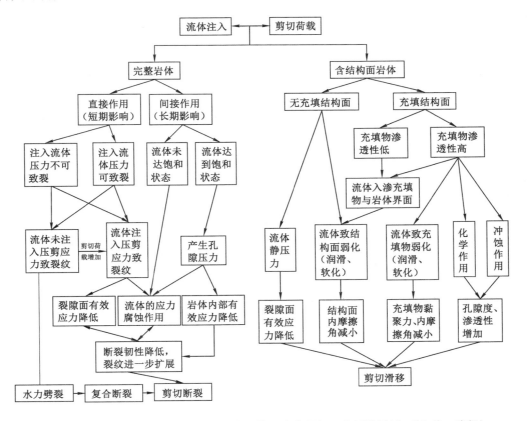

图 7-1　流体注入致岩体结构劣化与渗透性耦合作用机理分析模型("→"为单一路径)

7.2 完整煤岩剪切-渗流耦合作用力学行为分析

7.2.1 流体注入过程完整煤岩体力学劣化影响分析(短期影响)

根据岩石断裂力学可知,当剪切荷载为主导因素时,其裂纹扩展方式主要由Ⅰ型(张开型)与Ⅱ型(滑开型)两种裂纹扩张方式,即张拉裂纹和剪切裂纹。在岩石材料中,加载初期,由于泊松效应,张拉裂纹为主要的裂纹扩展方式[122],当岩石内部累积损伤达到一定程度后,张拉微裂纹逐渐演变为雁列式排列,剪切裂纹进行扩展并联结张拉裂纹,岩石发生最终错断[123]。

流体在坚硬的岩石中流动比较困难,由于完整岩块的渗透率较低且作用时间较短,因此在考虑流体注入过程中对岩体的短期直接作用时,忽略注入流体与岩体的水化作用,仅考虑其力学影响。

7.2.1.1 剪切破坏为主导破坏方式

当注入流体无法渗入由于剪切荷载产生的裂纹中时,注入流体压力主要作用于注水孔壁,对岩体剪切力学性质影响较小;当剪切荷载较大产生张拉裂纹后,注入流体渗入裂纹,降低裂纹面的有效应力,并对裂纹端部产生水致弱化,促进张拉裂纹的进一步扩展,进而促进了流体渗入裂纹面的面积增大,且随注入流体压力的升高,张拉裂纹扩展长度呈增加趋势,剪切断裂面起伏度降低,更加平整。

7.2.1.2 水压致裂为主导破坏方式

当剪切荷载较低时,未形成有效的张拉裂纹时,在高压流体压力作用下,注水孔壁附近产生裂纹,并沿注水孔与剪切方向呈平行的走向扩展,发生张拉破坏[图 7-2(a)];当剪切荷载较高时,已形成有效的张拉裂纹且裂纹长度较大,高压流体在注入过程中,渗入已有张拉裂纹,降低裂纹面有效应力,促使裂纹继续扩展直至破坏,破坏面走向接近预剪切破坏面[图 7-2(b)];当剪切荷载位于中间状态时,已产生张拉裂纹且裂纹长度较短,高压流体注入首先渗入张拉裂纹,促进张拉裂纹的进一步扩展,但裂纹扩展长度越长,所需流体压力越高,在流体压力达到注水孔壁开裂压力时,剪切荷载致张拉裂纹停止扩展,裂纹沿注水孔与剪切方向呈平行的走向扩展,最终形成复合破坏形式。

7.2.2 流体渗入过程完整煤岩体力学劣化影响分析(长期影响)

在流体入渗过程中,对完整岩石力学性质的长期影响主要分为两方面:

7.2.2.1 力学作用

主要通过空隙静水压力与空隙动水压力作用对岩体的力学性质施加影响。前者导致岩体的强度降低,在岩体产生裂隙后,空隙静水压力还可使裂隙发生扩容变形;后者对岩体产生切向推力以降低岩体的抗剪强度[119]。

莫尔-库仑准则是判断岩石内发生剪切破坏临界条件的宏观判据。该准则认为,抵抗平面产生剪切破坏的阻力来自材料的黏聚力,其表达式如下:

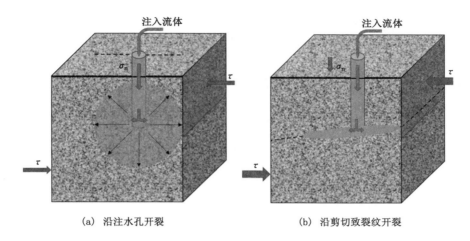

(a) 沿注水孔开裂　　　　　　(b) 沿剪切致裂纹开裂

图 7-2　剪切荷载作用下水压致裂裂缝走向示意图

$$| \tau | = c + \sigma \tan \varphi \qquad (7-1)$$

式中　τ——剪切面上的剪应力(剪切强度);

　　　σ——剪切面上的正应力;

　　　c——黏聚力;

　　　φ——内摩擦角。

当流体渗入孔隙中时,在流体静压力 p 作用下,剪切面上的有效应力为 $\sigma-p$,剪切面上的剪切强度表达式为:

$$| \tau | = c + (\sigma - p) \tan \varphi \qquad (7-2)$$

可以明显地看出,在流体压力作用下,岩石的剪切强度降低。

7.2.2.2　应力腐蚀作用[123]

应力腐蚀作用主要包括岩体与流体之间的离子交换、溶解与溶蚀作用以及氧化还原反应等。离子交换作用可增加岩体的孔隙度与渗透性,使得岩体结构劣化改变;溶解与溶蚀作用通过流体的侵蚀性,对岩体进行溶解与溶蚀,使岩体产生溶蚀孔裂隙,增大岩体的孔隙度与渗透性;氧化还原作用通过流体与岩体直接发生氧化还原反应,如碳酸盐岩的溶蚀产生 CO_2,改变了岩体中的矿物组成;同时,改变了流体的化学组分及侵蚀性,从而改变岩体的力学性能。

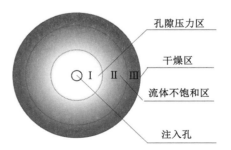

图 7-3　流体渗入岩体示意图

在流体入渗岩体前端(图 7-3 中区域Ⅱ)时,直接改变岩体的含水状态,未形成有效的孔隙压力,流体对岩体的结构劣化作用集中于应力腐蚀作用。在流体入渗岩体后端(图 7-3 中区域Ⅰ)后,注入流体压力直接压渗入岩体,形成有效的流体压力,流体对岩体的劣化作用包括力学作用与应力腐蚀作用。

7.3 破断煤岩体剪切-渗流耦合作用力学行为分析

7.3.1 流体注入对含结构面煤岩体力学性质的劣化分析

流体在裂隙中流动,对含结构面煤岩体产生的劣化作用主要有以下几个方面:

7.3.1.1 物理作用

流体注入岩体,在岩体的结构面上产生润滑作用,使结构面的摩擦阻力减小,剪应力效应增强,诱发结构面的剪切运动[119]。

7.3.1.2 化学侵蚀和软化作用

当岩体成分还有某些可溶性矿物时,流体会将其逐渐溶解、带走,形成空洞,降低结构面的摩擦系数,使抗剪强度降低[124]。

7.3.1.3 力学作用

通过流体静压力与动压力作用对结构面应力场施加影响。前者减小结构面的有效应力,后者对结构面产生切向的推力。当岩体裂隙中充满流体时,其对结构面施加一平行于结构面的动水压力,动水压力为面力,即:

$$\tau_d = \frac{b\gamma}{2}J \tag{7-3}$$

式中　τ_d——流体动压力;

　　γ——流体容重(重力密度);

　　b——裂隙开度;

　　J——流体压力梯度。

总之,含结构面岩体不仅受到外荷载作用,而且受到渗流场的作用,且相互间存在耦合作用。一方面,应力状态控制着孔裂隙介质间孔裂隙变化或结构面几何形态变化,从而决定流体的渗流特性,这是应力场对渗流场的影响;另一方面,流体的存在,通过物理、化学和力学的作用,影响结构面的应力状态,这是渗流场对应力场的作用,这种相互作用,促进了含结构面岩体剪切力学性质的劣化。

7.3.2 流体注入对破断煤岩体充填物剪切力学性质的劣化分析

充填物作为不连续岩体的薄弱环节,在注入流体作用下,其主要通过改变自身的结构,间接影响岩体的应力状态。因此,本小节主要就流体对充填物直接劣化作用进行阐释分析。

7.3.2.1 润滑作用

当充填物吸水性较差或黏聚力较大时,注入流体往往沿充填物与岩体的界面进行劈裂渗透[图 7-4],从而在界面上产生润滑作用,降低了界面的摩擦阻力,容易诱发岩体的剪切运动。

7.3.2.2 冲蚀作用

在裂隙岩体渗流场中,流体在动压力作用下将散状颗粒带走,对充填物进行冲蚀,使得裂隙开度增大,进一步增大流体静压力的作用面积,降低结构面的有效应力。

7.3.2.3 水化作用

流体可使裂隙充填物颗粒之间的黏结强度降低,当裂隙充填物为黏土时,由于黏土矿物的吸

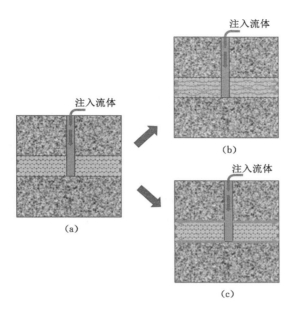

图 7-4　注入流体劣化充填物结构示意图

水效应,可形成很厚的吸附水膜,使裂隙劈开,或使裂隙更难闭合,从而劣化岩体的力学性质。

7.3.2.4　溶蚀与溶解作用

充填物中的可溶性矿物可被流体溶解或溶蚀,如水对石灰岩($CaCO_3$)、白云岩($CaMgCO_3$)、盐岩($NaCl$)以及钾盐(KCl)等产生溶蚀作用,增加了充填物的孔隙率与渗透性。

7.3.2.5　软化和泥化作用

流体还对充填物具有软化或泥化作用,使岩体的力学性能降低,充填物的内聚力与摩擦角减小。

7.4　本章小结

本章系统探讨了含结构面煤岩体剪切-渗流耦合力学作用机理,得到了以下主要结论:

(1)结合工程岩石力学、岩石断裂力学与地下水动力学,提出了剪切荷载作用下流体注入致岩体结构劣化与渗透性耦合作用机理分析模型。

(2)在流体注入条件下,对完整岩体力学性质的影响主要分为两个方面:力学作用与应力腐蚀作用。

(3)流体在裂隙中流动,对结构面产生的劣化作用主有以下几个方面:物理作用、化学侵蚀与软化作用、力学作用;对充填物直接劣化作用主要包括:润滑作用,冲蚀作用,水化作用、溶蚀与溶解作用、软化与泥化作用。

参 考 文 献

[1] 谢和平,王金华,申宝宏,等.煤炭开采新理念:科学开采与科学产能[J].煤炭学报,2012,37(7):1069-1079.

[2] LIU H H,RUTQVIST J.A new coal-permeability model:internal swelling stress and fracture-matrix interaction[J].Transport in porous media,2010,82(1):157-171.

[3] BEHAR F,TANG Y,LIU J.Comparison of rate constants for some molecular tracers generated during artificial maturation of kerogens:influence of kerogen type[J]. Organic geochemistry,1997,26(3/4):281-287.

[4] CLOKE M,LESTER E,LENEY M.Effect of volatile retention on the products from low temperature pyrolysis in a fixed bed batch reactor[J].Fuel,1999,78(14):1719-1728.

[5] 张慧.煤孔隙的成因类型及其研究[J].煤炭学报,2001,26(1):40-44.

[6] 王文峰,徐磊,傅雪海.应用分形理论研究煤孔隙结构[J].中国煤田地质,2002(2):26-27.

[7] 姚多喜,吕劲.淮南谢一矿煤的孔隙性研究[J].中国煤田地质,1996,8(4):31-33.

[8] 胡耀青,赵阳升,杨栋,等.煤体的渗透性与裂隙分维的关系[J].岩石力学与工程学报,2002,21(10):1452-1456.

[9] 徐龙君.突出区煤的超细结构、电性质、吸附特征及其应用的研究[D].重庆:重庆大学,1996.

[10] 吕志发,张新民,钟铃文,等.块煤的孔隙特征及其影响因素[J].中国矿业大学学报,1991,20(3):48-57.

[11] 赵兴龙,汤达祯,许浩,等.煤变质作用对煤储层孔隙系统发育的影响[J].煤炭学报,2010,35(9):1506-1511.

[12] 唐书恒,蔡超,朱宝存,等.煤变质程度对煤储层物性的控制作用[J].天然气工业,2008,28(12):30-33.

[13] 刘大锰,姚艳斌,蔡益栋,等.华北石炭-二叠系煤的孔渗特征及主控因素[J].现代地质,2010,24(6):1198-1203.

[14] 降文萍,宋孝忠,钟玲文.基于低温液氮实验的不同煤体结构煤的孔隙特征及其对瓦斯突出影响[J].煤炭学报,2011,36(4):609-614.

[15] 陈贞龙,汤达祯,许浩,等.黔西滇东地区煤层气储层孔隙系统与可采性[J].煤炭学报,2010,35(S1):158-163.

[16] 郭晓华,蔡卫,马尚权,等.不同煤种微孔隙特征及其对突出的影响[J].中国煤炭,2009,35(12):82-85.

[17] LAJTAI E Z.Shear strength of weakness planes in rock[J].International journal of

rock mechanics and mining sciences & geomechanics abstracts,1969,6(5):499-515.

[18] JAEGER J C.Friction of rocks and stability of rock slopes[J].Geotechnique,1971,21(2):97-134.

[19] PLESHA M E.Constitutive models for rock discontinuities with dilatancy and surface degradation[J].International journal for numerical and analytical methods in geomechanics,1987,11(4):345-362.

[20] JING L,STEPHANSSON O,NORDLUND E.Study of rock joints under cyclic loading conditions[J].Rock mechanics and rock engineering,1993,26(3):215-232.

[21] WONG R H C,CHAU K T.Crack coalescence in a rock-like material containing two cracks[J] International journal of rock mechanics and mining sciences,1998,35(2):147-164.

[22] LEE H S,PARK Y J,CHO T F,et al.Influence of asperity degradation on the mechanical behavior of rough rock joints under cyclic shear loading[J].International journal of rock mechanics and mining sciences,2001,38(7):967-980.

[23] JAFARI M K,HOSSEINI K A,PELLET F,et al.Evaluation of shear strength of rock joints subjected to cyclic loading[J].Soil dynamics and earthquake engineering,2003,23(7):619-630.

[24] 余贤斌,周昌达,周一非.岩石结构面直剪试验下力学特性的研究[J].昆明工学院学报,1994,19(6):14-19.

[25] 徐松林,吴文,张华,等.直剪条件下大理岩局部化变形研究[J].岩石力学与工程学报,2002,21(6):766-771.

[26] 李海波,冯海鹏,刘博.不同剪切速率下岩石节理的强度特性研究[J].岩石力学与工程学报,2006,25(12):2435-2440.

[27] 李银平,蒋卫东,刘江,等.湖北云应盐矿深部层状盐岩直剪试验研究[J].岩石力学与工程学报,2007,26(9):1767-1772.

[28] 周秋景,李同春,宫必宁.循环荷载作用下脆性材料剪切性能试验研究[J].岩石力学与工程学报,2007,26(3):573-579.

[29] 徐晓斌,秦晶晶,高飞.某核电站强风化花岗岩原位直剪试验研究[J].工程勘察,2009,37(12):40-43.

[30] 李克钢,侯克鹏,张成良.饱和状态下岩体抗剪切特性试验研究[J].中南大学学报(自然科学版),2009,40(2):538-542.

[31] 李志敬,朱珍德,朱明礼,等.大理岩硬性结构面剪切蠕变及粗糙度效应研究[J].岩石力学与工程学报,2009,28(增刊1):2605-2611.

[32] KAWAKATA H,CHO A,YANAGIDANI T,et al.Three-dimensional observations of faulting process in Westerly granite under uniaxial and triaxial conditions by X-ray CT scan[J].Tectonophysics,1999,313(3):293-305.

[33] HATZOR Y H,ZUR A,MIMRAN Y.Microstructure effects on microcracking and brittle failure of dolomites[J].Tectonophysics,1997,281(3/4):141-161.

[34] 许江,李贺,鲜学福,等.对单轴应力状态下砂岩微观断裂发展全过程的实验研究[J].力

学与实践,1986,8(4):16-20.

[35] ZHAO Y H.Crack pattern evolution and a fractal damage constitutive model for rock [J]. International journal of rock mechanics and mining sciences, 1998, 35(3): 349-366.

[36] XIE H P,GAO F.The mechanics of cracks and a statistical strength theory for rocks [J]. International journal of rock mechanics and mining sciences, 2000, 37(3): 477-488.

[37] 刘冬梅,龚永胜,谢锦平,等.压剪应力作用下岩石变形破裂全程动态监测研究[J].南方冶金学院学报,2003,24(5):69-72.

[38] 刘延保.基于细观力学试验的含瓦斯煤体变形破坏规律研究[D].重庆:重庆大学,2009.

[39] GASH B W. Measurement of the rock properties in coalbed methane[C]//Society of Petroleum Engineers (U.S.),Technical Conference & Exhibition. Proceedings of the 1993 SPE Annual Technical Conference & Exhibition,Dallas,Texas USA:Society of Petroleum Engineers,1993:221-230.

[40] PURL R,EVANOFF J C,BRUGLER M L.Measurement of coal cleat porosity and relative permeability characteristics[C]//Society of Petroleum Engineers (U.S.), Technical Conference & Exhibition. Proceedings of the 1991 SPE Annual Technical Conference & Exhibition. Houston,Texas,USA: Society of Petroleum Engineers, 1991:257-269.

[41] HARPALANI S,PARITI U M.Study of coal sorption isotherm using a multi-component gas mixture[C]// 1993 International Coalbed Methane Symposium,Alabama: [s.n.],1993: 321-337.

[42] PALMER I,MANSOORI J. How permeability depends on stress and pore pressure in coalbeds:a new model[J]. SPE Reservoir Engineering, 1998,1(6): 539-543.

[43] LEVINE J R.Model study of the influence of matrix shrinkage on absolute permeability of coal bed reservoirs[J].Geological society,1996,109(1):197-212.

[44] 林柏泉,周世宁.煤样瓦斯渗透率的实验研究[J].中国矿业学院学报,1987,16(1):24-31.

[45] 彭担任,罗新荣,隋金峰.煤与岩石的渗透率测试研究[J].煤,1999,8(1):16-18.

[46] 谭学术,鲜学福,张广洋,等.煤的渗透性研究[J].西安矿业学院学报,1994,1:22-25.

[47] 刘保县,熊德国,鲜学福.电场对煤瓦斯吸附渗流特性的影响[J].重庆大学学报(自然科学版),2006,29(2):83-85.

[48] 易俊,姜永东,鲜学福.应力场、温度场瓦斯渗流特性实验研究[J].中国矿业,2007,16(5):113-116.

[49] 鲜学福,辜敏,杜云贵.变形场、煤化度和外加电场对甲烷在煤层中渗流的影响[J].西安石油大学学报(自然科学版),2007,22(2):89-91.

[50] 胡耀青,赵阳升,魏锦平.三维应力作用下煤体瓦斯渗透规律实验研究[J].西安矿业学院学报,1996,4:308-311.

[51] 刘建军,刘先贵.有效压力对低渗透多孔介质孔隙度、渗透率的影响[J].地质力学学报,

2001,7(1):41-44.

[52] 唐巨鹏,潘一山,李成全,等.有效应力对煤层气解吸渗流影响试验研究[J].岩石力学与工程学报,2006,25(8):1563-1568.

[53] 隆清明,赵旭生,孙东玲,等.吸附作用对煤的渗透率影响规律实验研究[J].煤炭学报,2008,33(9):1030-1034.

[54] 彭永伟,齐庆新,邓志刚,等.考虑尺度效应的煤样渗透率对围压敏感性试验研究[J].煤炭学报,2008,33(5):509-513.

[55] 周世宁,孙辑正.煤层瓦斯流动理论及其应用[J].煤炭学报,1965,2(1):24-37.

[56] 孙培德,鲜学福,茹宝麒.煤层瓦斯渗流力学研究现状和展望[J].煤炭工程师,1996,3:23-30.

[57] 孙培德.Sun模型及其应用:煤层气越流固气耦合模型及可视化模拟[M].杭州:浙江大学出版社,2002.

[58] 赵阳升,秦惠增,白其峥.煤层瓦斯流动的固-气耦合数学模型及数值解法的研究[J].固体力学学报,1994,15(1):49-57.

[59] 赵阳升,冯增朝,文再明.煤体瓦斯愈渗机理与研究方法[J].煤炭学报,2004,29(3):293-297.

[60] WU Y S,PRUESS K,PERSOFF P.Gas flow in porous media with klinkenberg effects[J].Transport in porous media,1998,32(1):117-137.

[61] 傅雪海.多相介质煤岩体(煤储层)物性的物理模拟与数值模拟[D].徐州:中国矿业大学,2001.

[62] ST GEORGE J D,BARAKAT M A.The change in effective stress associated with shrinkage from gas desorption in coal[J].International journal of coal geology,2001,45(2/3):105-113.

[63] REUCROFT P J,PATEL H.Gas-induced swelling in coal[J].Fuel,1986,65(6):816-820.

[64] THOMAS J,DAMBERGER H H.Internal surface area,moisture content and porosity Illinois coals-variations with rank[J].Illinois state geology survey circular,1976,493:714-725.

[65] LEVINE J R.Coalification:The evolution of coal as source rock and reservoir rock for oil and gas[C]//Hydrocarbons from Coal.Chapter 3:American association of petroleum geologists,1993,38:39-77.

[66] 陈金刚,张世雄,秦勇,等.煤基质收缩能力内在控制因素的试验研究[J].煤田地质与勘探,2004,32(5):26-28.

[67] CUI X J,BUSTIN R M.Volumetric strain associated with methane desorption and its impact on coalbed gas production from deep coal seams[J].American association of petroleum geologists bulletin,2005,89(9):1181-1202.

[68] WANG G X,WANG Z T,RUDOLPH V,et al.An analytical model of the mechanical properties of bulk coal under confined stress[J].Fuel,2007,86(12/13):1873-1884.

[69] PAN Z J,CONNELL L D.A theoretical model for gas adsorption-induced coal

swelling[J].International journal of coal geology,2007,69(4):243-252.

[70] JAHEDIESFANJANI H,CIVAN F.Determination of multi-component gas and water equilibrium and non-equilibrium sorption isotherms in carbonaceous solids from early-time measurements[J].Fuel,2007,86(10/11):1601-1613.

[71] MAKURAT A. The effect of shear displacement on the permeability of natural rough joints,Hydrogeology of rocks of low permeability[C]//Proceedings of the 17th International Congress on Hydrogeology,Tucson,Arizona,USA：[s. n.],1985：99-106.

[72] MAKURAT A,BARTON N,RAD N S,et al. Joint conductivity variation due to normal and shear deformation[C]//Proceedings of the International Symposium on Rock Joints. Rotterdam：A. A. Balkama,1990：535-540.

[73] ESAKI T,DU S,MITANI Y,et al.Development of a shear-flow test apparatus and determination of coupled properties for a single rock joint[J].International journal of rock mechanics and mining sciences,1999,36(5):641-650.

[74] ESAKI T,HOJO H,KIMURA N. Shear-flow coupling test on rock joints[C]// Proceedings of the 7th International Congress on Rock Mechanics. Rotterdam：A. A. Balkema,1991:389-392.

[75] RENSHAW C E. On the relationship between mechanical and hydraulic apertures in rough-walled fractures[J]. Journal of geophysical research-solid earth，1995，100 (B12)：24629-24636.

[76] YEO I W,DE FREITAS M H,ZIMMERMAN R W.Effect of shear displacement on the aperture and permeability of a rock fracture[J].International journal of rock mechanics and mining sciences,1998,35(8):1051-1070.

[77] 刘才华,陈从新,付少兰.充填砂裂隙在剪切位移作用下渗流规律的实验研究[J].岩石力学与工程学报,2002,21(10):1457-1461.

[78] 刘才华,陈从新,付少兰.二维应力作用下岩石单裂隙渗流规律的实验研究[J].岩石力学与工程学报,2002,21(8):1194-1198.

[79] LEE H S,CHO T F.Hydraulic characteristics of rough fractures in linear flow under normal and shear load[J]. Rock mechanics and rock engineering,2002,35（4）：299-318.

[80] OLSSON R，BARTON N. An improved model for hydromechanical coupling during shearing of rock joints[J]. International Journal of Rock Mechanics and Mining Sciences，2001，38(3)：317-329.

[81] OLSSON W A，BROWN S R. Hydromechanical response of a fracture undergoing compression and shear[J]. International Journal of Rock Mechanics and Mining Sciences & Geomechanics Abstracts，1993，30(7)：845-851.

[82] JIANG Y J,XIAO J,TANABASHI Y,et al.Development of an automated servo-controlled direct shear apparatus applying a constant normal stiffness condition[J].International journal of rock mechanics and mining sciences,2004,41(2):275-286.

[83] 蒋宇静,王刚,李博,等.岩石节理剪切渗流耦合试验及分析[J].岩石力学与工程学报,

2007,26(11):2253-2259.

[84] 王刚.节理剪切渗流耦合特性及加锚节理岩体计算方法研究[D].济南:山东大学,2008.

[85] 夏才初,王伟,王筱柔.岩石节理剪切-渗流耦合试验系统的研制[J].岩石力学与工程学报,2008,27(6):1285-1291.

[86] RANJITH P G,CHOI S K,FOURAR M.Characterization of two-phase flow in a single rock joint[J].International journal of rock mechanics and mining sciences,2006,43(2):216-223.

[87] CHEN Z,NARAYAN S P,YANG Z,et al.An experimental investigation of hydraulic behaviour of fractures and joints in granitic rock[J].International journal of rock mechanics and mining sciences,2000,37(7):1061-1071.

[88] IWAI K.Fundamental studies of fluid flow through a single fracture[J].International journal of rock mechanics and mining sciences & geomechanics abstracts,1979,16(3):52-54.

[89] 沈洪俊,高海鹰,夏颂佑.应力作用下裂隙岩体渗流特性的试验研究[J].长江科学院院报,1998,15(3):35-39.

[90] 郑少河,赵阳升,段康廉.三维应力作用下天然裂隙渗流规律的实验研究[J].岩石力学与工程学报,1999,18(2):133-136.

[91] GAN H,NANDI S P,WALKER P L.Nature of the porosity in American coals[J].Fuel,1972,51(4):272-277.

[92] 郝琦.煤的显微孔隙形态特征及其成因探讨[J].煤炭学报,1987,12(4):51-56,97-101.

[93] 张素新,肖红艳.煤储层中微孔隙和微裂隙的扫描电镜研究[J].电子显微学报,2000,19(4):531-532.

[94] 苏现波,陈江峰,孙俊民,等.煤层气地质学与勘探开发[M].北京:科学出版社,2001.

[95] B.B.霍多特.煤与瓦斯突出[M].北京:中国工业出版社,1966.

[96] JÜNTGEN H.Research for future in situ conversion of coal[J].Fuel,1987,66(4):443-453.

[97] 肖宝清,张荣曾.煤的孔隙特性与煤浆流变性关系的研究[J].世界煤炭技术,1994,20(2):37-40.

[98] 刘常洪.煤孔结构特征的试验研究[J].煤矿安全,1993,24(8):1-5.

[99] 秦勇,徐志伟,张井.高煤级煤孔径结构的自然分类及其应用[J].煤炭学报,1995,20(3):266-271.

[100] 陈萍,唐修义.低温氮吸附法与煤中微孔隙特征的研究[J].煤炭学报,2001,26(5):552-556.

[101] BARLA G,BARLA M,MARTINOTTI M E.Development of a new direct shear testing apparatus[J].Rock mechanics and rock engineering,2010,43(1):117-122.

[102] IKARI M J,SAFFER D M,MARONE C.Frictional and hydrologic properties of clay-rich fault gouge[J].Journal of geophysical research:solid earth,2009,114(B5):409.

[103] GIGER S B,CLENNELL M B,HARBERS C,et al.Design,operation and validation

of a new fluid-sealed direct shear apparatus capable of monitoring fault-related fluid flow to large displacements[J].International journal of rock mechanics and mining sciences,2011,48(7):1160-1172.

[104] BOULON M,ARMAND G,HOTEIT N,et al.Experimental investigations and modelling of shearing of calcite healed discontinuities of granodiorite under typical stresses[J].Engineering geology,2002,64(2/3):117-133.

[105] 陈希哲.土力学地基基础[M].4 版.北京:清华大学出版社,2004.

[106] 国家质量技术监督局.表面结构 轮廓法 术语、定义及表面结构参数:GB/T 3505—2009 [S]. 北京:中国计划出版社,2009.

[107] 夏才初,孙宗颀.工程岩体节理力学[M].上海:同济大学出版社,2002.

[108] LADANYI B,ARCHAMBAULT G.Simulation of shear behavior of a jointed rock mass[C]// SOMERTON W H.Proc 11th Symp on Rockmechanics,New York:[s.n.],1970:105-125.

[109] 贾洪强.岩石节理面表面形态与剪切破坏特性的实验研究[D].长沙:中南大学,2011.

[110] TSE R,CRUDEN D M.Estimating joint roughness coefficients[J].International journal of rock mechanics and mining sciences & geomechanics abstracts,1979,16(5):303-307.

[111] 中华人民共和国住房和城乡建设部,中华人民共和国国家质量监督检验检疫总局.工程岩体试验方法标准:GB/T 50266—2013[S].北京:中国计划出版社,2013.

[112] 谢和平."深部岩体力学与开采理论"研究构想与预期成果展望[J].工程科学与技术,2017,49(2):1-16.

[113] INDRARATNA B,PREMADASA W,BROWN E T,et al.Shear strength of rock joints influenced by compacted infill[J].International journal of rock mechanics and mining sciences,2014,70:296-307.

[114] INDRARATNA B,THIRUKUMARAN S,BROWN E T,et al.A technique for three-dimensional characterisation of asperity deformation on the surface of sheared rock joints[J].International journal of rock mechanics and mining sciences,2014,70:483-495.

[115] YEO I W,DE FREITAS M H,ZIMMERMAN R W.Effect of shear displacement on the aperture and permeability of a rock fracture[J].International journal of rock mechanics and mining sciences,1998,35(8):1051-1070.

[116] MARSILY G.Quantitative hydrogeology:groundwater hydrology for engineers[M].San Diego:Academic Press,1986.

[117] GUTIERREZ M,OINO L E,NYGARD R.Stress-dependent permeability of a de-mineralised fracture in shale[J].Marine and petroleum geology,2000,17(8):895-907.

[118] HANS J,BOULON M. A new device for investigating the hydro-mechanical properties of rock joints[J]. International journal for numerical & analytical methods in geomechanics,2003,27(6):513-548.

［119］蔡美峰.岩石力学与工程［M］.北京：科学出版社，2002.

［120］BARTON N，CHOUBEY V.The shear strength of rock joints in theory and practice ［J］.Rock mechanics，1977，10(1/2)：1-54.

［121］孙辅庭，佘成学，万利台，等.基于三维形貌特征的岩石节理峰值剪切强度准则研究 ［J］.岩土工程学报，2014，36(3)：529-536.

［122］LOCKNER D.The role of acoustic emission in the study of rock fracture［J］.International journal of rock mechanics and mining sciences & geomechanics abstracts，1993，30(7)：883-899.

［123］李世愚，和泰名，尹祥础.岩石断裂力学导论［M］.合肥：中国科学技术大学出版社，2010.

［124］朱珍德，郭海庆.裂隙岩体水力学基础［M］.北京：科学出版社，2007.